核动力设备故障监测与核安全管理

周 刚 著

中国原子能出版社

图书在版编目(CIP)数据

核动力设备故障监测与核安全管理 / 周刚著.
—北京 : 中国原子能出版社, 2021.8

ISBN 978-7-5221-1552-8

Ⅰ.①核… Ⅱ.周… Ⅲ.①核动力装置-故障监测
②核动力装置-核安全保障 Ⅳ.①TL99

中国版本图书馆 CIP 数据核字(2021)第 179372 号

内容简介

本书介绍核动力装置设备故障监测与诊断方法,从核动力装置全寿命的角度阐述设备故障监控和核安全管理问题。主要内容包括核动力装置设备故障常规监测方法、神经网络监测与诊断方法、基于智能推理和优化算法的故障诊断方法、基于信息处理和信息融合的故障诊断方法、设备老化监测与管理方法、设备故障全寿命监控与管理方法,以及核动力装置全寿命核安全集成化管理与智能管理等问题。

本书可作为高等院校核科学与技术和核安全相关专业的研究生教材,也可供核动力相关专业的教师和科技人员参考。

核动力设备故障监测与核安全管理

出版发行	中国原子能出版社(北京市海淀区阜成路 43 号 100048)
责任编辑	付 真
责任校对	宋 巍
责任印制	赵 明
装帧设计	崔 彤
印 刷	北京厚诚则铭印刷科技有限公司
开 本	787 mm×1092 mm 1/16
印 张	15.125 **字 数** 350 千字
版 次	2021 年 8 月第 1 版 2021 年 8 月第 1 次印刷
书 号	ISBN 978-7-5221-1552-8 **定 价** **100.00 元**

网址:http://www.aep.com.cn **E-mail:atomep123@126.com**
发行电话:010-68452845

前　言

在核动力装置运行管理和核安全管理中，核动力装置设备故障的监测与管理是难以回避的问题。核动力装置设备故障不仅会使其功能丧失，而且还可能造成相关系统的功能失效。核动力设备故障是引发核动力装置运行事故的重要因素。核动力设备尤其是核安全关键设备发生故障时，可引发危及核安全的事件或直接导致核安全事故的发生。预测、预防和消除设备故障是提高核动力装置运行安全性的一个重要途径。设备故障监测与管理的关键在于掌握故障的特点和规律，把握故障的关键因素、关键环节，做好故障预测、预防和隐患排查工作，及时采取针对性的处置措施。完善、精确的设备故障监测和严密有效的管理措施，可防止因设备故障而引发的核动力装置运行事故，降低核安全风险，提高核动力装置运行的可靠性和安全性。

本书从核动力装置全寿命的角度阐述设备故障监测和核安全管理问题。全书内容分为 4 个主要模块，即核动力装置系统和设备故障监测与诊断；核动力装置设备老化监测与管理；核动力装置设备故障全寿命监控与管理以及核动力装置全寿命核安全管理与智能管理。首先简要介绍设备故障分类和核动力装置设备故障常规监测方法，然后介绍核动力设备故障智能监测与诊断方法。从核动力设备故障重要因素——设备老化问题着手，阐述核动力设备老化监测与核安全管理方法。从核动力设备故障精确预测、预防与核安全监督管理的角度，阐述了核动力设备故障全寿命监控管理技术。最后介绍了核动力装置全寿命核安全管理及智能管理的基本思路和方法。

本书内容分为 8 章。第 1 章简要介绍核动力装置系统组成以及设备故障监测对核动力装置安全运行的重要意义。第 2 章简要介绍核动力装置设备分类、设备故障分类和设备故障监测方法分类以及常规监测方法。第 3 章介绍基于神经网络的核动力装置系统和设备故障监测与诊断方法。第 4 章介绍基于智能推理和智能优化算法的故障诊断方法。第5章介绍基于信息处理和信息融合的故障诊断方法。第6章介绍核动力设备老化监测与管理方法。第7章介绍核动力装置设备故障全寿命监控与管理方法。第8章介绍核动力装置全寿命核安全集成化管理与智能管理方法。

本书在撰写中,引用了国内外大量参考文献及其成果和论述,在此对各文献和成果作者表示衷心感谢。由于作者水平有限,本书内容难免存在不当或错误之处,本书中所提出的一些观点和方法可能还存在商榷之处,衷心希望各位专家学者和读者批评指正,在此不胜感激。

作者

2021年3月

目　录

第1章

绪　言

1.1　核动力装置及其设备

核动力装置是实现核能到热能、机械能再到电能转换的能量转换体系的总称[1]，它是核电厂、船用核动力系统和海洋移动核动力平台的主体。核动力装置有多种类型，根据核动力装置的用途来分，可以分为电厂核动力装置、船用核动力装置和空间核动力装置；若根据装置所采用的核反应堆堆型来分，则可以分为轻水堆（压水堆、沸水堆）核动力装置、重水堆核动力装置、钠冷堆核动力装置、高温气冷堆核动力装置以及石墨慢化反应堆核动力装置等类型。不同类型的核动力装置由于所采用的堆型不同，其原理也不相同，也使装置在结构、系统和设备组成上存在着一些差异。在各种堆型的核动力装置中，压水堆核动力装置是最为常见的核动力装置，世界上大多数核电厂、船用核动力系统或海洋移动核动力平台一般都采用压水堆核动力装置。本书在阐述设备故障监测和核安全管理问题时，主要讨论压水堆核动力装置系统和设备（简称核动力设备）的故障监测与核安全管理问题。

压水堆核动力装置主要由核反应堆、一回路系统、二回路系统和相关辅助系统等部分构成。每个系统又由若干个设备和部件组成。

在核动力装置中，核反应堆是实现可控链式核裂变反应以产生核能的设备，是核能转换和利用的核心设备。反应堆由核燃料组件、控制棒组件、可燃毒物组件、中子源组件、堆内结构组件、控制棒驱动机构、压力容器以及配套部件等部件组成。

反应堆一回路系统又分为一回路主系统和辅助系统两大部分。一回路主系统习惯上又称为反应堆冷却剂系统。压水堆核动力装置一回路系统通常由2～4个独立的、对称并联的和结构基本相同的冷却剂环路组成。每个冷却剂环路分别由一台主冷却剂泵、一台蒸汽发生器以及相关管系、阀门等设备和部件组成。在一回路系统中，为了控制一回路冷却剂的压力，在一回路系统中设置了一台稳压器。这台稳压器是几个并联的冷却剂环路共用设备。一回路辅助系统的主要作用是保证核反应堆的安全及一回路主冷却剂系统的正常运行，并为可能发生的重大事故提供必要的安全保护措施，减轻事故后果，以防止放射性气体和冷却剂等物质的扩散和污染。一回路辅助系统包括化学和容积控制系统、余热排出系统、设备冷却水系统、硼和水补给系统、安全注射系统以及取样系统等。辅助系统的主要作用是保证反应堆及一回路主系统正常启动、运行与停堆；在发生失水事故时为反应堆及一回路提供保护，防止事故扩大和放射性物质向周围环境扩散；处理一回路系统所产生的放射性物质。

二回路系统主要由蒸汽发生器二次侧、汽轮机、冷凝器、除氧器、冷凝水泵、给水加热器、汽水分离再生器、给水泵、辅助系统以及相应的管系、泵、阀门等设备和部件组成。二回路系统的主要作用是将蒸汽发生器所产生的高温高压蒸汽传送至汽轮机，通过蒸汽推动汽轮机运转，以带动发电机发电，从而完成从热能到机械能再到电能的转换；在变工况下或一回路与二回路功率不平衡时将反应堆所产生的剩余释热或衰变热带走，以确保反应堆的安全。

核能的产生、传输和转换是通过核动力装置各系统与设备协调和有序的运行而实现的。在核能的产生、传输和转换过程中，既要确保核反应堆的安全，又要保证核动力装置系统和设备不发生故障，使整个装置的系统与设备能够、正常协调和有序的运行。为保证核动力装置运行的安全性和可靠性，既要搞好核动力装置运行管理和核安全管理工作，不断提高核动力装置运行管理和核安全管理的能力和水平，同时还必须对核动力装置系统和设备进行有效的监测和管理，保证各系统和设备正常运行，防止设备故障引发核安全事故。

1.2 核动力设备故障监测与核安全管理

核动力装置是实现能量产生、传输和转换的工程系统。从宏观上来说，核动力装置运行的实质问题包括两大方面：一是实现能量的产生、传输、转换和功率输出；二是保证核反应堆安全，确保不发生放射性物质泄漏等核安全事故。从上述两个方面出发，可以将核动力装置运行、控制和管理的关键问题可以归纳为以下要素：

（1）能够按照规定的技术要求控制反应堆核裂变能量的产生，即能够控制反应堆中核燃料的核裂变反应；

（2）保证核反应堆安全，防止和减轻核事故，防止放射性物质泄漏；

（3）可靠地实现核动力装置启动、功率运行、停堆和停堆余热排出；

（4）按照规定的技术要求实现能量的顺利传输和转换；

（5）按照规定的技术要求实现功率控制和功率输出，适应负荷变化和各种瞬态工况；

（6）对核动力装置系统和设备运行进行全工况监督，发生异常和故障能够及时报警并执行保护动作。

核动力装置能否安全、可靠和顺利地实现能量产生、传输、功率输出，要取决于多方面的因素，如核反应堆的性质、反应堆及其系统与设备的设计、安装、使用、运行管理、核安全管理、状态监测、故障诊断以及维护、维修等因素。从运行角度来说，核动力装置安全运行的前提是其系统和设备能够保持可靠的技术性能，能够对系统和设备的故障进行预测、预防和及时处理，不发生影响和危及核动力装置运行安全的故障。一旦核动力装置系统或设备尤其是核安全关键系统和设备发生故障，不仅影响核动力装置的正常运行，而且还可能使核反应堆失去保护，容易可引发危及核安全的事件或直接导致核安全事故的发生[2]。核动力装置系统和设备故障是影响核动力装置运行和安全的重要因素，设备故障监测对于保证核动力装置的安全运行具有重要的作用。

核动力设备故障监测的主要目的就是监测设备是否发生故障，以便提醒运行管理和维修人员能够及时采取相关措施，防止核动力装置运行事故的发生或事故的进一步扩大。核动力设备故障监测是核动力装置运行管理的关键环节，是核动力装置安全运行的基础性技术活动。预防和消除设备故障是提高核动力装置运行安全性的重要途径。预防和消除设备故障的关键在于对核动力装置系统和设备故障进行有效的监测和预测，发生故障时及时采取针对性的处理措施。如果能够掌握核动力设备故障的特点和规律，做好设备故障监测、预测和预防工作，对于设备发生的故障及时采取相应的处理措施，就可以防止因设备故障而引发的核动力装置运行事故，大幅度降低核安全风险，提高核动力装置运行的可靠性和安全性[2]。

虽然设备故障监测与管理对于保证核动力装置的安全运行具有重要的意义，但是设备故障监测并不是一件简单的事情。由于核动力装置设备众多且设备故障具有不确定性，并且许多设备难以安装或无法逐一安装故障检测系统，因此核动力装置许多设备的故障实际上是难以在线检测和自动判别的。目前大多数核动力装置对于设备的监测主要是对系统及设备运行状态监测而非设备故障监测，仅对一些重要的设备安装故障监测系统。在核动力装置运行中，设备状态监测主要以监测设备的运行参数或设备的特征参数为主。运行管理人员通过设备的运行参数或特征参数的检测结果来判别设备是否发生故障。

核动力设备故障监测通常是通过多种方法和技术来实现的，如运行参数监测、绝缘监测、振动和噪声监测、无损探伤以及油样分析等。传统的监测方式由于受到技术的限制，关注的重点主要放在设备技术状态监视和故障检测方面，发现设备故障或异常问题时及时处理。因此，设备故障传统监测方式主要关注设备的技术状态即设备所表现出来的现象，而非关注设备故障的机理、诱因和发展。从核动力装置运行安全的角度来说，仅采用传统的故障监测与管理方式对于设备故障进行监测与管理还是不够完善的。

随着科学技术和设备管理理念的发展，目前对于设备故障监测和管理已不仅仅局限于设备技术状态监视和故障检测上，而是从系统论、全寿期、故障预测、故障诊断和健康管理等角度出发来研究设备状态监测、故障诊断与故障管理等问题。

核动力设备故障与设备设计、安装、操作使用、定期安全检查、设备维修、故障及事故管理以及设备寿命管理等活动具有密切的关系。从宏观上来说，核动力设备故障监测与管理与核安全管理活动是密切相关的，是核动力装置核安全管理的一项重要内容。基于核动力装置核安全管理的思路和设备状态监测与管理的新观念，本书从核动力装置运行安全出发，从系统论、全寿期、故障预测、故障诊断、健康管理和智能管理等方面阐述核动力设备故障监测与核安全管理问题，讨论核动力设备故障监测与核安全管理的新方法和新思路。

1.3 本章小结

本章介绍了核动力装置的基本构成，阐述了核动力装置运行的实质问题，即实现能量的产生、传输、转换和功率输出；保证核反应堆安全，确保不发生放射性物质泄漏等核安全事故。指出了核动力装置运行、控制和管理的要素。在此基础上，阐述了核动力设备故障监测与核动力装置安全运行以及核安全管理之间的内在联系。

参考文献

[1] 欧阳予．秦山核电工程［M］．北京：原子能出版社，2000.

[2] 周刚．核动力设备全寿命故障监督管理方法研究［C］// 中国核学会．中国核科学技术进展报告（第 6 卷）—中国核学会 2019 年学术年会论文集（第 3 册）（核能动力分卷）．北京：原子能出版社，2020：318-325.

第2章

核动力设备分类及故障监测方法概述

2.1　概述

核动力装置结构复杂，系统、设备众多，各种设备的结构、材料、组成、原理和特点也千差万别。设备类型不同，其故障机理、类型、规律、诱因和故障监测方法也存在着差别。要研究核动力设备故障监测与管理问题，首先需要掌握核动力装置设备的类型及其特点。为此，本章先介绍核动力装置设备类型和故障分类，为阐述核动力设备故障监测与管理问题提供基础。从设备故障监测方法来说，目前已经研究和提出的故障监测方法有很多种，有些方法已经发展成为成熟的理论和技术体系。这些故障监测方法可以根据不同的分类标准进行分类。在核动力设备故障监测方法讨论中，为了区别传统的方法和人工智能方法，将核动力设备故障监测方法分为常规监测方法和智能监测与诊断方法。本章在介绍核动力装置设备类型和故障分类的基础上，简要介绍核动力设备故障常规监测方法和智能监测方法。

2.2　核动力装置设备分类

核动力装置是由多个系统组成的，每个系统包含若干个设备和部件。设备和部件是核动力系统的基本组成单元。整个核动力装置的设备和部件加起来有上万台（件）。对于如此众多的设备，需要采取分级和分类的方式才能对其进行有效的监测和管理。设备分类方法很多，常见的有根据系统分类法、用途分类法、功能分类法、特性分类法以及专业领域分类法等。在核动力设备分类中，可以根据实际需要采用不同的方法对设备进行分类。下面介绍核动力设备几种分类方法。

（1）根据设备所属系统分类

根据设备所属系统对设备进行分类，可以将核动力装置设备分为一回路系统设备、二回路系统设备和电力系统设备等类型。

（2）根据专业领域进行分类

根据专业领域对核动力装置设备进行分类，可分为机械设备、电气设备和机电一体设备等类型。

（3）根据设备用途来分类

根据设备用途对设备进行分类，可以将核动力装置设备分为核裂变反应设备即反应堆；传热类设备，如蒸汽发生器、热交换器等；工质稳压设备，如稳压器；工质控制类设备，如阀门；工质驱动类设备，如主冷却剂泵；能量转换类设备，如汽轮机、发电机等；加热或冷却设备，如冷凝器、给水加热器等类型。

（4）根据设备对安全的作用分类

根据设备对安全的作用进行分类，通常将核动力装置设备分为安全级设备和非安全级设备。

在核动力装置设备实际管理中，为了管理的方便，通常同时使用多种分类方式，如将核动力装置设备分为一回路系统、二回路系统、电力系统和辅助系统设备，进一步又根据设备所属专业领域将各系统设备细分为机械设备、电气设备和机电一体设备等类型。在本章以后核动力装置设备故障监测问题讨论中，将主要讨论核反应堆及核动力装置一回路和二回路系统主要设备的监测问题，这些设备主要包括核动力装置一回路和二回路系统机械设备、电气设备和机电一体设备。

2.3　设备故障及监测方法分类

2.3.1　设备故障分类

在设备故障监测和管理研究中，为对设备故障进行有效地监测和管理，需要根据设备故障的类型和特点采取针对性的监测方法和管理措施。在实际的核动力系统中，设备的种类是多种多样的，设备故障也具有多样化的特点。常见的设备故障分类方法如表 2.1 所示。

表 2.1　常见的设备故障分类方法

分类方法	故障类型
存在程度	暂时性故障、永久性故障
发展进程	突发性故障、渐发性故障
严重程度	破坏性故障、非破坏性故障

续表

分类方法	故障类型
发生原因	外因故障、内因故障
故障相关性	相关故障、非相关故障
发生频率	高发性故障、偶发性故障
发生时期	早期故障、试用期故障、使用前期故障、使用中期故障、使用后期故障
故障机理	磨损故障、腐蚀故障、断裂故障、老化故障、烧毁故障、辐照故障，等
设备类型	机械设备故障、电气设备故障、机电一体设备故障
与人因关系	人因故障、非人因故障

表 2.1 所给出的设备故障分类方法只是一般性的分类方法，在设备故障监测与管理中还可以根据需要采用其他分类方法。例如，在核动力装置设备故障监测和管理中，考虑到装置运行安全问题，可以从设备故障对核动力装置安全影响的角度，将某些设备的故障分为安全故障和非安全故障。

在设备实际故障监测与管理中，为实现设备故障的精细化管理，可以根据故障管理需要同时采用多种分类标准对设备故障进行综合分类的方式。例如，对某个设备，可以首先根据机械设备、电气设备和机电一体设备等设备分类方式将其划分到相应的类型。然后，根据设备类型将其故障分为机械设备故障、电气设备故障和机电一体设备故障。再次，可以根据故障的存在程度将设备故障分为暂时性故障和永久性故障。根据实际需要，还可以将设备故障进一步细分。如将机电一体设备故障进一步分为阀门类故障、泵类故障、电机故障等。

从设备全寿命管理的角度来说，设备故障的发生在很大程度上具有时序性的特点，对设备故障监测和管理可以采用全寿期分阶段管理的方式。根据设备从设计、试验、储存、安装、使用到维修等一系列活动的过程，可将核动力设备发生的故障分为设计阶段故障、研制试验阶段故障、安装调试阶段故障、反应堆物理启动阶段故障、使用期（前期、中期、后期）故障、维修期故障、储存阶段故障等类型。同时，考虑到故障对核安全的影响程度，可以将设备某种故障对核安全的影响分为安全故障和非安全故障。研究核动力装置设备故障的监测与管理问题时，可在纵向上以时序分类为基础，再根据分析研究的需要从横向上辅以其他分类方法。

2.3.2　故障监测与诊断方法分类

设备故障监测可分为在线监测和离线监测两种方式。在线监测的主要特点是监测的实时性、连续性，突出的是设备运行的监测。离线监测一般为设备停机状态下的检测，没有实时性和连续性的硬性要求。

设备故障监测方法种类很多，常见的有振动与噪声监测方法、无损探伤检测方法、运行参数偏差监测方法等。在这里需要简要说明故障监测与故障检测的区别。故障监测与故障检测是密切相关的，但两者又存在着差别。监测除了测量或检测的含义外，还包含了监视的功能，具有一定的时效性，而检测则不强调时效性。在不至混淆的情况下，后面在阐述相关问题时对故障监测与检测两者不进行具体的区分。

设备监测方法种类多样，原理各异。按照监测原理中是否包含人工智能进行分类，可以将设备监测方法分为常规监测方法和智能监测方法两大类。常规监测方法包括视觉监测方法、运行参数监测法、特征参数监测法、信号处理监测方法、无损探测方法以及油样分析法等基于常规技术的监测方法。智能监测方法包括神经网络、模糊推理等基于人工智能的监测方法。

对于设备故障的监测与管理，早期主要关注的是如何监测设备的故障。但是，随着科学技术的进步以及设备使用管理要求的提高，不仅需要知道设备是否发生了故障，而且要知道设备发生了什么故障和故障未来的发展趋势，以便及时采取针对性的解决措施，提高设备安全性和使用效能。在设备监测上，不再是单纯的故障监测，而是逐渐发展到设备故障诊断和故障预测。因此，在设备故障监测研究中，一般是将故障监测、预测和故障诊断作为同一类问题进行研究，而不进行严格的区分。

设备故障诊断始于 20 世纪 60 年代末，在 20 世纪 80 年代故障诊断理论和技术的研究得到迅速的发展。目前，已经研究和提出的故障诊断方法很多，在核动力装置系统和设备故障诊断中已经提出和研究的具有代表性的故障诊断方法如下：

（1）基于信号处理的诊断方法；

（2）故障树诊断方法；

（3）基于时序数据挖掘的诊断方法；

（4）基于解析模型的诊断方法；

（5）统计分析诊断方法；

（6）案例推理诊断方法；

（7）多层流诊断方法；

（8）模糊诊断方法；

（9）专家系统诊断方法；

（10）神经网络诊断方法；

（11）基于遗传算法的诊断方法；

（12）信息融合诊断方法；

（13）支持向量机诊断方法；

（14）基于粗糙集的诊断方法，等。

上述故障检测与诊断方法可分为：

（1）基于模型的方法，如基于数学模型的故障诊断方法；

（2）信号处理方法，包括时频分析、快速傅立叶变换和小波变换等诊断方法；

（3）图论方法，包括符号有向图、故障树等诊断方法；

（4）基于知识的方法，包括专家系统等诊断方法；

（5）数据驱动方法，包括统计分析、模糊逻辑、神经网络、信息融合、支持向量机等诊断方法。

如果从定性和定量的角度对故障诊断诊断方法进行分类，可以分为定性分析诊断方法和定量分析诊断方法。定量分析诊断方法又可进一步分为基于数学模型的故障诊断方法和数据驱动诊断方法。

上面所提到的故障诊断方法是从诊断原理上来说的。若从装备或系统分级的角度上进行分类，则可将故障监测与诊断方法分为系统级故障监测与诊断、分系统级故障监测与诊断和设备级故障监测与诊断等监测与诊断方法。

2.4　常规监测与诊断方法

2.4.1　视觉监测方法

在设备监测中，视觉监测方法是一种最直接的监测方法。视觉监测有两种方法，一种是人工视觉监测方法，另一种是机器视觉监测方法。

人工视觉监测方法是监测人员在现场直接用目光察看设备的状况，即目视检测法，如察看设备表面是否有裂缝、焊接处是否有松动、管道是否有破损、接触处是否有磨损或泄漏等。采用目视监测方法，对于不同的监测人员来说其检测结果也不相同。这是因为对于不同的检测人员，其检测技能、经验、受训状况、警惕性、责任心、细心程度以及疲劳程度等方面都存在着差别。此外，采用目视监测方法时，检测人员使用不同的辅助工具对监测结果也会产生重要影响。在设备状态检测中，目视检测方法一般只用于设备外观方面的定性检测，而难以用于设备定量和深层次的检测。虽然目视检测方法存在着明显的缺点，但它仍然是一种重要的设备检测方法。一些设备的问题通常可以用目视的方法直接观察就能发现，如锈蚀、泄漏、变形、磨损、裂纹等。

机器视觉监测方法是就是用视觉监测系统来代替人工进行设备监测。常见的和广泛应用的视觉监测系统是电视监测系统。电视监测系统是现场实景或实况监测。除电视监测系统外，还有热成像监测等视觉监测方法。视觉监测系统一般有相机、镜头、光源、信号转换设备、显示设备、电缆以及软件等组成。机器视觉监测有许多优点，主要优点有：

（1）可以长时间在线监测，并能将监测结果保存下来；

（2）采用视觉监测系统可以完成人工难以完成的监测任务，如那些监测环境或监测目标具有危险性、危害性、不适于或不便于人类工作的监测任务；

（3）可以利用视觉传感器发现人类目光难以发现的设备缺陷；

（4）利用视觉监测系统可以对监测结果进行分析；

（5）可以对设备现场进行远程监测。

在核动力设备故障监测中，人工视觉监测方法和机器视觉监测方法都是实际应用的方法，通过视觉监测方法可以直接发现设备故障，如阀门泄漏、管道破损等。

2.4.2 基于运行参数监测的方法

（1）基本原理

这里所说的基于运行参数监测的方法是指系统或设备运行参数监测方法。运行参数监测方法是核动力装置广泛采用的故障监测方法，有些文献中也称其为基于参数阈值监测的方法[1]。

基于运行参数监测的方法是对核动力装置系统与设备的重要运行参数进行监测。它是通过监测核动力装置系统、设备运行参数或特征参数是否超过规定的限值或范围（设定值即阈值），以判断核动力装置运行状态或核动力装置系统与设备是否发生异常或故障。实际上，基于运行参数监测的方法是通过比较参数实际检测值与设计（或运行）规定值之间的偏差大小来判别系统和别设备是否发生了故障。核动力装置参数监测分为核参数、过程参数、设备状态参数以及特征参数监测等几种类型。参数监测方法一直是核动力装置系统和设备状态监测中广泛采用的方法。基于运行参数监测的故障检测方法原理如图 2.1 所示。

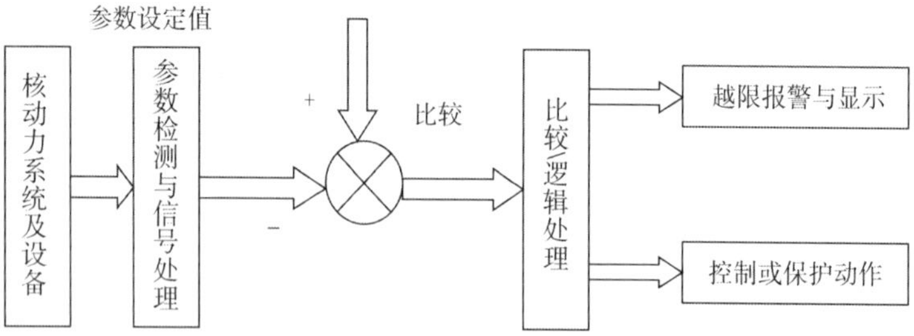

图 2.1　基于运行参数监测的故障检测方法原理示意图

（2）监测方法优点

基于运行参数监测的方法虽然原理简单，但却具有许多优点，主要体现在以下方面：

1）原理简单，易于实现

参数监测方法的显著优点是其原理简单，在进行参数偏差检测时运算简单，只需计算参数检测值与规定值之间的偏差，在工程实际中容易实现。

2）监测参数种类多

在核动力设备故障监测中，可以从不同的角度设置不同类型的监测参数来监测同一个设备或运行模式。如，对稳压器故障监测，可以同时监测稳压器的压力和水位等参数。

3）监测参数数量大

基于运行参数监测的方法在实际实施方面，由于各参数监测系统之间是相互独立的，对某个参数的监测不会受到其他参数监测系统的影响，因此，对同一个设备、运行模式或变量可以根据实际需要重复设置多个监测通道进行冗余监测。

4）监测范围广

在系统和设备等不同监测层面上，基于运行参数监测方法的监测范围可以涵盖核动力装置各系统和设备。此外，对于单个变量的监测来说，可以采用不同的监测量程以满足不同的功能需要。

5）满足保护参数监测需求

基于运行参数监测的方法通过对保护参数进行独立监测和冗余监测，可以提供反应堆保护系统所要求的参数输入信号。这些监测信号通过与参数保护设定值进行比较，或与其他保护参数进行逻辑符合运算，可以为核反应堆运行提供所需要的报警信号和保护信号。当被监测的保护参数超过了规定的保护限值时，就会触发保护动作的执行，以满足实现核反应堆安全保护功能的需要。

6）实时性强

基于运行参数监测的方法可对各参数进行在线连续监测，满足核动力装置全程实时监测的需要。

（3）监测方法缺点

虽然基于运行参数监测的方法在核动力装置系统和设备状态监测中表现出许多优点，但该方法也存在着明显的不足。采用基于运行参数监测的方法对系统和设备进行监测，只能得到被监测参数的实际测量值或被监测参数实际测量值与正常值之间的偏差，却难以获取设备故障或发生异常的原因及故障发展趋势。当多个监测参数的监测结果同时显示出异常时，运行管理人员无法根据监测结果判定初始故障原因。更为重要的是，使用基于运行参数监测的方法对核动力装置系统和设备进行状态监测，当检测出故障或异常情况时，就有可能发现故障已经发展到难以处理的地步[4]。对于基于运行参数监测的方法存在的不足，研究人员试图通过研究各种故障预测和诊断方法来解决这个问题，这也推动了故障预测和诊断方法的发展。

2.4.3 振动和噪声监测方法

设备在运行过程中都会产生一定的振动，设备振动导致其表面气体的压力发生变化从而形成噪声。噪声的大小随设备表面压力和频率的变化而变化。设备在正常状态下运行时，设备振动和噪声都会表现出一定的特性或具有一定的规律性。当设备发生故障时，设备振动方式也随之发生变化，并导致噪声特性发生变化。并且，设备故障不同，所表现出来的振动和噪声特性也不相同。通过监测设备振动和噪声，并对噪声进行分析，可以判断设备运行状态，以及设备是否发生故障。

振动检测主要用于机械设备故障检测，尤其是旋转机械设备的故障检测。机械设备运行时会发生振动，这种振动具有一定的振动速度、振幅和振动频率。振动检测方法一般是对设备的主要部位的振动参数如位移、速度、加速度、振幅、相位等进行检测，然后与设备正常运行标准值进行比较，以确定设备是否发生故障。机械设备的大多数故障与其运动或振动密切相关。当设备发生故障或发生退化时，其振幅和振动频率等参数也会随之发生变化。如当旋转设备发生机械磨损、轴不对中、转子不平衡、配合间隙增大、部件变形或连接松动时，设备的动态性能就开始出现各种变化，这些故障都会在振动信号的变化上反映出来。通过检测设备振动信号，分析其振动频谱等特征参数的变化特点，可以判别设备的故障情况。

设备振动监测常用的分析方法有波形图、频谱图、相位分析以及解调分析等方法。波形图用于对振动信号的时域分析，利用波形图可以分析设备振动形态及其变化。波形图常用于设备不平衡和部件松动等故障的检测。频谱图所显示的是设备振动信号中各频率成分及其幅值，这些不同的频率成分通常与不同的故障类别存在着相关性。相位分析是对同时采集的设备两个部位的振动信号，从两者的相位差异中对故障进行识别。解调分析是提取设备或部件振动的特征信号，通过对特征信号的包络分析来识别故障。

2.4.4 基于维修的设备故障监测方法

维修活动是核动力装置在役过程中常见的设备维护和技术保障活动，是发现设备故障的一种重要途径。这种通过维修活动监测和发现设备故障的方法称之为基于维修的设备故障监测方法。在工程实际中，基于维修的设备故障监测方法实际上多采用离线检测方法。

核动力装置维修保障经验表明，基于维修的监测方法不但是监测和发现设备故障的一种重要方法，而且是一种比较有效的方法。核动力装置许多设备故障或潜在问题是在设备维修过程中发现的。在对设备检修时，通常要对设备进行检查或测试。通过这种检查和测试，一般都能检测出设备的故障或可能发生的潜在问题。

设备维修有多种方式，也有多种分类方法。从设备故障监测的角度来说，不同的设备维修方法，对于设备故障监测的效果也有差别。常见的维修方式有预防性维修、修复性维修和随机维修。其中预防性维修又可分为定期维修、以可靠性为中心的维修和视情维修。随着维修理论的发展，又出现了主动性维修（Proactive maintenance）和基于设备健康状态的维修等方式。

定期维修是指按照规定的时间间隔或设备其他使用计量标准而对设备开展的有计划的维修。在定期维修中，不管设备是否存在故障，一般都要对设备进行检查、测试或标校。定期维修的主要目的是检测设备的技术状态、发现设备的故障、检测设备的偏差或找出设备的潜在故障，并进行相应的故障处置或设备维护。定期维修的特点是计划性强、目标明确、准备工作充分、设备检测维护工作深入。其缺点是这种维修方式不够灵活，不能及时发现设备故障或设备存在的问题。

以可靠性为中心的维修（Reliability centred maintenance，RCM）是国际上通用的一种用以确定设备预防性维修需求和优化维修活动的维修方法[2]。它是指以最小的资源消耗保持装备固有可靠性和安全性原则，应用逻辑决断的方法确定装备预防性维修和过程或方法。

视情维修是根据设备的状况开展的，具有预防性质。视情维修以设备状态监测为基础，当发现设备技术性能将会出现降低趋势或对设备的可靠性存在疑问时，可视情对设备开展维修活动，以防止设备发生故障。视情维修的主要特点是维修的针对性强。采用这种维修方式时，仅对性能可能降低或可能出现故障的设备进行维修，而不需要对所有设备展开维修，因此节约了人力物力资源。

修复性维修（Corrective maintenance）也称纠正性维修，是对已经发生故障的设备进行维修。通过设备检测和修理，排除设备故障，使其恢复到设备技术性能指标所规定的技术状态。从故障监测方面来说，修复性维修实际上对设备没有预先监测活动，而是对已经发生故障的设备进行故障检测，查找故障原因，以确定设备发生什么故障，然后采取针对性的措施。属于一种“头痛医头，脚痛医脚”的维修方式。

随机维修是一种针对设备运行中出现的故障而开展的临时性维修活动。随机维修方式的主要特点是：（1）维修时间的不确定性，设备什么时候故障就什么时间开展维修；（2）维修活动具有修复性维修的特点，重点在于检测和排除故障、恢复设备性能；（3）对设备维修的效率往往具有一定的要求，希望通过维修尽快排除故障，恢复设备运行。装备应急抢修是一种典型的随机维修方式。

主动性维修（Proactive maintenance）的主要特点是：它不但考虑了设备故障的维修，而且还考虑了设备故障根源的监测和识别，并在设备性能变化之前从故障根源着手，采取相应的维护和维修措施，以减少和减缓设备故障的发生。因此，从故障监测的角度来说，主动性维修活动的设备故障监测关键在于设备故障根源因素的监测。

2.4.5 基于设备老化管理的方法

设备老化管理是监测故障、发现故障的一种重要方法。设备老化是指在使用过程中，由于一个或多个物理、化学机理的作用会产生性能退化，这种现象就是设备的老化。设备老化会引起设备故障或设备性能失效，导致相关系统功能失效或性能降级。从设备故障监测方面来说，通过老化管理活动，监测由于设备老化趋势和老化的严重程度，及时发现设备老化可能引起的故障或潜在故障，及时相应的处理措施。设备老化管理是一种具有长效性特点的设备管理活动，是维持核动力设备可靠性的重要方法。对于核电厂来说，设备老化管理也是核电厂设备管理和核安全管理的一项重要内容。关于设备老化监测与管理方法将在后面介绍。

2.5 智能监测与诊断方法

智能监测与诊断方法是在人工智能应用研究的基础上发展起来的新方法。20 世纪 80 年代以来，随着人工智能理论和技术的发展，基于人工智能的诊断方法及其应用研究引起了广泛关注并得到了迅速发展。在核动力领域，核电厂智能监测与诊断方法的研究也逐渐成为一个活跃的研究方向。

智能监测与诊断方法包括基于神经网络的故障监测与诊断方法、基于专家系统的故障诊断方法、基于模糊逻辑的故障诊断方法、基于多智能体的故障诊断方法以及基于优化计算和信息处理的故障诊断方法。在核电厂智能监测与诊断方法研究中，研究较多的是基于神经网络的监测与诊断方法。其他智能方法，如：遗传算法、粗糙集方法、粒子群算法等方法一般是与神经网络等方法相结合用于故障诊断，单独用于故障诊断的不多。

基于人工智能的故障监测与诊断方法的主要特点是注重对监测信息和相关知识的分析处理，其显著优点是只需要被监测与诊断对象相关参数监测信息和有关经验知识。采用智能方法对系统或设备进行监测与诊断，在实际应用中一般只需增加数据获取、采集和智能分析计算系统，而不需增加更多的设备，是值得深入研究和广泛探索的方法。智能方法的主要缺点在于人工智能的不完备性，这也导致了一些智能方法的不确定性，这使人工智能方法的应用受得了局限。虽然，人工智能理论目前还很不完善，但是人工智能的潜力却是不容置疑的。在核动力装置异常监测和故障诊断及预测中，智能解决方案将会发挥重要作用。

2.6 小结

本章简要介绍了核动力装置设备、设备故障和故障监测与诊断方法的分类方法。根据设备监测方法的技术特点将其分为常规监测方法和智能监测方法。在此基础上，介绍了核动力装置设备监测中常用的几种常规监测方法，包括视觉监测方法、基于运行参数监测的方法、振动和噪声监测方法、基于维修的设备故障监测方法以及基于设备老化管理的方法。最后，简要地介绍了智能监测与诊断方法。

参考文献

[1] 周刚．核动力装置智能控制与故障诊断控制 [M]．北京：中国原子能出版社，2013.
[2] 甘茂治，康建设，高崎．军用装备维修工程学 [M]．2 版．北京：国防工业出版社，2005.

第3章 基于神经网络的故障监测与诊断方法

3.1 概述

在人工智能领域，人工神经网络理论是一种重要的人工智能理论。人工神经网络（Artificial Neural Network，ANN）通常简称为神经网络（Neural Network，NN)，它是对人脑生物神经网络结构、功能和机制的某种简化、抽象和模拟的人工系统。人工神经网络的研究始于在 20 世纪 40 年代，在 20 世纪 80 年代，许多领域开展了神经网络应用研究，出现了神经网络理论和应用研究的热潮。在核动力领域，美国 Tennessee 大学的 Uhrig R E 等[1] 在 1988 年率先开展了神经网络在核电厂中的应用研究。随后，瑞典、韩国、日本、德国、挪威以及印度、伊朗和巴西等国家也先后开展了神经网络在核动力领域的应用研究。基于神经网络的故障监测与诊断是神经网络一个重要的应用研究领域。在动力装置故障诊断方法研究中，神经网络诊断方法是核动力故障诊断领域中研究最多和最为广泛的方法之一[2]，并且其应用研究仍在不断发展。本章介绍基于神经网络的故障监测与诊断方法。

3.2 神经网络及其分类

20 世纪 40 年代，心理学家 McCulloch W S 和数学家 Pitts W 在研究和模拟人脑生物神经元信息处理机制的基础上，提出了一种具有二值特性的神经元模型。这种二值神经元模型后来被称为 MP 模型。MP 模型的提出为人工神经网络理论研究提供了基础。1958 年，美国学者 Rosenblatt F 提出了感知器（Perceptron）模型，它是一个简单的、单层处理单元的前馈神经网络。1960 年，美国斯坦福大学的 Widrow B 和 Hoff M E 提出了自适应线性神经元（Adaptive Linear Neuron）模型，又称为 Adaline 模型。Widrow B 和 Hoff M E 在 Adaline 模型的学习规则中引入了一种能够自适应调节神经元连接权值的算法，简称 LMS（Least Mean Square）学习算法，或称为 Widrow-Hoff 学习规则。1982 年，美国物理学家 Hopfield J J 提出了 Hopfield 神经网络（HNN），HNN 是基于生物神经网络记忆机理的模拟。

神经网络是以单神经元模型为基础而建立的信息处理模型。将多个神经元按照一定的方式连接起来，就形成了神经网络。在神经网络模型的研究中，人们通过改变神经元的连接方式、提出新的学习算法或将其他理论引入神经网络，从而提出了多种神经网络模型。几种常见的人工神经网络及其特点如表 3.1 所示。

表 3.1　常见的人工神经网络及其特点

<table>
<tr><th colspan="2">类型</th><th>主要特点</th></tr>
<tr><td colspan="2">感知器网络</td><td>一种具有单层神经元的网络，传递函数为阈值函数；
模型简单，易于实现；
主要用于分类和求解线性可分问题；
单层感知器网络输出为二值，只能处理线性可分问题。</td></tr>
<tr><td colspan="2">BP 神经网络
（Back Propagation Neural Network，BPNN）</td><td>一种多层神经网络，采用误差反向传播（Error back propagation）学习算法；
主要用于函数逼近、模式识别、分类和数据压缩等；
网络优化计算中存在陷入局部极小和训练速度慢等问题。</td></tr>
<tr><td colspan="2">径向基神经网络
（Radial Basis Function Neural Network，RBFNN）</td><td>一种三层前向网络，隐单元的的变换函数由像高斯核函数那样的径向基函数，模拟了人脑中局部调整、相互覆盖接受域（或称感受域—Receptive Field）的神经网络结构；
是一种局部逼近网络，也称为局部感应场网络，它能以任意精度逼近任一连续函数；
主要用于预测、分类、模式识别以及故障诊断等；
具有很强的非线性逼近能力和唯一最佳逼近特性，无局部极小问题，学习收敛速度快等特点；
网络计算量大，其隐含层神经元传递函数的中心求解较难。</td></tr>
<tr><td rowspan="2">反馈神经网络</td><td>Hopfield 神经网络
（HNN）</td><td>网络每个神经元都和其他神经元相连，且连接具有对称性，是一种全互联型网络，一般没有自连接；
主要用于联想记忆和优化计算。</td></tr>
<tr><td>Elman 神经网络</td><td>一种动态递归神经网络，隐含层有反馈，输出层传递函数为线性函数；
能够以任意精度逼近任意非线性函数；
主要用于解决预测、非线性建模、模式识别和故障诊断等问题。</td></tr>
<tr><td rowspan="2">自组织竞争神经网络</td><td>自组织竞争神经网络</td><td>一种结构由输入层和竞争层（同时作为输出层）组成的神经网络；
模拟生物神经细胞“侧抑制”机制；
主要用于分类和模式识别等问题。</td></tr>
<tr><td>自组织特征
映射神经网络
（Self-organizing feature map，SOFM）</td><td>一种自组织、无监督和自动聚类的神经网络，由输入层和竞争层组成，没有隐含层。输入层和竞争层之间相互连接，竞争层各神经元之间还存在横向连接；
实现对生物神经网络竞争机制的模拟；
主要用于分类和模式识别等问题。</td></tr>
</table>

续表

类型		主要特点
自组织竞争神经网络	学习向量量化神经网络（LVQ）	由一个竞争层和一个线性层组成，且线性层神经元的数量比竞争层的少； 采用有监督和学习向量量化学习算法对网络进行两次量化； 主要用于分类和模式识别等问题。
	对向传播神经网络（Counter Propagation Networks，CPN）	将 Kohonen 特征映射神经网络与 Grossberg 竞争型网络相结合而构成的一种映射神经网络，可以实现输入与输出模式之间的双向映射； 能够存储模拟值或二进制值的数据对； 主要用于解决联想存储、模式识别、函数逼近、统计分析和数据压缩等问题。
	自适应共振理论网络（Adaptive resonance theory，ART）	分为 ART1，ART2； ART1 由比较层和识别层构成，有 3 种控制信号即一个复位信号以及两个逻辑控制信号； 可以避免对网络以前学过的模式进行修改、其记忆容量可以随样本的种类的增加而增加。
概率神经网络（Probabilistic neural network，PNN）		一种实现 Bayes 分类器功能的网络，一般由输入层、模式层、累加层与输出层，模式层的传递函数为具有统计特性的概率密度函数； 网络训练容易，收敛速度快，容错性强，无局部极小问题； 可用于非线性逼近。
自联想神经网络（Autoassociative neural network，AANN）		一种联想记忆神经网络，它是一种具有对称结构的前馈网络； 自联想神经网络的特点是网络的输入和输出都是相同的变量，且输入和输出变量的数目相同。
模糊神经网络（Fuzzy neural network，FNN）	自适应模糊神经推理系统（Adaptive Neuro-Fuzzy Inference System，ANFIS）	是一种将模糊逻辑与神经网络有机结合的模糊推理系统； 为 Takagi-Sugeno 型模糊推理系统，网络由前件和后件两部分构成。一般由 6 层组成。其中第 2 层计算输入的隶属度；第 3 层计算每条规则的适用度；第 4 层计算适用度的归一化值； 基于数据建模，能自动产生 if-Then 规则； 误差小，收敛快，泛化能力强。
	基于标准模型的模糊神经网络	网络由 5 层组成。第 2 层的每个节点代表一个语言变量值，主要计算各输入分量属于相应语言变量值模糊集合的隶属函数；第 3 层每个节点代表一条模糊规则，用于匹配模糊规则的前件，计算各规则的合适度。
	RBF 模糊神经网络	神经网络表示比较简单，解析性能好，网络训练只需要调节少量的连接权值； 模糊推理与 RBF 函数具有函数上的等价性； 模糊规则冗余，网络的学习速度和收敛性差。
随机神经网络		是一种基于模拟退火算法。Boltzmann 机神经元分为可见神经元和隐藏神经元； 利用模拟退火算法更新网络状态； 可用于解决模式识别等问题。

续表

类型	主要特点
深度神经网络	在广义上是多层神经网络的一种，一般在 7 层以上； 同层以及跨层神经元之间相互无连接； 在一般多层神经网络的基础上，加入特征学习部分； 网络训练采用深度学习算法（Deep learning）。

3.3　神经网络诊断原理

3.3.1　神经网络监测与诊断的要素

神经网络故障监测与诊断方法的基本思路是：根据需要监测与诊断的故障选择监测参数；选择神经网络，确定神经网络结构；根据神经网络的输入参数，进行数据采集，建立神经网络训练样本集；选择神经网络学习算法；使用训练样本集数据和选择的学习算法对神经网络进行训练。训练成功后的网络即可用来进行故障监测和诊断。根据神经网络原理及其用于故障监测与诊断的思路，可以将神经网络监测与诊断的基本要素归纳为确定神经网络结构、选择神经网络学习算法、选择监测参数以及确定神经网络应用方式等方面。

（1）神经网络结构

神经网络结构是指神经网络中神经元的连接形式，也称为神经网络模型。神经元之间的互连模式对神经网络的性质和功能会产生重要的影响，因而也会对神经网络的应用产生影响。神经元的互连模式有着繁多的种类，这也使神经网络具有多种结构。目前已经提出的神经网络结构模型有数十种之多，其中著名的神经网络结构模型有 Rumelhart 等提出的多层感知器模型（Multilayer Perceptron，MLP）、Hinton 等提出的 Boltzmann 机模型、Moody J 和 Darken C 等提出的径向基网络（Radial Basis Function Neural Network，RBF-NN）模型、Hopfield J J 提出的 Hopfield 模型、Kohonen 提出的自组织特征映射（Self-Organizing Feature Map，SOM）模型、Grossberg 与 Carpentent 提出的自适应共振理论模型（Adaptive Resonance Theory，ART）、Kosko 提出的模糊神经网络模型（Fuzzy Neural Network，FNN）和双向联想存储器模型、Albus J S 提出的小脑模型关节控制器（Cerebellar Model Articulation Controller，CAMC）以及 Zhang Q 和 Benveniste A 提出的小波神经网络模型（Wavelet Neural Network，WNN）、LeCun Y 和 Zhang W 及 Waibel A 等提出的卷积神经网络（Convolutional Neural Network，CNN）等。此外，还有概率神经网（Probabilistic Neural Network，PNN）络、粗糙集神经网络（Rough Set Neural Network，RSNN）、灰色神经网络（Grey Neural Network，GNN）。这些神经网络可以按照不同的标准分为多种类型，通常将常见的神经网络分为前馈型、反馈型、随机型和自组织竞争型。

（2）神经网络学习算法

神经网络的基本工作机制是对数据进行处理，通过对样本的学习来记忆或认知数据所隐含的规律是神经网络的主要特征。神经网络学习问题归根结底是调整其连接权值的问题。学习规则是修正神经元之间加权系数值或者说连接强度的算法，使神经网络获得的知识结构能够适应周围环境的变化。在神经网络学习阶段，通过执行学习规则来修正加权系数。在其工作阶段，由学习所得到的连接权系数通过一定的方式参与计算神经元的输出。

神经网络学习规则可简单地分为有监督（或有导师）学习规则和无监督（或无导师）学习规则[3]。神经网络学习算法分为有监督学习和无监督学习两大类。常见的有监督学习规则主要有有监督δ学习规则（或称为 Widow-Hoff 学习规则）和有监督 Hebb 学习规则，具有代表性的无监督学习规则是无监督 Hebb 学习规则。1960 年，Widow 与 Hoff 提出了一种称为自适应线性神经元（Adaptive Linear Neuron）的网络模型，并在该模型中引入了最小均方算法（Least Mean Square，LMS）。LMS 算法是一种自适应调整神经元连接权值的学习算法，有时也称为 Widrow-Hoff 学习规则或δ学习规则，实际上都是一种梯度方法。

有监督学习是对外部导师信号进行学习，它要求同时给出神经网络输入和期望输出之间的模式对。在有监督学习过程中，当神经网络当前计算结果与期望输出存在误差时，将通过某种自动调节机制来调节神经网络相应的连接强度，使神经网络的输出向误差减少的方向改变，经过反复学习和神经网络连接权强度的调整，神经网络的输出最后与期望输出相符合。无监督学习是没有外部导师信号的学习方式，是对输入信号的自适应处理方式。由于学习是没有外部导师的修正，神经网络对动态输入信号，表现为各神经元以某种方式进行竞争，最后获胜的神经元本身或其相邻域神经元得到增强，而其他神经元会进一步被抑制，通过这种方式从而将信号空间分为多个区域。

根据神经网络结构和功能的不同，其具体学习算法也各不相同。神经网络的学习算法问题也是神经网络研究的核心问题。目前已经提出的神经网络算法有许多种，其中误差反向传播（Back Propagatio，BP）算法、正交最小二乘（Orthogonal Least Square，OLS）算法、模拟退火算法等都是神经网络算法中重要和常用的算法。2006 年，Hinton G、Bengio Y 和 LeCun Y 提出了深度学习（Deep Learning，DL）算法，该算法解决了神经网络应用中许多复杂的模式识别问题，神经网络使神经网络的研究取得了很大的进步。

（3）神经网络输入变量选择

在基于神经网络的故障监测与诊断中，网络训练样本集的建立是一个非常重要的问题。训练样本集的质量影响到神经网络模型的精度和故障诊断的效果。在选取神经网络的输入变量时，应根据待诊断的故障，选取那些能够易受故障影响的参数作为神经网络的输入变量。在建立神经网络训练的样本集时，要根据所需诊断的故障类型，应把握以下要素：1）完整性，所选用的训练样本能够充分描述故障模式；2）最小化，在满足完整性的前提下，所选用的样本数目尽量少；3）敏感性，即对系统发生的故障比较敏感。

（4）神经网络应用方式

神经网络用于故障诊断的一个显著优点是其应用方式比较灵活，不存在规定的模式。对于同一个系统或设备进行故障诊断，可以采用 BP 神经网络、径向基神经网络、Elman 神经网络或自组织神经网络等不同类型的神经网络进行诊断；既可以采用一个神经网络进行故障诊断，也可以采用多个相同或不同类型的神经网络进行故障诊断。也就是说，在神经网络用于系统和设备故障诊断中，既可以灵活采用各种神经网络，也可以根据需要对神经网络进行不同的组合。

从神经网络诊断方法分类来说，一般有以下几种方式：

（1）根据故障诊断所用神经网络的类型进行分类，可分为基于 BP 神经网络的诊断方法、基于径向基神经网络的诊断方法、基于联想记忆神经网络的诊断方法等。

（2）根据故障诊断所用神经网络的数量进行分类，可分为基于单神经网络（简称 S-NN）的诊断方法、基于多神经网络（简称 M-NN）的诊断方法等。

在监测与故障诊断中，神经网络的应用是比较灵活的。常见的应用方式有以下几种：

（1）单神经网络（简称 S-NN）的故障诊断方法；

（2）多神经网络（简称 M-NN）的故障诊断方法；

（3）神经网络与其他方法相结合形成复合诊断方法；

（4）神经网络诊断方法与其他诊断方法相结合形成综合诊断方法。

3.3.2　单神经网络故障监测与原理

（1）基于单神经网络的故障识别方法

所谓单神经网络诊断方法，是指在故障诊断中仅使用一个神经网络进行故障诊断的方法。神经网络的显著特点是其具有很强的学习、联想记忆、容错、泛化和模式识别等能力。在系统监测和故障诊断中，神经网络被广泛用于复杂非线性动态系统故障监测和诊断的研究。在故障诊断中，神经网络具有很强的故障识别能力。将神经网络作为故障识别器，是神经网络用于故障诊断的一种典型的应用形式。此外，神经网络还可以用于系统参数预测和异常监测。

单神经网络在故障诊断中的应用方法主要有两种方式[4]：

1）故障识别或故障分类；

2）异常检测和预测。

下面分别介绍这两种故障诊断方法的原理。

从单神经网络在故障诊断中的应用状况来看，虽然各类神经网络的结构和学习算法不同，但其诊断原理基本上是相似的。基于单神经网络的系统故障诊断原理如图 3.1 所示[2]。神经网络的应用分为训练和诊断两个阶段。在训练阶段，神经网络学习系统正常的运行模式和需要诊断的故障模式；在诊断阶段，神经网络对输入的数据通过联想和记忆，识别出系统正常模式和故障模式。

图 3.1 中，参数在线监测模块的功能是对神经网络的输入变量进行信号检测和数据采集。信号预处理模块的功能是对采集的参数信号进行变换和标准化处理。神经网络诊断模块接受信号预处理模块输送进来的规范化监测参数数据，对这些数据进行神经计算，以得到诊断结果。诊断结果显示模块将神经网络的诊断结果显示出来。

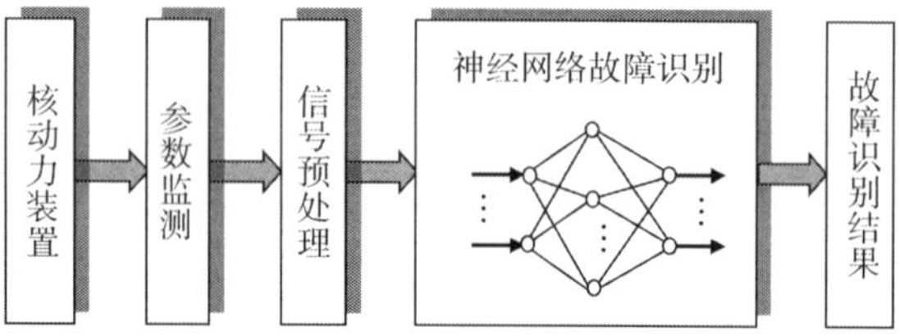

3.1 基于单神经网络的系统故障诊断原理示意图

单神经网络用于系统故障诊断时，一般多采用三层网络结构形式，即输入层、隐含层和输出层的结构形式。神经网络的输入层从被诊断系统接收监测参数数据。隐含层对从输入层得到的故障数据进行学习和处理。隐含层的数量可以根据实际需要采用一层或多层，某些网络可以不需要或没有隐含层。输出层针对输入数据和信息，经过连接权系数修正后，得到故障的相关信息。在神经网络训练结束后，对于每一个新输入的模式，网络经过联想记忆给出模式识别（即故障诊断或故障分类）结果。单神经网络可以仅用系统正常状态下的参数监测数据进行初始化训练，在其工作过程中根据所采集到的监测参数数据进行在线学习，并能诊断出系统可能出现的未知故障模式。

（2）基于单神经网络的异常检测方法

基于单神经网络的异常检测方法，是神经网络用于系统状态监测与故障诊断的另一种方法。神经网络以系统动态过程辨识与建模为基础。在实际应用时，需要先建立系统的神经网络动力学模型。单神经网络异常检测的基本思路是：通过检测系统重要运行参数是否偏离正常运行值以及偏离正常运行值的大小来检测系统是否发生故障或出现异常工况，或预测故障和异常工况的发展趋势。

基于神经网络的系统异常监测的原理示意图如图 3.2 所示。

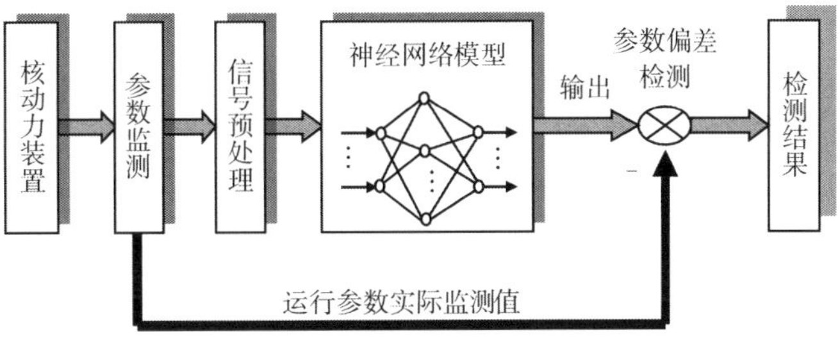

图 3.2　基于神经网络的系统异常监测原理示意图

用神经网络方法对系统进行异常监测，其关键问题是建立系统的神经网络动力学模型。神经网络动力学模型的输入变量通常是被检测参数以及对被检测参数具有影响的系统运行参数，输出变量是被检测的系统运行参数。在建立系统神经网络动力学模型时，首先需要根据被检测参数类型和数量等因素设计神经网络结构，建立神经网络的训练样本集，然后对神经网络进行训练。经训练完成后的神经网络即可作为系统的动态预测模型。在系统实时监测时，通过检测系统运行参数的实际监测值与神经网络模型相应预测值之间偏差的大小和偏差变化的规律等信息，来确定系统是否发生故障和故障的严重程度（或发展趋势）。

3.3.3　多神经网络故障监测与诊断原理

对于神经网络诊断方法，早期的研究主要以单神经网络诊断方法为主。虽然神经网络具有良好的联想记忆和泛化能力，但是，研究表明，单神经网络用于复杂系统的故障诊断仍然存在一些缺点。

（1）单神经网络诊断方法功能单一

在系统异常监测和故障诊断中，单神经网络要么作为识别模型进行故障识别，要么作为系统动态模型用于异常监测。同时完成这两方面的功能不但会增加神经网络训练的难度，导致神经网络记忆、联想、分类和泛化能力等的下降，而且这种方法既非必要，在实际中也难以实现[6]。

（2）单神经网络诊断方法有时鲁棒性较差

单神经网络用于复杂系统故障诊断时，可能因训练不充分或训练样本缺乏而使网络的鲁棒性较差[7-8]。

（3）单神经网络难以完成多故障和多目标诊断的需求

对那些大规模复杂动态系统来说，单神经网络难以完成多故障和多目标诊断的需求。为解决单神经网络在复杂动态系统异常监测和故障诊断方面存在的不足，可采用基于多神经网络异常监测和故障诊断方法。多神经网络故障诊断方法在一些文献也称为集成神经网络诊断方法[4,6,9-10]。

集成神经网络（Integrated Neural Networks，INN）诊断方法是一种以单神经网络诊断方法为基础的多神经网络诊断方法。在集成神经网络方法中，神经网络的应用是比较灵活的，但目前还没有深入和系统的理论研究。在有些文献中有时也称集成神经网络方法为聚合神经网络方法[11]。集成神经网络方法是在解决某一问题时同时采用多个神经网络。其中，每个神经网络可以同时完成某个任务，也可用于解决不同的问题。例如，在集成神经网络诊断方法中，用于故障诊断的各神经网络种类既可以是相同的，也可能是不同的[266]；既可以用多个神经网络解决同一问题，也可以用多个神经网络完成不同的任务。在故障诊断中，集成神经网络应用的关键在于使各神经网络从不同侧面或范围对进行故障诊断或故障描述。通过对各神经网络的断结果的综合或融合，可完成单神经网络难以解决的复杂动态系统的监测与故障诊断问题。相关研究表明，采用集成神经网络方法不仅可以提高神经网络学习速度，而且可以提高诊断系统精度和诊断结果的可靠性。下面介绍集成神经网络用于故障诊断的几种典型结构。

（1）多神经网络故障诊断典型结构

一种简单的多神经网络的故障诊断方法原理如图 3.3 所示。在进行故障诊断时，一般采用多个网络同时对系统进行故障诊断，然后对各神经网络的诊断结果进行综合或采用融合算法进行融合，最后给出诊断结论。

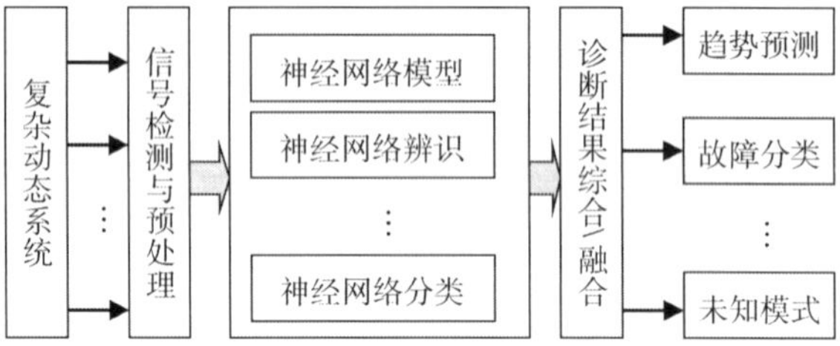

图 3.3　基于多神经网络的故障诊断方法原理示意图

一种具有两个诊断层次的多神经网络诊断模型结构如图 3.4 所示。图 3.4 中，第一诊断层次的神经网络用于识别系统故障类型，第二诊断层次神经网络用于分析故障严重程度和完成故障定位等功能。在实际系统故障诊断中，可以根据系统复杂程度相应的采用多个诊断层次。通过多层次和多神经网络诊断，综合多神经网络诊断结果，最后给出比单神经网络诊断方法更加详细和可靠的诊断结果。

一种基于多神经网络递阶诊断模型结构如图 3.5 所示[5]。在图 3.5 所示神经网络递阶诊断结构中，前一级神经网络诊断结果经过处理后与某些监测参数信号一起作为第二诊断层级的神经网络的输入信号，以此类推。最后一级神经网络给出诊断结果，或经过进一步分析或综合后给出系统故障诊断的具体结果。

图 3.4～图 3.5 给出了几种典型的多神经网络诊断结构。在多神经网络诊断方法中，

如何构建神经网络诊断结构是多神经网络诊断方法的一个关键问题。但是，对于多神经网络集成结构设计问题并没有确定的方法，对多数及网络集成可以粗略地分为几种形式。根据建模时所使用的神经网络类型来分，可以将多神经网络结构形式分为同类神经网络集成方式和异类神经网络集成方式。

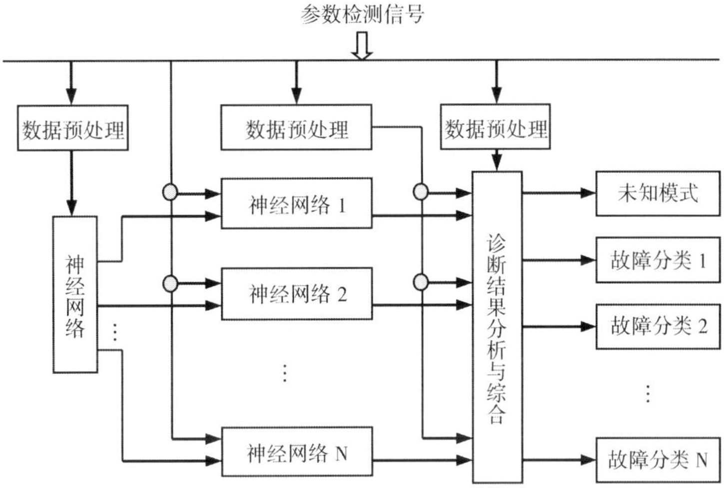

图 3.4　基于集成神经网络的故障诊断方法原理示意图

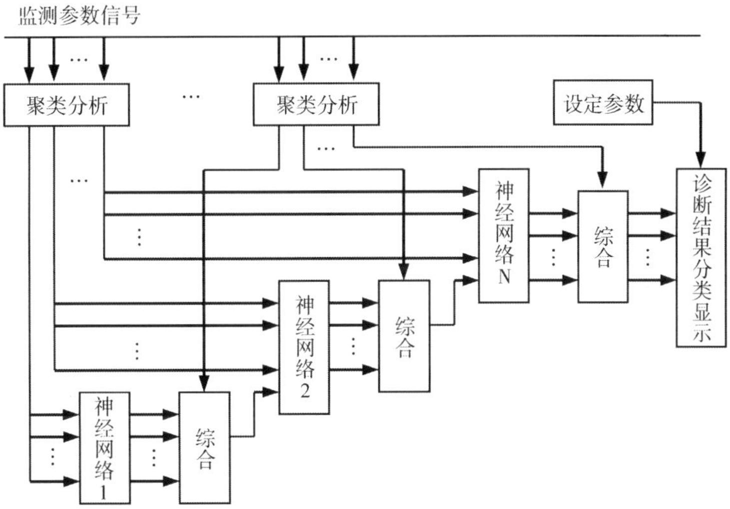

图 3.5　基于递阶集成神经网络的诊断结构示意图[5]

(2) 多神经网络集成方法

1) 同类神经网络集成

在同类神经网络集成诊断方式中，所采用的各神经网络类型、结构和功能是相同或类似的。例如，采用多个相同的 BP 神经网络作为故障识别器对进行故障识别；用多个相同的 Elman 神经网络作为预测模型对系统进行故障预测，或者用多个相同的 RBF 神经网络对同一故障集进行故障诊断等。这种方式称为同类神经网络集成。

2）异类神经网络集成

在异类神经网络集成方式中，所使用的各神经网络类型和结构都是不同的。例如，将 BP 神经网络、Elman 神经网络、模糊神经网络、RBF 神经网络等不同神经网络同时用于系统参数预测或故障诊断模型。

如果根据多神经网络故障诊断结构中各神经网络所完成的功能来分，可以分为功能分布型结构和功能一致型结构[9]：

1）功能分布型结构

功能分布型神经网络集成结构的特点是将复杂系统的故障监测与诊断问题分解为若干个诊断子问题，每个子问题分别采用一个神经网络进行诊断，各神经网络的类型和功能可以是不相同的。

2）功能一致型结构

在功能一致型神经网络集成结构中，各神经网络的类型不同，但各神经网络所完成的功能是相同的。

需要说明的是，神经网络集成（Neural Network Ensemble，NNE）与集成神经网络之间的差别。神经网络集成是 Hansen L K 与 Salamon P 在 1990 年提出的。Sollich 和 Krogh 对神经网络集成的定义是，用有限个神经网络对同一个问题进行学习，集成在某输入示例下的输出，由构成集成的各神经网络在该示例下的输出共同决定[12-14]。通常情况下，可以认为集成神经网络是比神经网络集成更加广泛的概念，它涵盖神经网络集成方法。

3.4 单神经网络在核动力系统故障诊断中的应用

3.4.1 基于 BP 神经网络的诊断方法

BP 神经网络是一种采用误差反向传播（Back progagation，BP）学习算法的多层前馈神经网络。BP 网络（BP-NN）在函数逼近、参数预测、故障诊断、模式识别以及数据压缩等方面有着广泛的应用。在神经网络的应用研究中，许多地方是采用 BP 神经网络或采用其变化的形式。BP 学习算法具有简单、原理清晰和并行性强等优点。但是，BP 算法也存在着一些缺点，如算法训练时间长、收敛性差而且容易陷于局部极小值等缺点。BP 算法由于存在上述缺点，就使得应用基本的 BP 算法来求解实际问题时往往是不可行的。因此，在实际应用中，通常需要对 BP 算法进行改进。

(1) BP-NN 用于故障诊断的结构

BP 网络用于故障诊断的原理性结构如图 3.6 所示[4]。图 3.6 中，w_{ji} 表示 BP 网络输入层神经元 i 与网络隐含层神经元 j 之间的连接权系数；w_{mj} 表示 BP 网络隐含层神经元 j 与网络输出层神经元 k 之间的连接权系数。在 BP 网络中，隐含层神经元的传递函数一般采用 sigmoid 函数（也称 S 形函数），即 $f(x)=1/(1+e^{-x})$；输出层神经元的传递函数一般采用线性函数 $y=kx$，这里 k 为常数。图 3.6 中加粗的黑体字母表示矩阵或向量。

BP 网络用于故障诊断时，其一般有若干个输入与输出变量。输入变量的数量并不是固定的，一般根据需要解决的实际问题而定。神经网络的输入数据是经过规范化测量后的数据。当 BP 网络用于模式识别或故障诊断时，其输出变量值通常是故障代码（一般用二值代码表示）；当 BP 网络用于预测或异常检测时，其输出量则为具有大小的预测值。神经网络输出变量的数量一般是根据待诊断的故障数量（包括正常模式）或被监测（预测）参数的数量而定。

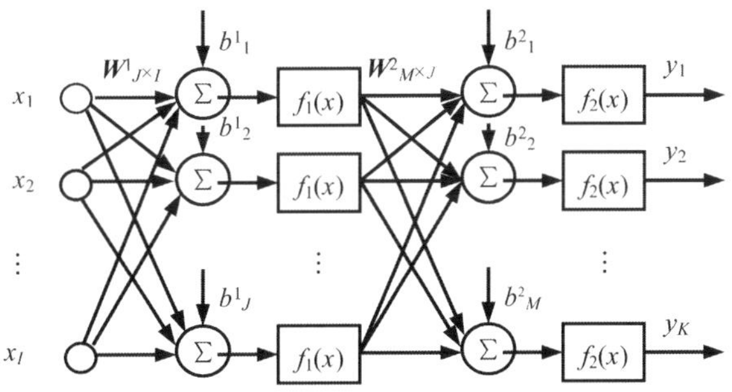

图 3.6　BP-NN 用于故障诊断的结构示意图[4]

(2) BP-NN 学习算法

设 BP 网络的输入向量为 $\boldsymbol{X}_n$，其输出向量为 $\boldsymbol{Y}_n$，网络训练的样本数量（输入/输出样本对数目）为 n（$n=1, \cdots, N$）。这里，$\boldsymbol{X}_n$ 与 $\boldsymbol{Y}_n$ 可分别表示为

$$\boldsymbol{X}_n=[x_{1,n}, x_{2,n}, \cdots, x_{I,n}]^{\mathrm{T}} \tag{3.4.1}$$

$$\boldsymbol{Y}_n=[y_{1,n}, y_{2,n}, \cdots, y_{K,n}]^{\mathrm{T}} \tag{3.4.2}$$

式（3.4.1）和式（3.4.2）中，变量 x 和 y 的下标 I、K 分别表示 BP 网络的输入和输出层神经元数量。

设 net_{jn}^{h}、b_{hj} 和 y_{jn}^{h} 分别表示输入第 n 个输入样本时隐含层神经元 j 的状态、阈值和输出；net_{kn}^{out}、$b_{\mathrm{out},k}$、y_{kn} 分别表示输出层神经元 k 的状态、阈值和输出；y_{kn}^{d} 表示期望输出。则

$$
\begin{aligned}
&y_{kn}=f_{\text{out}}\left(net_{kn}^{\text{out}}\right)\\
&net_{kn}^{\text{out}}=\sum_{j=1}^{J}w_{kj}y_{jn}^{\text{h}}+b_{\text{out},k}\\
&y_{jn}^{\text{h}}=f_{h}\left(net_{jn}^{\text{h}}\right)\\
&net_{jn}^{\text{h}}=\sum_{i=1}^{I}w_{ji}x_{in}+b_{\text{h},j}
\end{aligned}
\tag{3.4.3}
$$

BP 网络训练的目标函数定义为总误差 E，即

$$
\begin{aligned}
&E=\sum_{n=1}^{N}E_n\\
&E_n=\frac{1}{2}\sum_{k=1}^{K}\left(y_{kn}^{\text{d}}-y_{kn}\right)^2
\end{aligned}
\tag{3.4.4}
$$

式（3.4.4）中，E_n 称为局部误差函数。

（3）诊断示例

下面介绍 BP 神经网络用于核动力系统与设备故障诊断的事例。

本故障诊断事例中，待诊断的核动力系统故障如表 3.2 所示，其中包括核动力装置正常运行工况（便于与故障工况进行对比）。根据故障及其相关参数的分析，选取与这些故障密切相关的核动力系统参数检测信号作为 BP 神经网络诊断模型的输入信号，如表 3.3 所示。在核动力装置的运行中，由于稳压器与一回路系统具有相同的压力，所以在一些分析中可以选择其中一个作为监测参数（稳压器压力）。也就是说，神经网络的输入变量数量为 17。

表 3.2　核动力装置稳态运行及故障类型

序号	故障类型与正常工况	代号
1	SG 之 U 形管破损（10 mm）	F1
2	SG 给水非正常减少	F2
3	SG 给水非正常增加	F3
4	冷端破口（10 mm）	F4
5	汽相破口	F5
6	主蒸汽管道破口	F6
7	热阱丧失	F7
8	稳态运行	ZC

表 3.3　用于监测与诊断的参数信号

通道号	监测参数	符号	通道号	监测参数	符号
1	蒸汽流量Ⅰ	SGSFL1	10	SG 水位Ⅱ	SGWL2
2	蒸汽流量Ⅱ	SGSFL2	11	发电功率	GEP
3	一回路冷却剂流量Ⅰ	PLCFL1	12	反应堆出口温度Ⅰ	ROUT1

续表

通道号	监测参数	符号	通道号	监测参数	符号
4	一回路冷却剂流量Ⅱ	PLCFL2	13	反应堆进口温度Ⅰ	R-INT1
5	稳压器压力	PRESSU	14	反应堆出口温度Ⅱ	ROUT2
6	SG 蒸汽压力Ⅰ	SGSPR1	15	反应堆进口温度Ⅱ	R-INT2
7	SG 蒸汽压力Ⅱ	SGSPR2	16	给水流量Ⅰ	SGFW1
8	稳压器水位	PREWL	17	给水流量Ⅱ	SGFW2
9	SG 水位Ⅰ	SGWL1	18	一回路系统压力	PLSPR

对于表 3.2 所描述的核动力装置故障诊断问题，利用表 3.3 所描述的参数检测数据对 BP 神经网络进行训练。神经网络训练可以采用不同的训练算法。BP 神经网络训练常用学习算法是误差反向传播 BP 算法，简称 BP 算法。最基本的 BP 算法则是最速下降法(Steepest Descent Back Propagation)。在神经网络的实际训练中，用最速下降算法训练神经网络，神经网络的收敛性一般比较差。神经网络的实际训练通常采用改进的 BP 算法。常用的 BP 改进算法有带动量因子的 BP 算法、动量—自适应学习率调整算法以及 Levenberg- Marququardt BP（LMBP）学习算法等。这里在 BP 神经网络诊断示例中，网络训练采用 LMBP 学习算法。网络具体结构的确定，根据表 3.1 所描述的故障类型和所选取的输入参数，经实际计算分析后采用结构为 17×5×3 的 3 层 BP 网络。网络训练误差 MSE 与迭代步骤 epoch 之间的关系如图 3.7 所示。

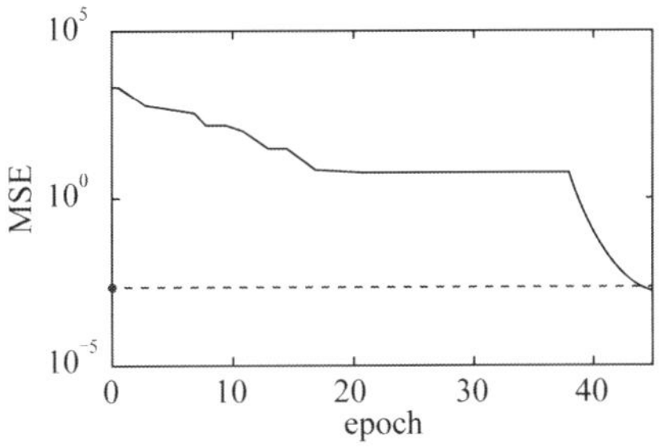

图 3.7　MSE 与 epoch 之间的关系示意图

在 BP 网络训练完成后，就可以利用训练好的 BP 网络对核动力系统与设备故障进行诊断。BP 神经诊断模型的诊断效果可以采用核动力装置仿真机数据进行测试。对于表 3.2 所示的核动力装置稳态运行工况及每一个故障类型，表 3.4 分别给出了 1 组经过规范化处理的仿真测试数据。表 3.5 分别给出了对应于表 3.4 所示各工况仿真测试数据的诊断结果。仿真结果表明，采用的 LMBP 学习算法具有训练速度快和精度高的特点。

表 3.4 核动力装置稳态和故障模式各监测参数仿真数据

监测参数	稳态运行和故障模式监测参数数据							
	F1	F2	F3	F4	F5	F6	F7	ZC
SGSFL1	1.643 0	0.045 7	0.935 8	0.030 0	−1.086 8	−1.697 2	−0.038 9	0.167 6
SGSFL2	0.256 4	0.376 3	1.544 2	0.275 3	−1.111 4	−1.899 5	0.274 7	0.280 7
PLCFL1	−0.532 8	0.484 1	0.597 7	−2.131 7	0.883 2	−0.690 8	0.619 9	0.775 1
PLCFL2	0.210 6	0.042 7	0.285 8	0.042 7	1.229 4	−2.417 5	0.326 3	0.274 2
PRESSU	−0.651 6	0.756 7	0.714 4	−0.591 4	−2.137 5	0.524 3	0.705 1	0.682 5
SGSPR1	0.466 0	−0.145 6	−0.425 8	−0.055 8	−0.920 6	2.353 9	−0.494 5	−0.778 1
SGSPR2	−0.412 9	−0.030 8	−0.295 2	−0.208 1	−0.884 0	2.518 8	−0.356 3	−0.337 3
PREWL	−1.618 7	0.590 8	0.568 7	−1.492 1	−0.349 9	1.184 9	0.563 7	0.551 9
SGWL1	1.423 8	−1.181 9	−0.343 2	0.238 3	−0.738 7	1.710 6	−0.491 7	−0.670 7
SGWL2	−0.319 9	−1.290 2	−0.061 8	−0.100 0	−0.634 6	2.447 6	−0.175 1	−0.118 4
GEP	0.178 9	0.374 6	0.689 5	0.482 3	−1.928 0	−1.357 2	0.704 7	0.854 8
ROUT1	0.477 7	0.202 8	0.268 0	0.773 9	−2.549 2	0.300 5	0.249 5	0.275 0
R-INT1	0.698 7	−0.098 1	−0.365 4	0.212 9	−1.396 3	2.084 2	−0.410 8	−0.727 1
ROUT2	0.262 6	0.311 6	0.374 6	0.495 0	−2.585 0	0.401 2	0.357 8	0.383 0
R-INT2	−0.330 2	0.083 9	−0.189 8	−0.042 2	−1.415 7	2.327 0	−0.229 4	−0.202 4
SGFW1	−0.132 1	−1.855 7	2.034 1	−0.132 1	0.157 1	−0.132 1	−0.030 9	0.104 7
SGFW2	0.027 4	−1.860 3	2.025 6	−0.116 0	0.232 8	−0.138 5	−0.066 9	−0.103 9

表 3.5 BP 神经网络故障诊断仿真结果

序号	故障代号	诊断结果			故障模式描述
1	F1	0.000 0	0.836 6	−0.011 2	010
2	F2	0.001 8	0.000 1	0.994 9	001
3	F3	0.000 1	1.000 2	0.000 0	010
4	F4	−0.000 4	1.000 0	0.999 8	011
5	F5	1.000 1	−0.000 3	−0.000 1	100
6	F6	1.000 1	0.000 1	0.999 7	101
7	F7	0.999 9	1.000 0	−0.001 2	110
8	ZC	1.000 0	1.000 2	0.997 8	111

3.4.2 基于 Elman 神经网络的诊断方法

（1）Elman-NN 用于故障诊断的结构

Elman 神经网络是一种动态递归神经网络[15-16]。动态递归神经网络可分为两种，即完全递归网络和部分递归网络。在完全递归神经网络结构中，各神经元之间具有任意的前馈和反馈连接，而且所有的连接权强度都可以修正。而在部分递归神经网络中，主要的神经网络结构是前馈形式，其连接权强度可以修正；反馈连接则是由一组状态单元（Context）构成，其连接权强度不可以修正。状态单元用于记忆隐含层神经元过去的状态，在下一时刻与神经网络的输入一起作为隐含层神经元的输入。Elman 神经网络这种连接形式使其具有动态记忆的能力。

在动态递归神经网络中，Elman 网络具有简单的结构，网络可采用 BP 或动态反向传播算法进行训练。Elman 神经网络通常由两层神经元组成，网络的回归层神经元输出与输入之间有一个延时的反馈，这种结构使 Elman 神经网络不仅可以用于学习空间模型，而且可以用于学习时间模型。Elman 神经网络的结构如图 3.8 所示。

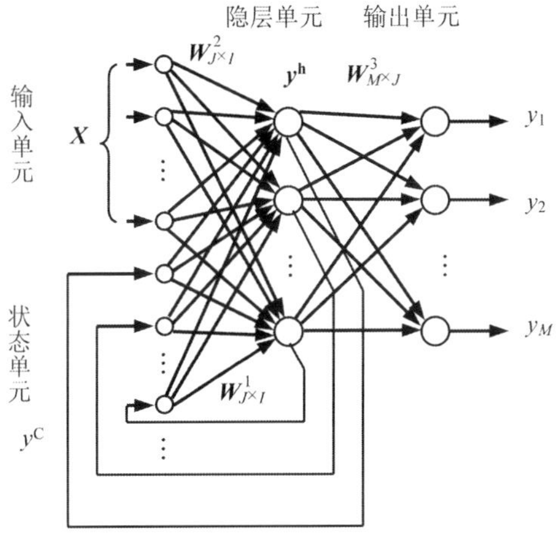

图 3.8 Elman 神经网络用于诊断的结构示意图

（2）Elman 神经网络的学习算法[17]

Elman 神经网络可采用动态 BP 反向传播算法进行学习。

设 Elman 神经网络的外部输入向量为 $\boldsymbol{x}(k)\in \mathrm{R}^I$，输出向量为 $\boldsymbol{y}(k)\in \mathrm{R}^M$，隐含层神经元的输出为 $\boldsymbol{y}(k)\in \mathrm{R}^J$。Elman 神经网络的输入与输出之间关系可用下述非线性表达式表示

$$\begin{cases}\boldsymbol{y}^{\mathrm{h}}(k)=f\left[\boldsymbol{w}^1\boldsymbol{y}^{\mathrm{c}}(k)+\boldsymbol{w}^2\boldsymbol{x}(k)+b^2\right]\\ \boldsymbol{y}^{\mathrm{c}}(k)=\boldsymbol{y}^{\mathrm{h}}(k-1)\\ \boldsymbol{y}(k)=g\left[\boldsymbol{w}^1 y^{\mathrm{h}}(k)+b^3\right]\end{cases} \tag{3.4.5}$$

式（3.4.5）中，$\boldsymbol{w}^1_{J\times J}$，$\boldsymbol{w}^2_{J\times I}$，$\boldsymbol{w}^3_{M\times J}$ 分别表示结构单元到隐层神经元、输入层神经元到隐层神经元、隐层神经元到输出层神经元的连接权向量。$\boldsymbol{b}^2_{J\times 1}$，$\boldsymbol{b}^3_{M\times 1}$ 分别为隐层神经元和输出层神经元的阈值向量。

在给定 $\boldsymbol{w}^1$，$\boldsymbol{w}^2$，$\boldsymbol{w}^3$，$\boldsymbol{b}^2$，$\boldsymbol{b}^3$ 及 $\boldsymbol{y}^{\mathrm{h}}(0)$ 的值后，输入样本集 $\boldsymbol{X}=$［$\boldsymbol{x}$（1），$\boldsymbol{x}$（2），…，

$\boldsymbol{x}$（N）]，即可由式（3.4.5）通过分别递推得到神经网络输出 $\boldsymbol{Y}=[\boldsymbol{y}(1), \boldsymbol{y}(2), \cdots, \boldsymbol{y}(N)]$、隐含层输出 $\boldsymbol{Y}=[\boldsymbol{y}^{\mathrm{h}}(1), \boldsymbol{y}^{\mathrm{h}}(2), \cdots, \boldsymbol{y}^{\mathrm{h}}(N)]$ 和状态层的输出 $\boldsymbol{Y}^{\mathrm{c}}=[\boldsymbol{y}^{\mathrm{c}}(1), \boldsymbol{y}^{\mathrm{c}}(2), \cdots, \boldsymbol{y}^{\mathrm{c}}(N)]=[\boldsymbol{y}^{\mathrm{h}}(0), \boldsymbol{y}^{\mathrm{h}}(1), \cdots, \boldsymbol{y}^{\mathrm{h}}(N-1)]$。

由式

$$y^{\mathrm{h}}(k)=f[\boldsymbol{w}^1\boldsymbol{y}^{\mathrm{c}}(k)+\boldsymbol{w}^2\boldsymbol{x}(k)+\boldsymbol{b}^2]=f\{[\boldsymbol{w}^1, \boldsymbol{w}^2][\boldsymbol{y}^{\mathrm{c}}(k), \boldsymbol{x}(k)]^{\mathrm{T}}+\boldsymbol{b}^2\} \tag{3.4.6}$$

可得

$$\mathrm{Y}^{\mathrm{h}}=f\{[\boldsymbol{w}^1, \boldsymbol{w}^2][\boldsymbol{Y}^{\mathrm{c}}, \boldsymbol{X}]^{\mathrm{T}}+\boldsymbol{B}^2\}=f(\boldsymbol{w}^{\mathrm{h}}\boldsymbol{U}+\boldsymbol{B}^2) \tag{3.4.7}$$

$$\boldsymbol{Y}=g(\boldsymbol{W}^3\boldsymbol{Y}^{\mathrm{h}}+\boldsymbol{B}^3) \tag{3.4.8}$$

式（3.4.7）中，

$\boldsymbol{w}^{\mathrm{h}}_{J\times(J+I)}=(\boldsymbol{w}^1, \boldsymbol{w}^2)$

$$\boldsymbol{U}=\begin{bmatrix}\boldsymbol{Y}^{\mathrm{c}}\\ \boldsymbol{X}\end{bmatrix}=[u(1), u(2), \cdots, u(N)]$$

$$\boldsymbol{B}^2=\overbrace{(\boldsymbol{b}^2, \boldsymbol{b}^2, \cdots, \boldsymbol{b}^2)}^{N个}, \boldsymbol{B}^3=\overbrace{(\boldsymbol{b}^3, \boldsymbol{b}^3, \cdots, \boldsymbol{b}^3)}^{N个}$$

在 Elman 神经网络训练时，当采用批处理方式学习方法时，可将其等效于一个普通的 BP 网络。与 BP 网络不同之处在于，在 Elman 神经网络的连接权值和阈值迭代计算的过程中，其输入 $\boldsymbol{u}(k)$ 和 $\boldsymbol{u}(k-1)$ 存在状态单元部分。因此，Elman 神经网络的输入 $\boldsymbol{u}(k)$ 是由 $\boldsymbol{y}^{\mathrm{c}}(k-1)$ 和 $\boldsymbol{x}(k)$ 构成的增广向量。其输入层神经元到隐层神经元的连接权值增广向量为 $\boldsymbol{w}^{\mathrm{h}}$。

Elman 神经网络训练可采用 Levenberg-Marququardt BP（LMBP）学习算法进行训练，其算法如下所述。

设目标函数总误差为 E，其具体表达式如下

$$\begin{aligned}E&=\sum_{k=1}^{N}E_k\\ E_k&=\frac{1}{2}\sum_{m=1}^{M}y_m^{\mathrm{d}}[(k)-y_m(k)]^2\end{aligned} \tag{3.4.9}$$

设输入第 k 个样本时神经网络的期望输出为 $\boldsymbol{y}^{\mathrm{d}}(k)$。于输入样本 $\boldsymbol{u}(k)$，其误差向量 $\boldsymbol{e}$ 为

$$\boldsymbol{e}(k)=\boldsymbol{y}^{\mathrm{d}}(k)-\boldsymbol{y}(k)=[e_{1k}, e_{2k}, \cdots, e_{Mk}]^{\mathrm{T}} \tag{3.4.10}$$

对于所有输入样本 U，其误差向量记为

$$\boldsymbol{e}=[e(1)^{\mathrm{T}}, e(2)^{\mathrm{T}}, \cdots, e(N)^{\mathrm{T}}]=[e_{11}, e_{21}, \cdots, e_{M1}, \cdots, e_{1N}, e_{2N}, \cdots, e_{MN}]^{\mathrm{T}} \tag{3.4.11}$$

根据神经网络训练需要构造误差向量 $\boldsymbol{e}$ 与参数向量 $\boldsymbol{v}$，分别如下

$$v = [w_{11}^{h}, w_{21}^{h}, \cdots, w_{J1}^{h}, \cdots, w_{1(J+I)}^{h}, w_{2(J+I)}^{h}, \cdots, b_1^{h}, b_2^{h}, \cdots, b_J^{h}, w_{11}^{3}, w_{21}^{3}, \cdots, w_{M1}^{3}, \cdots, w_{1J}^{3}, w_{2J}^{3}, \cdots, w_{MJ}^{3}, b_1^{3}, b_2^{3}, \cdots, b_M^{3}]^{T} \tag{3.4.12}$$

则 $\boldsymbol{e}$ 对 $\boldsymbol{v}$ 的 Jacobian 矩阵可以表示为

$$\boldsymbol{J} = \frac{\partial \boldsymbol{e}}{\partial \boldsymbol{v}} \tag{3.4.13}$$

令

$$\mathrm{d}\boldsymbol{v} = -(\boldsymbol{J}^{T}\boldsymbol{J} + \lambda \boldsymbol{I})^{-1}\boldsymbol{J}^{T}\boldsymbol{e} \tag{3.4.14}$$

则

$$\boldsymbol{v}(i) = \boldsymbol{v}(i-1) + \mathrm{d}\boldsymbol{v} \tag{3.4.15}$$

根据 $\boldsymbol{v}$ 中元素的排列顺序，从 $\mathrm{d}\boldsymbol{v}$ 中得到各参数向量的增量 $\mathrm{d}\boldsymbol{w}^{h}$ 、$\mathrm{d}\boldsymbol{b}^{2}$、$\mathrm{d}\boldsymbol{w}^{3}$ 与 $\mathrm{d}\boldsymbol{b}^{3}$，则神经网络的连接权值、阈值的修正方法分别为

$$\boldsymbol{w}_{new}^{h} = \boldsymbol{w}^{h} + \mathrm{d}\boldsymbol{w}^{h}; \boldsymbol{b}_{new}^{2} = \boldsymbol{b}^{2} + \mathrm{d}\boldsymbol{b}^{2} \tag{3.4.16}$$

$$\boldsymbol{w}_{new}^{3} = \boldsymbol{w}^{3} + \mathrm{d}\boldsymbol{w}^{3}; \boldsymbol{b}_{new}^{3} = \boldsymbol{b}^{3} + \mathrm{d}\boldsymbol{b}^{3} \tag{3.4.17}$$

(3) 诊断示例

根据 Levenberg-Marququardt BP 学习算法，使用准备好的训练样本对 Elman 神经网络进行训练。当网络的输出满足误差精度要求时，训练结束。训练完成后的 Elman 神经网络可先用诊断样本进行测试，网络测试完成后即可用于故障诊断。对于表 3.2 所示的核动力装置稳态运行工况及每一个故障类型，表 3.6 分别给出了 1 组经过规范化处理的监测参数仿真数据及其诊断结果。

表 3.6　Elman 神经网络故障诊断仿真结果

监测参数	稳态运行和故障模式监测参数数据							
	F1	F2	F3	F4	F5	F6	F7	ZC
SGSFL1	1.641 3	0.044 3	0.937 1	0.029 8	−1.089 2	−1.693 8	−0.038 9	0.167 6
SGSFL2	0.256 1	0.380 3	1.546 1	0.275 2	−1.114 5	−1.900 2	0.274 7	0.280 7
PLCFL1	−0.535 6	0.484 1	0.595 0	−2.131 7	0.902 5	−0.688 0	0.619 9	0.775 1
PLCFL2	0.216 3	0.031 1	0.285 8	0.042 7	1.264 1	−2.411 7	0.326 3	0.274 2
PRESSU	−0.662 0	0.756 1	0.714 5	−0.600 0	−2.157 5	0.523 6	0.705 1	0.682 5
SGSPR1	0.463 8	−0.150 1	−0.425 8	−0.056 6	−0.945 3	2.340 8	−0.494 5	−0.778 0
SGSPR2	−0.413 9	−0.023 9	−0.425 0	−0.208 5	−0.908 6	2.501 9	−0.356 3	−0.337 1
PREWL	−1.635 7	0.590 6	−0.294 3	−1.513 3	−0.363 5	1.184 1	0.563 7	0.552 0
SGWL1	1.421 5	−1.225 0	0.568 9	0.238 3	−0.729 7	1.697 0	−0.491 7	−0.670 7
SGWL2	−0.322 5	−0.780 7	−0.339 8	−0.101 3	−0.642 5	2.426 6	−0.175 1	−0.118 4
GEP	0.180 7	0.376 5	0.057 9	0.482 6	−1.929 3	−1.362 4	0.704 7	0.854 6
ROUT1	0.477 7	0.202 8	0.687 5	0.772 4	−2.583 3	0.296 3	0.249 5	0.275 0
R-INT1	0.695 2	−0.098 1	−0.366 5	0.212 9	−1.433 0	2.080 8	−0.410 8	−0.725 3
ROUT2	0.261 2	0.310 2	0.363 6	0.493 6	−2.615 8	0.397 0	0.357 8	0.383 0

续表

监测参数	稳态运行和故障模式监测参数数据							
	F1	F2	F3	F4	F5	F6	F7	ZC
R-INT2	−0.332 0	0.083 9	−0.189 8	−0.042 2	−1.455 4	2.323 4	−0.229 4	−0.202 4
SGFW1	−0.132 1	−1.855 7	2.034 1	−0.132 1	0.150 4	−0.132 1	−0.031 0	0.104 7
SGFW2	0.028 8	−1.860 3	2.025 6	−0.115 6	0.237 6	−0.138 5	−0.067 1	−0.104 4
故障模式描述	000	001	010	011	100	101	110	111
诊断结果	0.183 5 0.180 7 −0.169 0	−0.008 5 0.002 2 **1.005 0**	−0.135 2 **0.986 9** 0.137 4	0.092 3 **0.986 6** **0.718 2**	**0.998 8** 0.004 1 −0.003 6	**0.993 1** −0.009 0 **1.004 2**	**0.906 3** **0.992 5** 0.157 7	**1.007 8** **0.996 6** **0.996 0**

3.4.3 基于 Elman 神经网络的参数异常检测方法

由于 Elman 神经网络具有良好的动态记忆和建模能力，因此，可以用于动态过程建模或系统状态监测。相关研究表明，与 RBF-NN、SOM-NN 等神经网络相比，Elman 神经网络更适用于动态系统异常识别。在核动力领域，Elman 神经网络被用于核电厂异常识别和核动力装置参数异常检测方面的研究。Roverso D [5]研究了 Elman 神经网络在核电厂瞬态识别中的应用；Ayaz E、Seker S 和 Türkcan E 等[18-20] 研究了 Elman 神经网络在核动力装置参数异常检测中的应用，并将 Elman 神经网络与 Jordan 递归神经网络的监测性能进行了比较，结果表明 Elman 神经网络的性能优于 Jordan 神经网络。下面介绍基于 Elman 神经网络的核动力装置参数异常检测方法。

(1) Elman 神经网络用于参数检测的结构

一种具有延迟反馈的 Elman 神经网络结构如图 3.9 所示[18]。图 3.9 中，$\boldsymbol{X}$ 表示输入向量；$\boldsymbol{Y}_{\mathrm{C}}$ 表示状态层输入向量（反馈输入）；$\boldsymbol{Y}_{\mathrm{h}}$ 表示隐含层输出向量；$\boldsymbol{Y}$ 表示神经网络输出向量；$\boldsymbol{W}_1$、$\boldsymbol{W}_2$、$\boldsymbol{W}_3$ 分别表示输入层至隐含层、状态层、隐含层至输出层的连接权矩阵向量。

(2) Elman 神经网络的学习算法[18]

设输入第 p 个样本时的期望输出为 $y_{\mathrm{d},\,p}(k)$，对输入样本 $\boldsymbol{X}(p)$，设训练误差为

$$E_p=\frac{1}{2}\left[y_{\mathrm{d},\,p}(k)-y_p(k)\right]^2 \tag{3.4.18}$$

令 Elman 神经网络训练目标函数为 E，E 可表示为

$$\begin{gathered}E=\sum_{p=1}^{p}E_p\\E_p=\frac{1}{2}\left[y_{\mathrm{d},\,p}(k)-y_p(k)\right]^2\end{gathered} \tag{3.4.19}$$

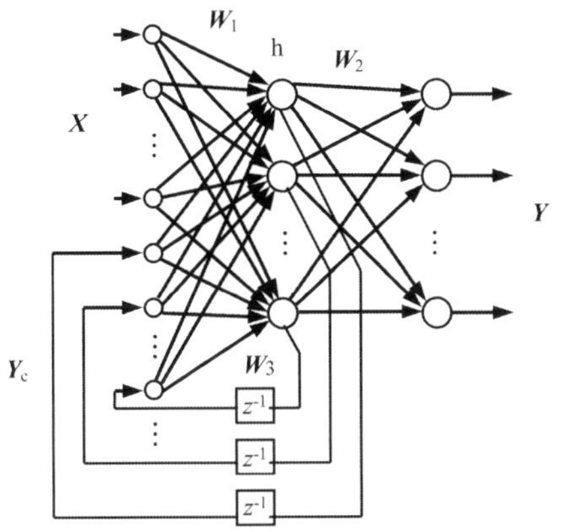

图 3.9　Elman 神经网络用于参数监测的结构示意图[18]

设 i，j，k，t（$t=j$）分别为输入层、隐含层、输出层和状态层神经元的数量。

$$\boldsymbol{X}=[x_1,\ x_2,\ \cdots,\ x_I]^{\mathrm{T}} \tag{3.4.20}$$

$$\boldsymbol{Y}_{\mathrm{h}}=[y_{\mathrm{h},1},\ y_{\mathrm{h},2},\ \cdots,\ y_{\mathrm{h},t}]^{\mathrm{T}} \tag{3.4.21}$$

$$\boldsymbol{Y}=[y_1,\ y_2,\ \cdots,\ y_M]^{\mathrm{T}} \tag{3.4.22}$$

在第 s 次迭代计算时，隐含层第 j 个神经元的输出表示为

$$y_{\mathrm{h},j}^{s}=f(a_j^s) \tag{3.4.23}$$

在第 s 次迭代计算时，状态层第 j 个神经元的输出表示为

$$y_{\mathrm{c},t=j}^{s}=y_{\mathrm{h},j}^{s-1} \tag{3.4.24}$$

在第 s 次迭代计算时，隐含层第 j 个神经元的初始值为

$$y_{\mathrm{h},j}^{0}=0,\ j=1,\ 2,\ \cdots,\ m \tag{3.4.25}$$

由式（3.4.24）和式（3.4.25）可知，$y_{\mathrm{c},j}^{1}=0$。

因此，在第 s 次迭代计算时，隐含层第 j 个神经元的输出可表示为

$$y_{\mathrm{h},j}^{s}=f\left[\sum_{i=1}^{n}w_{1,ji}x_i^s+\sum_{i=1}^{m}w_{3,tj}y_{\mathrm{h},jt}^{s-1}\right],\ t=j \tag{3.4.26}$$

Elman 神经网络的输出为

$$y_k^s=f\left(\sum_{j=1}^{m}w_{2,kj}y_{\mathrm{h},j}^{s}\right) \tag{3.4.27}$$

输出层连接权值的修正算法如下

$$w^{\mathrm{new}}=w^{\mathrm{old}}+\eta\Delta w \tag{3.4.28}$$

$$E(w)=\frac{1}{2}\sum_{s=1}^{p}\sum_{k=1}^{l}(y_{\mathrm{d},k}^{s}-y_k^s)^2 \tag{3.4.29}$$

$$\Delta w_{3,tj}=-\frac{\partial E}{\partial y_{\mathrm{h},j}}\cdot\frac{\partial y_{\mathrm{h},j}}{\partial w_{3,tj}} \tag{3.4.30}$$

$$\frac{\partial E}{\partial y_{h,j}^{s}}=-\frac{\partial E}{\partial y_{k}^{s}}\cdot\frac{\partial y_{k}^{s}}{\partial y_{h,j}^{s}}$$

$$=-\sum_{k=1}^{l}(y_{d,k}^{s}-y_{k}^{s})w_{2,kj} \tag{3.4.31}$$

$$\frac{\partial y_{h,j}^{s}}{\partial w_{3,tj}^{s}}=f'(y_{h,j}^{s})y_{h,j}^{s-1} \tag{3.4.32}$$

式（3.4.32）中，$f'(\cdot)$ 为传递函数的导数。

$$\Delta w_{3,tj}=-\sum_{k=1}^{l}(y_{d,k}^{s}-y_{k}^{s})w_{2,kj}f'(y_{h,j}^{s})y_{h,j}^{s-1} \tag{3.4.33}$$

（3）Elman 神经网络用于参数异常检测

Ayaz E 和 Seker S 等将具有延迟反馈的 Elman 神经网络应用于 Borssele 核电厂参数的异常检测，并将其与 BP 神经网络以及 Jordan 递归神经网络的检测性能进行比较[18]。异常检测参数包括蒸汽发生器水位、蒸汽压力、一回路压力、主冷却剂冷段温度、主冷却剂热段温度、堆外中子密度、蒸汽质量流量以及蒸汽发生器水位等 44 个参数。

BP、Elman 和 Jordan 递归神经网络的输入层、隐含层与输出层神经元数目均为为 44×50×44 的结构。在神经网络经过学习后，使用不同时期的稳态数据检测其性能。神经网络异常检测所使用的验证数据分别包括 Borssele 核电厂新堆启堆、满功率初始功率调节以及特殊运行（冷凝器清洗）等工况下的参数监测数据，信号采样周期为 1s。

神经网络异常检测结果表明，BP、Elman 和 Jordan 神经网络都可以检测出异常情况但各神经网络的性能不同。Elman 神经网络可给出监测参数清晰的和放大的偏差，Jordan 递归神经网络虽然给出了偏差但存在振动问题，而 BP 神经网络则对监测参数的小偏差显示出不敏感现象。

3.4.4 基于 RBF 神经网络的诊断方法

常用的多层前向神经网络如 BP 神经网络计算量大、网络训练收敛速度慢且易陷入局部极小点，使其在应用中受到了限制。RBF 神经网络具有良好的非线性逼近能力，而且网络结构简单、学习速度快，不存在局部极小等优点。在核动力领域，RBF 神经网络作为一种重要的神经网络被用于核动力装置故障诊断的研究。下面介绍基于 RBF 神经网络的故障诊断方法及其在核动力装置故障诊断中的应用。

（1）RBF 神经网络用于诊断的结构

1985 年，Powell D 提出了多变量插值的径向基函数（Radial Basis Function，RBF）方法。Broomhead D S 与 Lowe D 等在 1988 年将 RBF 用于神经网络的设计，建立了 RBF 神经网络模型。

RBF 神经网络是一个 3 层结构的网络，只有一个隐含层。其隐含层神经元采用径向基函数作为传递函数，输入层神经元到隐含层神经元之间的连接权值均固定为 1，输出层神经元为线性求和单元，隐含层神经元至输出层神经元之间的连接权值可以调节。RBF 神经网络的输出为隐含层神经元输出的加权求和。

在 RBF 网络中，从输入层输入到隐含层神经元基函数的输出是一种非线性映射，而从网络隐含层到输出层的输出则是线性的。因此，RBF 网络可以看作是将原始的非线性可分特征空间变换到另一个高维空间。通过合理地选择这种变换，就可以在新的空间中将原问题映射为一个线性可分问题。利用 RBF 神经网络这种独特的变换特性可以解决复杂非线性动态系统的某些问题如故障诊断等。

径向基神经网络结构如图 3.10 所示。图中，$\boldsymbol{X}=[x_1, x_2, \cdots, x_n]^{\mathrm{T}}$ 表示 RBF 神经网络的输入向量；$\boldsymbol{Y}=[y_1, y_2, \cdots, y_n]^{\mathrm{T}}$，为 RBF 神经网络的输出向量；$w_{ik}$ 表示 RBF 网络隐层第 i 个神经元至输出层第 k 个神经元的连接权；$R_i(x)$ 表示某种径向基函数。

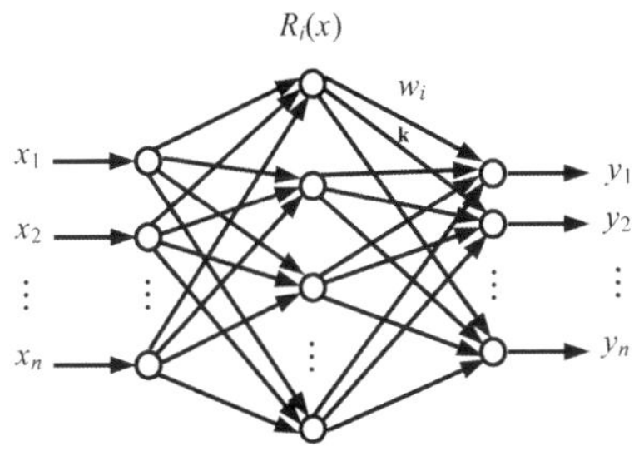

图 3.10　径向基神经网络结构示意图

(2) RBF 神经网络的学习算法[3,21]

在 RBF 神经网络中，其输出层和隐含层完成的是不同的映射任务，其学习策略也不同。RBF 神经网络的学习过程可分两个层次，其输出层是对网络的线性连接权进行调整，采用的是线性优化策略；隐含层对传递函数的参数进行调整，采用的是非线性优化策略。RBF 神经网络学习算法的关键是确定 RBF 的中心参数。RBF 中心参数的确定可以选用多种方法，如梯度学习方法、聚类方法、正交最小二乘法或最小递推二乘（RLS）算法等。RBF 神经网络比较常用的训练算法正交是最小二乘法（Orthogonal Least Square，OLS）。

设 RBF 网络的训练样本对可表示为 $\{\boldsymbol{X}_n, \boldsymbol{y}_{\mathrm{d}n}\}$ $(n=1, 2, \cdots, N)$。这里，$\boldsymbol{X} \in R^{ni}$，为 RBF 网络的输入向量；$y_{\mathrm{d}n} \in R^1$ 表示网络的期望输出。根据线性回归模型，RBF 网络的期望输出可表示为

$$y_{\mathrm{d}n}=\sum_{i=1}^{M} p_i(n) w_i+e(n) \text{ , } n=1, 2, \cdots, N; i=1, 2, \cdots, M \tag{3.4.34}$$

式 (3.4.34) 中，M 为隐含层神经元数目；$p_i(n)$ 表示回归算子，它实际上表示的是网络隐含层的输出响应；w_i 表示模型参数，实际上是隐含层神经元至输出层神经元的连接权；$e(n)$ 为残差。

将（3.4.34）表示成矩阵方程的形式，可得

$$y_{dn} = \boldsymbol{PW} + \boldsymbol{e}\ ,\ \boldsymbol{y}_{dn} = [y_{d1},\ y_{d2},\ \cdots,\ y_{dN}]^{T} \tag{3.4.35}$$

$$\boldsymbol{W} = [w_1,\ w_2,\ \cdots,\ w_M]^{T} \tag{3.4.36}$$

$$\boldsymbol{P} = [p_1,\ p_2,\ \cdots,\ p_M]^{T} \tag{3.4.37}$$

$$\boldsymbol{P}_i = [p_i(1),\ p_i(2),\ \cdots,\ p_i(N)]^{T} \tag{3.4.38}$$

$$\boldsymbol{e} = [e(1),\ e(2),\ \cdots,\ e(N)]^{T} \tag{3.4.39}$$

式（3.4.35）与式（3.4.37）中，**P** 为回归矩阵。

RBF 的中心 c_i 一般选择输入样本集合 $\{\boldsymbol{X}_n\ |n=1,\ 2,\ \cdots,\ N\}$ 的一个子集。每确定一组 c_i，对应于输入样本就可得到一个回归矩阵 **P**。通过采用 OLS 学习算法选择合适的回归算子 p_i 以及算子个数 M，使 RBF 网络的输出满足性能指标要求。因此，OLS 学习算法基本思想是通过正交化算子 p_i，分析算子 p_i 对降低残差的贡献，以选择合适的回归算子，同时根据性能指标要求，来确定回归算子数 M。

为对回归矩阵 **P** 进行正交化，需要将 **P** 进行正交三角分解，即

$$\boldsymbol{P} = \boldsymbol{UA} \tag{3.4.40}$$

式（3.4.40）中，**A** 是一个 $M\times M$ 的上三角矩阵，其对角元素为 1；**U** 是一个 $N\times M$ 矩阵，其各列向量 $\boldsymbol{u}_i$ 正交，即

$$\boldsymbol{U}^{T}\boldsymbol{U} = \boldsymbol{H} \tag{3.4.41}$$

H 是一个对角元素为 h_i 的对角矩阵

$$h_i = \boldsymbol{u}_i^{T}\boldsymbol{u}_i = \sum_{i=1}^{N} u_i^2(n) \tag{3.4.42}$$

将式（3.4.40）代入式（3.4.35）可得

$$\boldsymbol{y}_{dn} = \boldsymbol{UAW} + \boldsymbol{e} = \boldsymbol{Ug}$$

$$\boldsymbol{g} = \boldsymbol{AW} \tag{3.4.43}$$

式（3.4.43）的正交最小二乘解为

$$\hat{\boldsymbol{g}} = \boldsymbol{H}^{-1}\boldsymbol{U}^{T}\boldsymbol{y}_{dn} \tag{3.4.44}$$

$$\hat{\boldsymbol{g}} = \frac{\boldsymbol{u}_i^{T}\boldsymbol{Y}_{dn}}{\boldsymbol{u}_i^{T}\boldsymbol{u}_i} \tag{3.4.45}$$

上述正交化过程可采用 Gram-Schmidt 正交化方法。其方法是每次计算 **A** 的一列，进行如下的正交化计算

$$\left.\begin{aligned} &\boldsymbol{u}_i = \boldsymbol{P}_i \\ &\alpha_{ik} = \frac{\boldsymbol{u}_i^{T}\boldsymbol{P}_k}{\boldsymbol{u}_i^{T}\boldsymbol{u}_i} \qquad 1 \leqslant i \leqslant k;\ k = 2,\ \cdots,\ M \\ &\boldsymbol{u}_k = \boldsymbol{P}_k - \sum_{i=1}^{k-1}\alpha_{ik}\boldsymbol{u}_i^{T}\boldsymbol{u}_i \end{aligned}\right\} \tag{3.4.46}$$

则输出响应的能量可表示为

$$\boldsymbol{y}_{\mathrm{dn}}^{\mathrm{T}}\boldsymbol{y}_{\mathrm{dn}}=\sum_{i=1}^{M}g_i{}^2\boldsymbol{u}_i^{\mathrm{T}}\boldsymbol{u}_i+\boldsymbol{e}^{\mathrm{T}}\boldsymbol{e} \tag{3.4.47}$$

由此可得

$$q=1-\sum_{i=1}^{M}\varepsilon_i\ ,\quad 1\leqslant i\leqslant M \tag{3.4.48}$$

$$\varepsilon_i=\frac{g_i{}^2\boldsymbol{u}_i^{\mathrm{T}}\boldsymbol{u}_i}{\boldsymbol{y}_{\mathrm{dn}}^{\mathrm{T}}\boldsymbol{y}_{\mathrm{dn}}} \tag{3.4.49}$$

式（3.4.48）、式（3.4.49）中，ε_i 为误差压缩比；$q=\boldsymbol{e}^{\mathrm{T}}\boldsymbol{e}/\boldsymbol{y}_{\mathrm{dn}}^{\mathrm{T}}\boldsymbol{y}_{\mathrm{dn}}$ ，为相对二次误差。根据 RBF 神经网络学习算法分析，使用 OLS 方法确定 RBF 中心的具体步骤如下：

设隐含层神经元的传递函数为高斯型函数，即

$$y_i^{\mathrm{h}}=\exp\left(-\frac{(\boldsymbol{x}-\boldsymbol{c}_j)^{\mathrm{T}}(\boldsymbol{x}-\boldsymbol{c}_j)}{2\boldsymbol{\sigma}_i^2}\right),\ (i=1,\ 2,\ \cdots,\ M) \tag{3.4.50}$$

1）预选一个隐含层单元数 M；

2）预选一组 RBF 中心 c_i ，$1\leqslant i\leqslant M$；

3）设定 RBF 函数的宽度 σ_i 、最大迭代次数 Me 以及误差限 E_{g} ；

4）根据选定的 RBF 中心，输入样本 $\boldsymbol{X}_n$ ，计算回归矩阵 $\boldsymbol{P}$。设隐含层第 i 个神经元的输出为 y_i^{h} ，则有 $p_i=y_i^{\mathrm{h}}=u_i$ ；

5）根据式（3.4.46）正交化回归矩阵各列；

6）根据式（3.4.35）及（3.4.49）分别计算 $\hat{g}$ 和 ε_i ；

7）计算上三角矩阵 $\boldsymbol{A}$，并由 $\boldsymbol{g}=\boldsymbol{AW}$ 求解连接权向量；

8）检查是否满足条件 $q<E_g$ 。若满足该条件，则所求得 RBF 中心及网络连接权值等参数即为所求参数，停止计算。否则转第 2）步，重新选择 RBF 的中心并重复步骤 3）～8）。

（3）诊断应用示例[22]

在 RBF-NN 用于核动力装置典型故障诊断的事例[269] 中，所诊断的故障仍然采用表 3.2 给出了核动力装置 8 种工况。RBF 神经网络的输入参数与表 3.3 相同。在核动力装置的运行中，由于稳压器与一回路系统具有相同的压力，所以在仿真分析与计算中可以选择其中一个作为监测参数。

根据表 3.2 所示的核动力装置正常运行工况与典型故障模式以及表 3.3 所示的核动力装置监测参数，构造 RBF 神经网络的拓扑结构，建立基于 RBF 神经网络的诊断模型。同时，进行数据采集，建立 RBF 神经网络诊断模型训练的样本集。

RBF 神经网络诊断模型建模完成后，应用 OLS 学习算法和表 3.3 所描述的监测参数数据采集得到的部分数据（规范化后作为训练样本）对 RBF 神经网络进行训练。RBF 神经网络实际计算采用的高斯型函数为 $f(x)=\mathrm{e}^{-x^2/2}$。网络训练的平均平方误差 MSE 误差

与迭代步骤 epoch 之间的关系如图 3.11 所示。

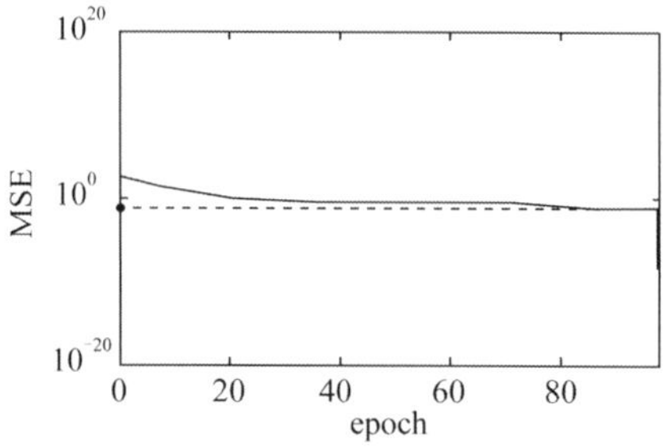

图 3.11 MSE 与 epoch 之间的关系示意图

RBF 神经网络训练完成后，应用神经网络训练时没有学习过的核动力装置运行数据对神经网络的诊断效果进行测试。表 3.7 给出了分别应用表 3.4 和表 3.6 所示的核动力装置监测参数仿真数据进行诊断检验的结果。表 3.7 中，“数据 1、数据 2”分别表示应用表 3.4 和表 3.6 中的数据进行测试。测试数据所对应的一行数据表示应用该组数据进行测试时所得的诊断结果。从诊断结果可以看出，对于神经网络训练时没有学习过的核动力装置故障数据，RBF 神经网络给出了正确的诊断结果。

表 3.7 RBF 神经网络测试数据诊断结果

序号	故障代号	测试数据	诊断结果			故障描述
1	F1	数据 1	0.073 7	0.041 8	−0.082 3	000
		数据 2	0.074 0	0.042 0	−0.083 4	
2	F2	数据 1	−0.056 1	−0.132 9	**1.032 3**	001
		数据 2	−0.052 9	−0.136 4	**1.035 4**	
3	F3	数据 1	0.012 4	**1.012 2**	−0.104 8	010
		数据 2	0.010 5	**1.012 0**	−0.102 1	
4	F4	数据 1	0.052 8	**0.955 8**	**0.839 1**	011
		数据 2	0.053 9	**0.954 9**	**0.838 7**	
5	F5	数据 1	**1.031 6**	0.091 2	0.034 2	100
		数据 2	**1.031 4**	0.087 3	0.041 7	
6	F6	数据 1	**0.980 3**	0.112 3	**0.937 9**	101
		数据 2	**0.981 5**	0.112 9	**0.945 8**	
7	F7	数据 1	**0.931 8**	**0.923 9**	−0.054 4	110
		数据 2	**0.931 7**	**0.923 9**	−0.054 3	
8	ZC	数据 1	**0.932 6**	**0.933 2**	**0.785 6**	111
		数据 2	**0.932 5**	**0.933 1**	**0.782 3**	

3.4.5　自组织特征映射神经网络诊断方法

（1）自组织特征映射神经网络结构

在生物神经系统中，存在着一种称为“侧抑制”的现象，具体表现为某个神经细胞兴奋后，会通过其分支对周围的其他神经细胞产生某种抑制作用。这种生物神经系统的侧抑制作用使各神经细胞之间出现竞争。虽然在竞争开始阶段各神经细胞均处于不同程度的兴奋状态，但是由于侧抑制的作用，各细胞之间竞争的结果将使兴奋程度最强的神经细胞产生的抑制作用最后战胜周围其他细胞的抑制作用而获胜，而其他的神经细胞则全输了。自组织特征映射神经网络就是在模拟这种生物神经网络结构和其作用机理的基础上提出来的一种竞争性网络。自组织特征映射网络是一种自组织、无导师示教（无监督）且自动聚类的神经网络。它由输入层和竞争层两个网络层组成，而且没有隐含层。自组织特征映射神经网络的输入层与竞争层之间是完全相互连接的方式，而且竞争层各神经元之间还可以横向连接。自组织特征映射网络的工作的基本思想是，网络竞争层的各神经元对输入模式的响应机会开展竞争。竞争的结果是网络竞争层中仅有一个神经元成为最终获胜者，而且与获胜神经元相连的各连接权强度则进一步向有利于该获胜神经元竞争的方向进行调整。获胜神经元的响应结果就表达了对输入模式的分类。在自组织竞争性神经网络中，与竞争相对应的方法是，各神经元还可采用抑制其他神经元对输入模式响应的机会而使自己成为获胜者。

自组织特征映射的神经网络（Self-Organizing Feature Map，SOFM）是芬兰学者 Kohonen 于 1982 年提出的，因此也称为 Kohonen 网络。自组织特征映射网络是一种无监督、自组织和自动聚类的神经网络。该网络由输入层和竞争层两个层次组成，其结构如图 3.12 所示。网络输入层与竞争层的神经元构成了一个二维层面的阵列，而且输入层和竞争层之间是完全相互连接的方式。自组织特征映射网络可以将任意维的输入模式在输出层面映射为一维或二维的离散图形。

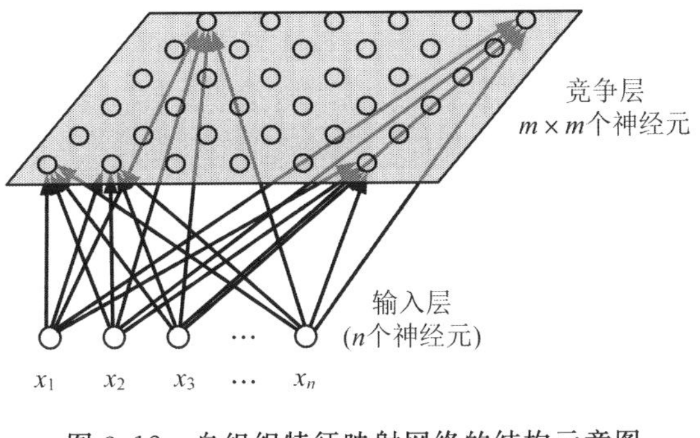

图 3.12　自组织特征映射网络的结构示意图

（2）学习算法[21]

设自组织特征映射神经网络（SOFM-NN）的输入向量用 $\boldsymbol{X}_n$ 表示，输出向量用 $\boldsymbol{Y}_n$ 表示，训练样本数为 n（$n=1$，…，N）。则 $\boldsymbol{X}_n$ 和 $\boldsymbol{Y}_n$ 分别表示为如下形式

$$\boldsymbol{X}_n=[x_{1,n}, x_{2,n}, \cdots, x_{I,n}]^{\mathrm{T}} \tag{3.4.51}$$

$$\boldsymbol{Y}_n=[y_{1,n}, y_{2,n}, \cdots, y_{K,n}]^{\mathrm{T}} \tag{3.4.52}$$

式（3.4.51）和式（3.4.52）中，I、K 分别表示 SOFM-NN 的输入层和竞争层神经元的数目。

$$\boldsymbol{W}_i=[w_{n1}, w_{n2}, \cdots, w_{nI}]^{\mathrm{T}} \tag{3.4.53}$$

SOFM-NN 学习算法的第一步是找到一个评价函数使输入向量和连接权向量形成一种最佳匹配。这个最佳匹配的方式可以用一种指标函数表示，即

$$\boldsymbol{d}(x)=\min_{\forall n}\|\boldsymbol{X}-\boldsymbol{W}_i\|_2, \quad n=1, 2, \cdots, N \tag{3.4.54}$$

根据下式修正连接权

$$\boldsymbol{W}_n(k+1)=\boldsymbol{W}_n(k)+\lambda_{\mathrm{v}n}(k)[\boldsymbol{X}(k)-\boldsymbol{W}_n(k)] \tag{3.4.55}$$

式（3.4.55）中，$\lambda_{\mathrm{v}n}(k)$ 表示学习率。

$$\lambda_{\mathrm{v}n}(k)=\begin{cases}\lambda(k), \ 0<\lambda(k)<1, \text{且在获胜神经元邻域 } N_{\mathrm{v}}(k) \text{ 内} \\ 0, \text{不在获胜神经元邻域 } N_{\mathrm{v}}(k) \text{ 内}\end{cases} \tag{3.4.56}$$

根据式（3.4.55）和式（3.4.56），可将连接权修正表达式表示为

$$\boldsymbol{W}_n(k+1)=\begin{cases}\boldsymbol{W}_n(k)+\lambda_{\mathrm{v}n}(k)[\boldsymbol{X}(k)-\boldsymbol{W}_n(k)], \text{当 } n\in N_{\mathrm{v}}(k) \\ \boldsymbol{W}_n(k), \text{当 } n\notin N_{\mathrm{v}}(k)\end{cases} \tag{3.4.57}$$

邻域的确定方法如下

$$\lambda_{\mathrm{v}n}=\lambda_0\exp(\|\boldsymbol{r}_n-\boldsymbol{r}_{\mathrm{v}}\|^2/\sigma^2) \tag{3.4.58}$$

上述 SOFM-NN 学习算法可归纳为如下步骤：

1）初始化权向量 $\boldsymbol{W}$ 和学习率参数 $\lambda_{\mathrm{v}n}(k)$；确定领域函数，初始化其参数，确定最大学习次数；

2）对于给定的输入向量 $\boldsymbol{X}_n$，计算其最佳匹配 $\boldsymbol{d}(x)$，确定获胜的神经元；

3）根据式（3.4.57）对 $n\in N_{\mathrm{v}}(k)$ 的领域内所有神经元与输入层之间的连接权进行修正；

4）调节学习率参数与领域；

5）检查是否达到训练条件，如果达到则停止训练，否则转到第 2）步；

6）保存训练后的连接权值 $\boldsymbol{W}$，计算结束。

训练和测试成功后的 SOFM-NN 即可应用于故障诊断。

3.4.6 基于小波神经网络的诊断方法

小波神经网络（Wavelet Neural Network，WNN）是在小波变换理论与神经网络结合

的基础上建立起来的。小波神经网络主要有 3 种类型，分别为基于连续小波变换、基于正交小波变换以及基于小波框架的小波神经网络[23-28]。

3.4.6.1　小波神经网络结构

(1) 基于连续小波变换的小波神经网络结构

基于连续小波变换的小波神经网络的特点是，网络中所采用的激励函数为小波函数，但没有限制为正交小波函数。小波基函数的定位不局限于有限离散值，函数的展开式也不是唯一的，因此无法固定小波参数与函数之间的对应关系，具有类似 BP 网络的非线性优化问题，但小波分析理论有助于网络参数和结构的初始化，使网络有较强的逼近能力和收敛速度。

Zhang Q 与 Benveniste A[29] 用一个 Gaussian 函数的一阶导数作为小波基函数，首次提出了小波神经网络，其结构如图 3.13 所示[29]。该小波神经网络的函数逼近表示式为

$$f(x)=\sum_{k=1}^{N} w_k \psi[\boldsymbol{D}_k(x-t_k)]+\hat{g} \tag{3.4.59}$$

式 (3.4.59) 中，$\boldsymbol{D}_k$ 为对角型伸缩（尺度）矩阵，$\hat{g}$ 为有限域上的非零均函数。

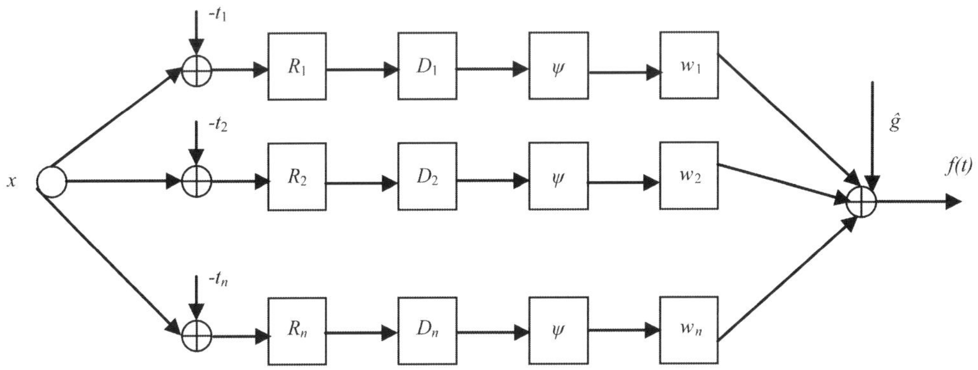

图 3.13　用于函数逼近的小波基函数神经网络结构示意图[29]

(2) 基于正交小波变换的小波神经网络结构

正交小波神经网络一般是以小波理论中的多分辨分析为基础而建立的[24-28]。由正交小波变换导出的小波网络实际上是在 Daubechies 构造的正交紧支小波和多分辨分析基础上，利用尺度函数，选取最合适的尺度参数和平移参数，调节小波系数来达到对函数的最佳“逼近”。

设 f_s^j (t) 为函数 f (t) 向尺度空间 V_j 投影后得到的 j 尺度下的粗糙信号；f_d^j (t) 为函数 f (t) 向不同尺度的小波空间 W_j 投影后得到的不同 j 尺度下的细节信号，则

$$f_s^j(t)=\sum_k c_{i,j}\phi k(2^{-j}t)=\sum_k c_{j,k}\phi_{j,k}(t) \quad k\in Z \tag{3.4.60}$$

$$f_d^j(t)=\sum_k d_{i,j}\psi_k(2^{-j}t)=\sum_k d_{j,k}\psi_{j,k}(t) \quad k\in Z \tag{3.4.61}$$

式（3.4.60）中，$c_{j,k}=\langle f(t), \phi_{j,k}(t)\rangle$，称为尺度展开系数；式（3.4.61）中，$d_{j,k}=\langle f(t), \psi_{j,k}(t)\rangle$，称为小波展开系数。

根据多分辨分析理论，将 $f(t)\in L^2(R)$ 按照以下空间形式展开

$$L^2(R)=\sum_{j=-\infty}^{J} W_j \oplus V_j \qquad (J \text{ 为任意尺度}) \tag{3.4.62}$$

则 $f(t)$ 可以按照下式分解（逼近或重构）

$$f(t)=\sum_{j=-\infty}^{J}\sum_{k=-\infty}^{\infty} d_{j,k}\psi_{j,k}(t)+\sum_{k=-\infty}^{\infty} c_{j,k}\phi_{j,k}(t) \tag{3.4.63}$$

当 $J\to\infty$ 时，(3.4.63) 式变为

$$f(t)=\sum_{j=-\infty}^{J}\sum_{k=-\infty}^{\infty} d_{j,k}\psi_{j,k}(t) \tag{3.4.64}$$

设基于多分辨分析的函数逼近解析式如下式所示

$$f(t)=\sum_{j=1}^{L}\sum_{k=1}^{N_j} d_{L,k}\psi_{L,k}(t)+\sum_{k=1}^{N_L} c_{j,k}\phi_{j,k}(t) \tag{3.4.65}$$

式（3.4.65）中，L 表示分辨数，N_j 表示在 $f(t)$ 之小波分解中相应于分辨 j 的平移基函数的数目，k 表示平移参数。

式（3.4.65）相当于一个神经网络综合表达式。因此，应用多分辨分析函数逼近方法，根据式（3.4.65）可以构造一个如图 3.14 所示的小波基函数（WBF）神经网络。WBF 神经网络类似 RBF 网络，具有一个隐含层。

基于正交变换的 WNN 具有几种不同类型的结构。Zhang J、Walter G G 与 Miao Y B 等在正交小波基多分辨分析基础上，利用尺度函数作为神经网络中神经元激励函数，提出了一种正交基小波神经网络。它是通过在某一尺度上对函数的逼近来实现小波网络的函数逼近功能。该小波网络结构的表示式如下

$$f(x)=\sum_{k=-K}^{K} c_k\phi_{j,k}(x) \tag{3.4.66}$$

式（3.4.66）中，c_k 为相应尺度函数对应的小波系数，$\phi_{j,k}$ 为某尺度对应的尺度函数。

Baskshi B R 与 Stepphanopoulous G 利用正交小波函数作为神经网络中神经元的激励函数，提出了正交小波网络及其学习算法。其基本思想是利用小波分解对数据进行分析，网络隐层节点中一部分激励函数采用尺度函数，而另一部分激励函数采用小波函数，在多分辨分析基础之上采用逐级学习的方法来训练网络。该小波网络结构的表示式如下

$$f(x)=\sum_{i} c_i\phi_i(x) \tag{3.4.67}$$

式（3.4.67）中，c_i 为相应的权值；ϕ_i 为相应尺度函数或小波函数。

Szu H H、Telfer B 与 Kadambe B 等[23,28] 提出了自适应小波网络。自适应小波网络由叠加小波（Superposition Wavelet）构成。其基本思想是通过选取小波基进行线性叠加

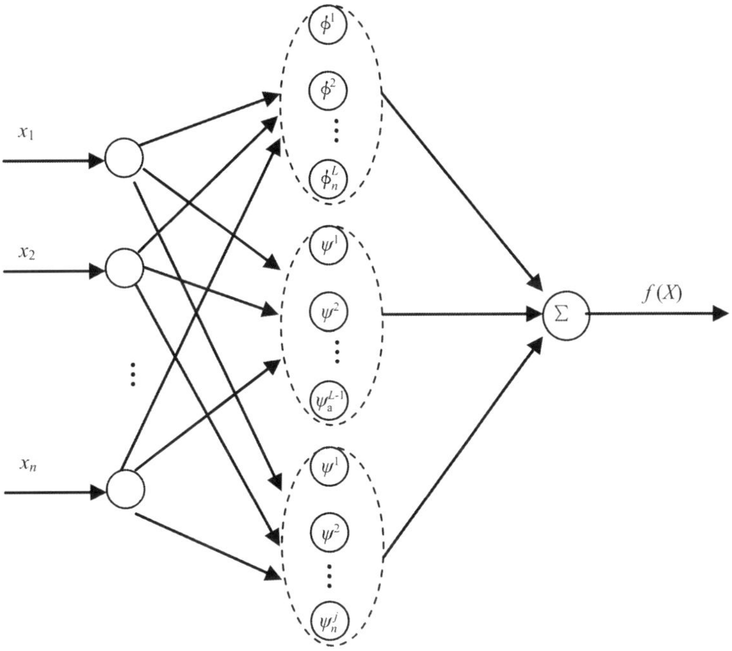

图 3.14　小波基函数神经网络结构示意图

来拟合函数 $f(t)$。由自适应小波的线性组合而构成的叠加小波，其本身也可以被看成一普通小波。在叠加小波中，其尺度会在信号处理过程中改变，即小波基本形状可以适应特定的应用，而不是仅仅对固定形状小波的参数。其小波网络结构如下

$$f(t)=\sum_{k=1}^{K}w_k\psi(\frac{t-b_k}{a_k}) \tag{3.4.68}$$

式（3.4.68）中，w_k、a_k、b_k 分别为权值、小波基的尺度参数和位移参数；k 为小波基的个数。该小波网络结构中的尺寸参数和平移参数不是固定的，它没有小波系数作为权值，而是直接采用类似神经网络的权值 w_k。除了中间层与输出层之间的权值外，自适应小波结构中的尺寸参数和平移参数都可以通过相应的学习算法来调节。

Szu H H、Telfer B 与 Kadambe B 等提出的自适应小波网络与径向基网络非常类似，但与径向基网络相比有其明显的优点。径向基网络中径向基函数的中心参数和宽度参数的选择主要是靠经验，而自适应小波网络中的尺度参数和位移参数的选择则可以根据小波的时频局部化特性来设置。

（3）基于小波框架的小波神经网络结构

基于小波框架的小波神经网络由 Pati Y C 和 Krishnaprasad P S 于 1993 年提出。这种小波网络利用在时频面上被正规截取的小波框架中的小波基函数作为隐层节点的激励函数。因此，由小波框架导出的小波网络实际上是在小波框架理论和小波时频局域特性基础上，利用小波函数，选取最合适的尺寸参数和平移参数，调节小波系数来达到对函数的最

佳“覆盖”。

由小波框架的理论可知，任何函数 $f(t) \in L^2(R)$ 都可以被写为

$$f(t)=\sum_{j,k}\langle f, S^{-1}\psi_{j,k}(t)\rangle\psi_{j,k}(t) \tag{3.4.69}$$

式（3.4.69）中，S 称为框架算子。

在小波变换的实际计算中，利用式（3.4.69）中多项式的有限项之和就可以对函数 $f(t) \in L^2(R)$ 进行有效的逼近，即

$$f(t)=\sum_{j,k}^{N}w_{j,k}\psi_{j,k}(t)=\sum_{j,k}^{N}w_{j,k}\psi_{j,k}\left(\frac{t-\tau_k}{a_k}\right) \tag{3.4.70}$$

根据式（3.4.70）可以建立基于小波框架的小波神经网络，其结构如图 3.15 所示。

图 3.15 中，$X=[x_1, x_2, \cdots, x_d]^{\mathrm{T}}$ 为网络的输入向量，$\psi_{j,k}(t)$ 是从小波框架 $\{\psi_{m,n}(t)\}$ 中选取的小波基函数，$w_{j,k}$ 为网络权值，$f(x)$ 为网络输出，n 表示经伸缩和平移后小波基的总个数。

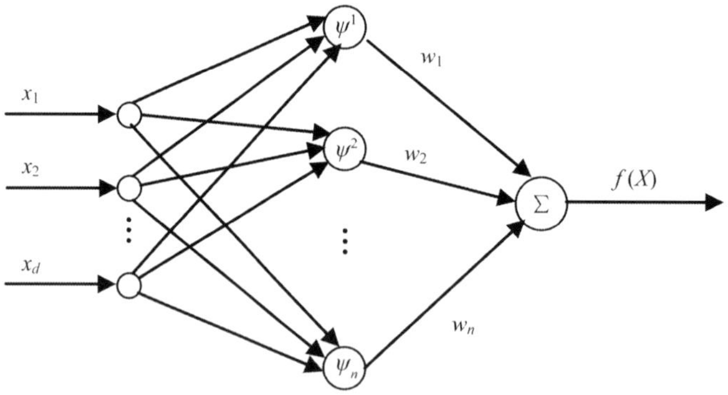

图 3.15 基于小波框架小波神经网络结构示意图

3.4.6.2 诊断示例[30]

本节介绍小波神经网络应用于核动力装置并发故障诊断的仿真事例。该诊断方法的基本思路是：先用小波神经网络分别建立核动力装置凝给水系统和核动力系统并发故障诊断模型，然后利用凝给水系统及核动力装置典型并发故障的仿真数据进行验证，并与 BP 神经网络以及 ART-BP 并行神经网络诊断的结果进行比较。

（1）小波神经网络学习算法

小波神经网络融合了小波变换与神经网络的优点，它既能够有效提取信号局部特征，同时还具有较强的函数非线性逼近能力。这里以文献［31］所提出的改进自适应小波神经网络为基础，构造了一个单隐层，多输入多输出的小波神经网络。设 $Xp1$，$Xp2$，…，Xpi 分别为第 p 个输入样本的对应输入节点值；$Yp1$，$Yp2$，…，$Yp3$ 分别表示第 P 个输入样本的对应输出值；wj，i 表示输入层和隐含层的连接权值；wk，j 表示输出层和隐含层的连接权值；$\psi_{a,b}$ 表示小波基函数。

对于第 p 个输入样本，小波神经网络第 k 个输出节点的输出为：

$$y^{p}_{k}(t)=\sigma\left[\sum_{j=0}^{n}w_{k,j}\psi_{a,b}\left[\left(\sum_{i=0}^{m}w_{j,i}x^{p}_{k}(t)-b_{j}\right)/a_{j}\right]\right]\quad (k=1,2,\cdots,k) \tag{3.4.71}$$

式（3.4.71）中，i 为输入节点数；k 为输出节点数；b_j 表示第 j 个节点所对应的小波基函数 $\psi_{a,b}$ 的平移因子；a_j 表示第 j 个节点所对应小波基函数 $\psi_{a,b}$ 的伸缩因子；n 为隐层节点数，j 为隐含层的第 j 个节点；σ 表示 Sigmoid 函数。这里选取的小波基函数为[31]：

$$\psi_{a,b}(t)=\cos(1.75x)\exp(-t^{2}/2) \tag{3.4.72}$$

在小波神经网络训练中，其连接权及参数修正方法如下[31]：

$$w_{k,j}(n+1)=w_{k,j}(n)+\Delta w_{k,j}(n+1)+\alpha(w_{k,j}(n)-w_{k,j}(n-1)) \tag{3.4.73}$$

$$w_{j,i}(n+1)=w_{j,i}(n)+\Delta w_{j,i}(n+1)+\alpha(w_{j,i}(n)-w_{j,i}(n-1)) \tag{3.4.74}$$

$$a_{j}(n+1)=a_{j}(n)+\Delta a_{j}(n+1)+\alpha(a_{j}(n)-a_{j}(n-1)) \tag{3.4.75}$$

$$b_{j}(n+1)=b_{j}(n)+\Delta b_{j}(n+1)+\alpha(b_{j}(n)-b_{j}(n-1)) \tag{3.4.76}$$

式（3.4.73）～式（3.4.76）中，α 为动量因子。

（2）用于凝给水系统并发故障诊断

1）故障模式和诊断变量

凝给水系统是核动力装置二回路的重要系统，它主要由蒸汽发生器、给水泵、除氧器、冷凝器、储水箱等设备构成。在核动力装置运行过程中，凝给水系统设备由于结构复杂且蒸汽压力不断变化，发生并发故障的几率相对较高。这里以文献［32］中凝给水系统故障参数为基础，选择了凝给水系统 5 个典型故障[7] 进行测试，其故障模式、具体代号、代码如表 3.8 所示。故障对应的 12 个征兆参数见参考文献［32］。

表 3.8　凝给水系统典型故障模式

序号	系统状态	代号	故障代码
1	循环水泵严重故障	F_1	10000
2	凝水泵故障	F_2	01000
3	抽气器故障	F_3	00100
4	循环水量不够	F_4	00010
5	冷凝器满水	F_5	00001

2）诊断结果

确定待诊断模式和监测参数后，利用训练样本对小波神经网络进行训练。为验证小波神经网络的诊断能力，并与 BP 神经网络的诊断效果进行比较。将训练样本分别带入 BP 神经网络与小波神经网络进行训练。根据文献［7］的分析，选取四组测试样本对训练好的网络进行测试，分别是：$F1$ 循环水泵严重故障和 $F5$ 冷凝器满水并发故障、$F2$ 凝水泵故障、$F3$ 抽气器故障和 $F4$ 循环水量不足。对于上述样本，BP 神经网络与小波神经网络的诊断结果分别如表 3.9 所示。

表 3.9 小波神经网络与 BP 神经网络的诊断结果

故障序号	小波神经网络					BP 神经网络					实际故障
	F_1	F_2	F_3	F_4	F_5	F_1	F_2	F_3	F_4	F_5	
1	0.995	0	0.001	0.017	0.696	0.428	0.542 3	0.557	0.411	1	F_1、F_5 并发
2	0	0.999	0	0	0	0	0.999	0	0	0	F_2
3	0	0	0.999	0	0	0	0	0.999	0	0	F_3
4	0	0	0	0.999	0	0	0	0	0.999	0	F_4

通过表 3.9 可以看出，BP 神经网络对于单一故障的诊断较为准确，但对于并发故障只诊断出 $F5$ 故障，其诊断能力存在明显不足。小波神经网络不仅对于单一故障具有较好的诊断能力，对于并发故障同样具有良好的诊断能力，与自适应谐振 ART-BP 并行神经网络诊断结果相比[32]，其对于 $F1$ 循环水泵严重故障与 $F5$ 冷凝器满水并发故障具有更高的识别率。

（3）核动力装置并发故障诊断

1）故障模式与监测变量

核动力装置发生并发故障时，由于并发故障所具有的复杂性、相关性和信息不完备性等特点，使故障的诊断比较困难。为分析小波神经网络对于核动力装置并发故障的诊断性能，选取核动力装置 G_1 蒸发器传热管破损、G_2 冷却剂管道破损、G_3 蒸汽管道破损、G_4 稳压器安全阀泄漏等 4 个典型故障和 1 个 G_0 正常运行工况作为待诊断的模式，其故障模式、具体代号、代码如表 3.10 所示。

表 3.10 核动力装置典型故障模式

序号	系统状态	代号	故障代码
1	正常运行	G_0	10000
2	蒸发器传热管破损	G_1	01000
3	冷却剂管道破损	G_2	00100
4	蒸汽管道破损	G_3	00010
5	稳压器安全阀泄漏	G_4	00001

选取上述 5 种状态具有内在联系的 13 个系统参数作为征兆参数，分别是：$B1$ 核功率、$B2$ 反应堆平均温度（℃）、$B3$ 稳压器压力（kg/cm^2）、$B4$ 稳压器水位（cm）、$B5$ 稳压器温度（℃）、$B6$ 安全壳内压力（kg/cm^2）、$B7$ 安全壳内温度（℃）、$B8$ 蒸发器压力

(kg/cm^2)、$B9$ 蒸发器水位 (cm)、$B10$ 蒸发器给水流量 (t/h)、$B11$ 蒸发器蒸汽流量 (t/h)、$B12$ 安全壳内水位 (cm)、B13 稳压器排放总管温度 (℃)。

2）训练与测试数据

为分别验证小波神经网络对核动力系统正常工况、单一故障及并发故障的诊断能力，选取 G_0 正常工况、G_1 蒸发器传热管破损、G_2 冷却剂管道破损、G_5 冷却剂管道破损与稳压器安全阀泄漏并发故障以及 G_6 蒸汽管道破损与稳压器安全阀泄漏并发故障作为测试样本。表 3.11 给出了经过核动力装置模拟器采集并归一化后的测试数据。

表 3.11　核动力装置故障参数

征兆参数	故障模式						
	G_0	G_1	G_2	G_3	G_4	G_5	G_6
$B1$	0.041	0.874	0.084	0.939	0.976	0.163	0.026
$B2$	0.903	0.044	0.289	0.006	0.165	0.644	0.065
$B3$	0.981	0.737	0.854	0.000	0.151	0.511	0.057
$B4$	0.954	0.845	0.922	0.000	0.146	0.541	0.062
$B5$	0.528	0.877	0.950	0.361	0.193	0.587	0.070
$B6$	0.591	0.002	0.000	0.337	0.662	0.073	0.930
$B7$	0.590	0.002	0.000	0.413	0.669	0.084	0.940
$B8$	0.992	0.034	0.046	0.075	0.379	0.144	0.061
$B9$	0.478	0.019	0.127	0.581	0.387	0.430	0.941
$B10$	0.621	0.821	0.497	0.262	0.991	0.896	0.121
$B11$	0.973	0.150	0.328	0.128	0.966	0.411	0.062
$B12$	0.500	0.455	0.117	0.272	0.119	0.563	0.407
$B13$	0.000	0.000	0.000	0.000	0.942	0.986	0.935

3）诊断结果

利用训练样本对小波神经网络进行训练。训练完成后，将待诊断故障征兆参数数据输入训练好的小波神经网络进行故障诊断，诊断结果如表 3.12 所示。

表 3.12　小波神经网络与 BP 神经网络的诊断结果

故障序号	小波神经网络					BP 神经网络					实际故障
	G_0	G_1	G_2	G_3	G_4	G_0	G_1	G_2	G_3	G_4	
1	0.999	0	0	0	0	0.983 2	0.006	0.006	0.002	0	G_0
2	0.005	0.939	0.071	0.015	0.014	0.017	0.919	0.275	0	0.002	G_1
3	0	0	0.999	0	0	0.012	0.003	0.995	0.001	0.004	G_2
4	0.099	0.003	0.889	0.017 7	0.985	0	0.001	0	0.067	0.933	G_5
5	0	0.002	0.069	0.720	0.997	0.285	0	0	0.860	0.070	G_6

由表 3.12 可见，在本诊断事例中，对单一故障 G_1、G_2 和正常工况 G_0，小波神经网络和 BP 神经网络都能够进行有效诊断。对并发故障 G_5 和 G_6，BP 神经网络都只诊断出一个故障，而对另一并发的故障则没有准确识别；小波神经网络对 G_5 和 G_6 两个并发故障都能够做出诊断且故障概率识别也相对较高，对 G_5 的两个并发故障 G_2、G_4 以及对 G_6 的两个并发故障 G_3、G_4 都能正确地识别。

3.5 INN 在核动力系统故障诊断中的应用

3.5.1 NPP 集成神经网络诊断方法[11]

在核电厂故障诊断研究中，Mo K 等在 2007 年提出了一种动态神经网络聚合模型 (Dynamic Neural Network Aggregation Model，DNNAM)，并将用于核电厂瞬态检测、识别和预测。DNNAM 模型由两个层次和多个神经网络构成，诊断原理示意图如图 3.16 所示。第一个层次的神经网络用于识别核电厂所发生的故障的类型，然后根据识别结果来确定第二层次中哪一个神经网络模型投入工作。第二个层次的神经网络是特定的 DNNAM 模型，该神经网络模型用于故障定位或分析故障的严重程度，给出故障的详细信息。例如，图 3.16 中，DNN-LOCA 神经网络模型用于诊断 LOCA 事故、DNN-SGTR 神经网络模型用于诊断蒸汽发生器传热管破裂故障、DNN-SLR 神经网络模型用于诊断蒸汽管道破裂故障、未知模式（用于处理未知故障）等。

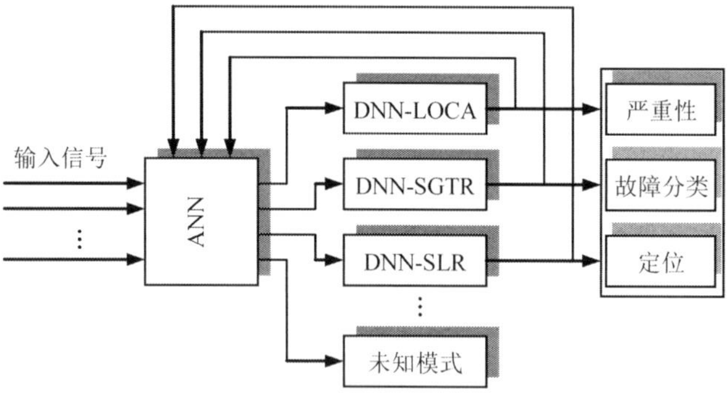

图 3.16 DNNAM 诊断原理示意图

DNNAM 模型第二层次的神经网络模型诊断过程分为两个工作阶段，即严重性预测阶段和故障位置检测阶段。每个阶段分别包括两个神经网络和综合合成函数部分。这两个神经网络分别称为 A 神经网络模型和 B 神经网络模型。A 神经网络模型用于严重性预测，B 神经网络模型用于故障位置的检测。A 和 B 两种神经网络模型构成一种二维神经网络聚合模型。合成函数给出的结果提供核电厂瞬态的有关信息，并确定哪一个神经网络模型应在下一时间步中进行计算。当信号输入到两类的神经网络模型时，其输出经过聚合合成函数的处理，给出故障严重程度和故障位置识别结果。每个时间步 DNNAM 工作的流程如图 3.17 所示。神经网络聚合模型的工作原理如图 3.18 所示。

DNNAM 模型的特点是保证了核电厂不同瞬态特征分别由相应的 ANN 聚合模型记忆，并通过不同用途的神经网络模型分别得到关于核电厂故障类型、严重程度和位置的诊断结果。

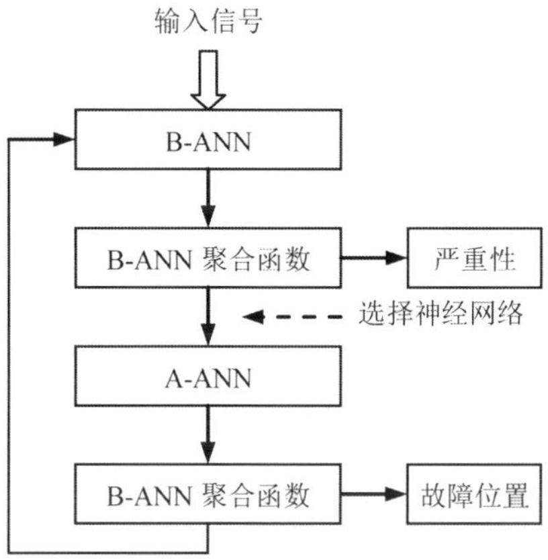

图 3.17　每个时间步 DNNAM 工作流程示意图

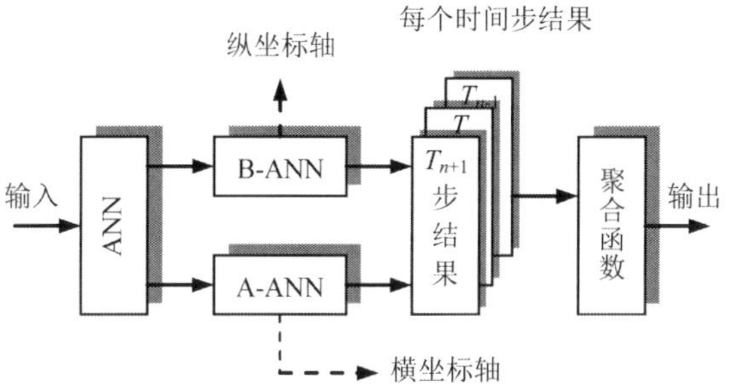

图 3.18　聚合模型的工作原理示意图

3.5.2　INN 在蒸汽发生器故障诊断中的应用[4,6]

蒸汽发生器是核动力装置联接一回路和二回路的关键性设备，也是核动力装置中易发生故障的设备，是核动力装置的薄弱环节。蒸汽发生器一旦发生故障会严重影响核动力装置运行的经济性，严重时还可能危及核安全。蒸汽发生器故障检测与诊断对核动力装置的安全运行至关重要。在压水堆核动力装置中，蒸汽发生器故障检测通常采用两种方法。一是采用参数监测方法，即连续监测反映蒸汽发生器运行状态的重要运行参数（如水位、给水流量、蒸汽流量等），当检测到参数信号超过了规定的限值时，就通过报警系统发出报警信号，提醒运行管理人员进行处理。二是采用在役检查的方法来检测蒸汽发生器故障。在役检查方法是一种停机检查模式，仅适用于蒸汽发生器故障的离线检测和在役期间的检查，不适用于蒸汽发生器运行过程中的故障检测。上述两种方法在蒸汽发生器故障检测中相辅相成，但都存在着不足之处。20 世纪 80 年代以来，随着神经网络应用研究的发展，神经网络方法被用于研究蒸汽发生器的故障诊断问题，并提出了多种诊断方法。本节介绍一种基于集成神经网络的蒸汽发生器故障监测与诊断方法。

3.5.2.1 蒸汽发生器 INN 故障诊断的结构及 ANN 模型

（1）蒸汽发生器 INN 诊断结构

基于集成神经网络的蒸汽发生器故障监测与诊断方法中，其主要特点是采用两个 RBF 神经网络进行蒸汽发生器参数监测和故障诊断，其原理如图 3.19 所示。

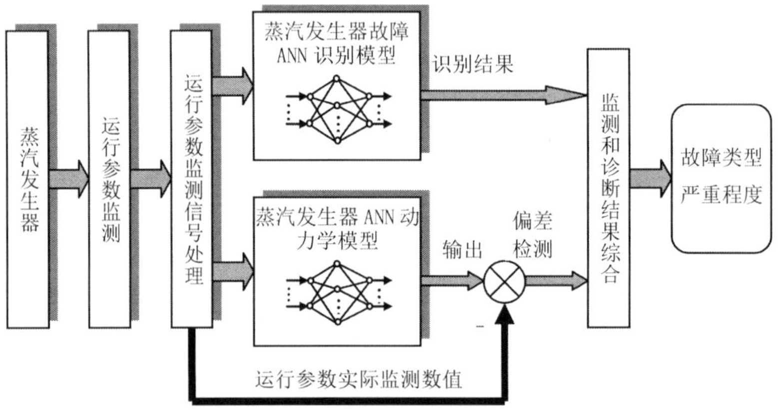

图 3.19 基于集成神经网络的蒸汽发生器故障监测与诊断原理示意图

图 3.19 中，一个 RBF 网络作为蒸汽发生器动力学模型（RBF-NN1），对蒸汽发生器重要运行参数进行预测。通过检测蒸汽发生器运行参数实际测量值与蒸汽发生器神经网络动力学模型预测值之间的偏差来判定是否发生了异常。如果某一参数检测到偏差超过了规定的极限值时，就认为蒸汽发生器发生了异常。这种参数偏差检测方法可以给出发生的故障的严重程度，但是不能给出蒸汽发生器发生那种故障。另一个 RBF 网络（RBF-NN2）作为故障诊断（故障识别）模型对蒸汽发生器故障进行诊断，该诊断模型可给出蒸汽发生器所发生的故障，但是不能给出故障的严重程度。通过将两个神经网络模型结合起来，可以得到比较清晰的蒸汽发生器故障信息。

（2）蒸汽发生器神经网络动力学模型

用于蒸汽发生器运行参数监测的神经网络动力学模型，是应用 RBF 神经网络与蒸汽发生器主要运行参数监测数据而建立的蒸汽发生器神经网络动态过程模型。根据对蒸汽发生器动态特性分析，确定选择作为蒸汽发生器神经网络模型输入和输出变量运行参数主要包括蒸汽流量、给水流量、蒸汽压力和水位（实际上蒸汽发生器给水温度对蒸汽发生器动力学特性会产生重要的影响，这里假设给水温度保持不变）。

在蒸汽发生器神经网络动力学模型中，神经网络模型的输入和输出变量分别是蒸汽发生器水位 L、蒸汽流量 Q_s、给水流量 Q_w 和蒸汽压力 P。神经网络模型结构如图 3.20 所示。图 3.20 中，Q_s^i、Q_w^i、P_s^i 和 L^i 分别为神经网络的输入变量；Q_s^o、Q_w^o、P_s^o 和 L^o 分别为神经网络模型的输出变量。为使神经网络动力学模型能够逼近蒸汽发生器动态过程，利用蒸汽发生器运行参数监测数据对神经网络进行训练，网络训练算法采用正交最小二乘法。

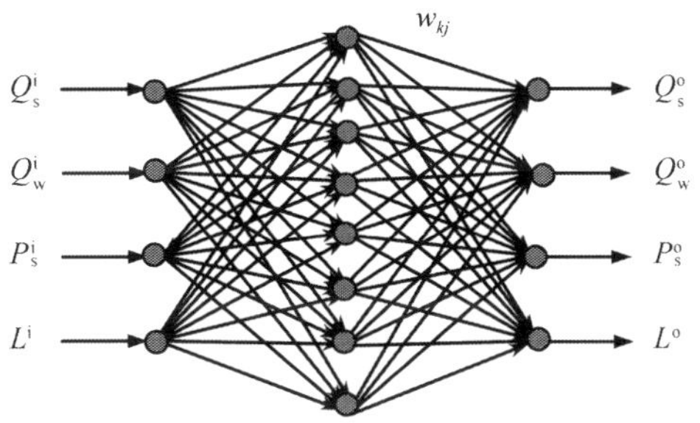

图 3.20　蒸汽发生器神经网络动力学模型结构示意图

（3）蒸汽发生器故障神经网络诊断模型

蒸汽发生器故障神经网络诊断模型建模是利用一个 RBF 神经网络建立故障诊断模型。RBF 神经网络诊断模型的训练也采用正交最小二乘法。蒸汽发生器故障神经网络诊断模型的输入变量为蒸汽发生器水位、蒸汽流量、给水流量和蒸汽压力，输出是用“1”和“0”所表示的二进制故障代码。

蒸汽发生器神经网络动力学模型与故障神经网络诊断模型建模不同之处在于：1）两者的训练样本集不同。蒸汽发生器神经网络诊断模型的训练样本集由蒸汽发生器正常运行模式样本和待诊断的各种故障模式样本构成；而神经网络动力学模型的训练样本集只包括蒸汽发生器各种正常运行模式样本；2）两个神经网络模型的输入及输出变量不同。蒸汽发生器神经网络诊断模型的输入变量是与待诊断故障模式和正常运行模式密切相关的运行参数，其输出量为故障代码，且神经网络模型输出层神经元的数量与待诊断的故障模式（包括正常运行模式）的总数是相同的；而神经网络动力学模型的输入、输出变量分别为蒸汽发生器重要运行参数，其输出量均为随时间变化的参数值，神经网络输入层和输出层神经元的数量等于需要监测的的蒸汽发生器运行参数的数量。

3.5.2.2　用于诊断测试的故障模式及运行工况

用于神经网络监测和诊断模型测试的的蒸汽发生器故障类型（包括正常运行工况）如表 3.13 所示，其中包括 4 个故障模式再加上 1 个正常运行模式。选择与上述模式密切相关的蒸汽发生器运行参数作为监测变量，如表 3.14 所示。

表 3.13 蒸汽发生器稳态运行及典型故障工况

序号	故障类型与正常工况	代号	故障代码
1	SG 正常运行	S_1	10000
2	SG 之 U 形管破裂	F_1	01000
3	SG 给水异常增加	F_2	00100
4	SG 给水异常减少	F_3	00010
5	SG 主蒸汽管道破裂	F_4	00001

表 3.14 用于蒸汽发生器诊断的监测变量

序号	监测参数	单位	代号
1	SG 蒸汽流量	Kg/s	Q_s
2	SG 给水流量	Kg/s	Q_w
3	SG 蒸汽压力	MPa	P_s
4	SG 水位	m	L

3.5.2.3 仿真结果

根据表 3.13 所示的蒸汽发生器故障模式和正常运行工况以及表 3.14 所示的运行参数，进行数据采集，以获得蒸汽发生器水位、蒸汽流量、给水流量和蒸汽压力等运行参数的监测数据。将其中部分监测数据以来建立神经网络训练样本集和测试数据集。利用所建立的训练样本集，采用正交最小二乘（OLS）算法分别对蒸汽发生器神经网络动力学模型和神经网络诊断模型进行训练。在对神经网络动力学模型进行训练时，使用蒸汽发生器正常运行工况下运行参数样本集。神经网络诊断模型的训练使用蒸汽发生器正常运行工况和故障模式下运行参数样本集。在神经网络测试时，使用蒸汽发生器正常运行工况和故障工况下且神经网络训练时没有学习过的运行参数监测数据分别对蒸汽发生神经网络动力学模型和故障诊断模型进行测试。

在蒸汽发生器神经网络动力学模型和神经网络诊断模型训练完成后，就可利用训练好的两种神经网络模型分别对进行蒸汽发生器运行参数预测和故障诊断。根据表 3.13 所示的蒸汽发生器故障模式和正常工况，使用测试数据集对神经网络动力学模型进行参数预测，并将神经网络动力学模型预测结果与蒸汽发生器运行参数的实际数值进行比较，以得到两者之间的偏差。由于神经网络动力学模型是使用蒸汽发生器正常运行工况下的参数数据训练的，因此在对蒸汽发生器运行参数进行异常检测时，认为神经网络动力学模型各输出变量的参数值是各运行参数的正确值。如果蒸汽发生器发生了故障，则其实际的动力学模型和某些参数就会发生变化，从而使蒸汽发生器某些运行参数偏离正常值。这样，蒸汽发生器运行参数实际值与神经网络动力学模型预测值之间就会出现偏差，说明蒸汽发生器发生了故障。而且两者的偏差越大，说明故障越严重。

根据表 3.13 所示的蒸汽发生器正常运行工况和故障模式，利用测试数据对蒸汽发生器神经网络动力学模型和神经网络诊断模型进行测试，可分别得到蒸汽发生器神经网络动力学模型和神经网络诊断模型检测结果与诊断结果。下面给出蒸汽发生器在正常运行工况和发生主蒸汽管道破裂故障时各运行参数及其偏差的检测结果，以及表 3.13 所示各种模式下的诊断结果。需要说明的是，在下述各图中，各运行参数及其偏差的检测结果均为相对值（相对于稳态值），各图中 Q_{s0}、Q_{w0}、P_{s0} 和 L_0 分别表示 Q_s、Q_s、P_s 和 L 的稳态值。

（1）蒸汽发生器正常运行工况测试结果

蒸汽发生器在正常运行时，各运行参数均在设计所允许的正常波动范围之内。根据上述参数异常检测原理，蒸汽发生器正常运行时各运行参数的实际值与神经网络模型的预测值之间应该是比较接近的，其偏差比较小，可以忽略不计。

蒸汽发生器正常运行时，给水流量实际值、神经网络动力学模型预测值以及给水流量实际值与预测值之间的偏差如图 3.21 所示。

图 3.21 为双坐标轴图形，左边的纵坐标表示蒸汽发生器给水流量，右边的纵坐标表示蒸汽发生器给水流量实际值与神经网络模型预测值之间的偏差，横坐标表示时间。图中各曲线的含义如表 3.15 所示。以下各参数异常检测坐标图中曲线的含义与图 3.21 的含义相同。

表 3.15　双坐标轴图形中各曲线的含义

序号	曲线符号	含义
1	○○○	实际值
2	—	预测值
3	········	偏差

蒸汽发生器水位实际值、神经网络动力学模型预测值以及两者之间的偏差如图 3.22 所示；蒸汽发生器蒸汽压力实际值、神经网络动力学模型预测值以及两者之间的偏差如图 3.23 所示；蒸汽发生器蒸汽流量实际值、神经网络动力学模型预测值以及两者之间的偏差如图 3.24 所示。

从图 3.21～图 3.24 所示的蒸汽发生器各运行参数的实际值与神经网络动力学模型的预测值之间偏差检测结果可以看出，当蒸汽发生器在稳态运行时，各运行参数预测值与其实际值之间虽然存在着一定的偏差，但是各偏差都是非常小的，基本上可以忽略不计，这表明蒸汽发生器的运行工况是正常的。上述神经网络动力学模型预测及检测结果与实际工况是相符的。

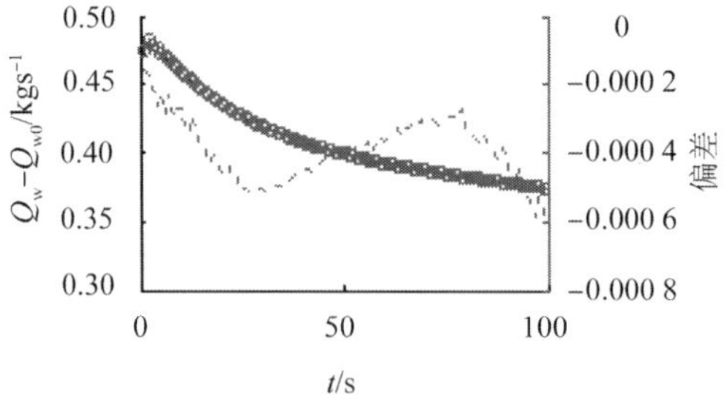

图 3.21　正常运行时 SG 实际给水流量、预测值及其偏差示意图

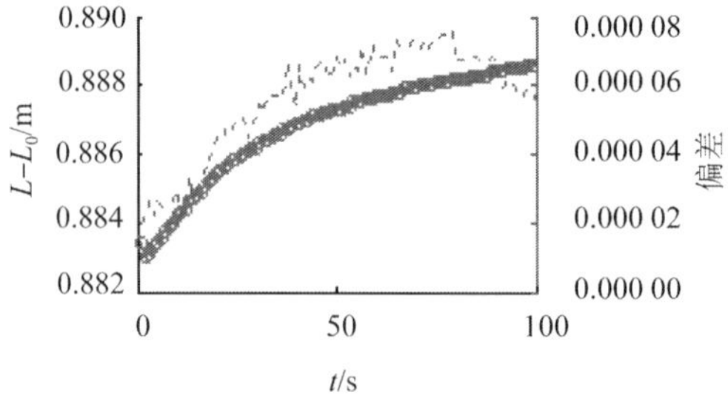

图 3.22　正常运行时 SG 实际水位、预测值及其偏差示意图

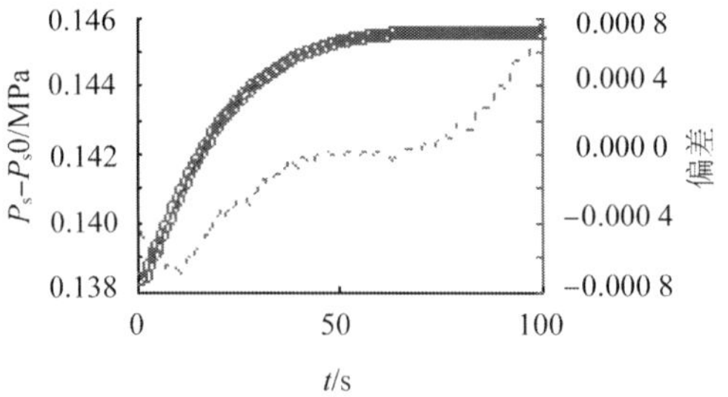

图 3.23　正常运行时 SG 实际蒸汽压力、预测值及其偏差示意图

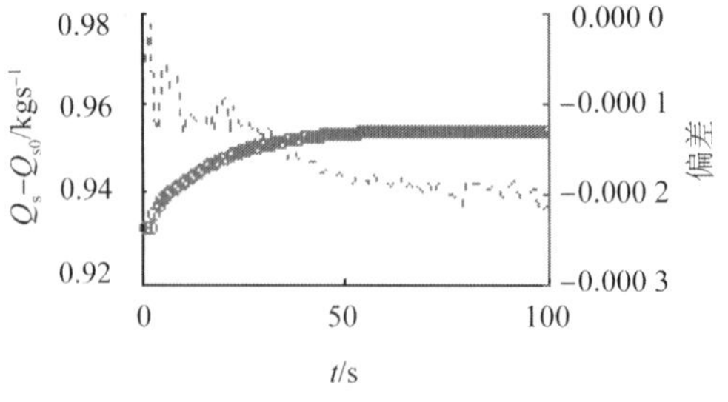

图 3.24　正常运行时 SG 实际蒸汽流量、预测值及其偏差示意图

为确认神经网络动力学模型的预测结果，下面进一步观察蒸汽发生器神经网络诊断模型的诊断结果。蒸汽发生器正常运行时，神经网络诊断模型的诊断结果如图 3.25 所示。

图中各曲线的含义如表 3.16 所示。以下各故障诊断坐标图中各曲线的含义与图 3.25 中各曲线的含义相同。

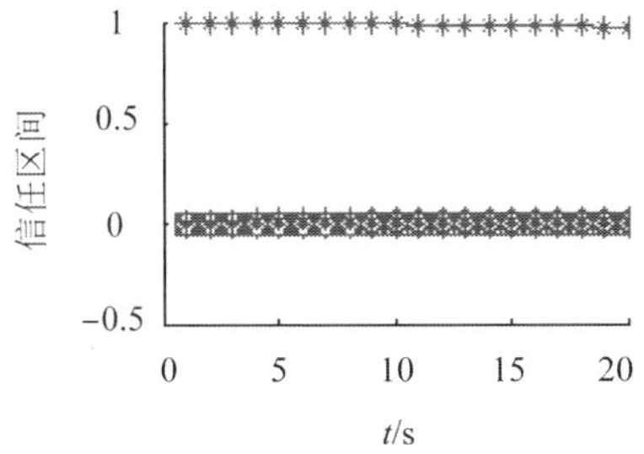

图 3.25　核动力装置正常运行时 RBF-ANN1 诊断结果

表 3.16　故障识别坐标图形中各曲线的含义

序号	曲线符号	含义
1	* * *	正常运行
2	○○○	U 形管破损
3	□□□	给水异常减少
4	+++	给水异常增加
5	◇◇◇	蒸汽管道破裂

从蒸汽发生器神经网络诊断模型的诊断结果可以看出，蒸汽发生器运行状态是正常的，没有发生故障。蒸汽发生器神经网络故障诊断模型的诊断结果进一步证实了神经网络动力学模型的预测结果。两种模型的结果实际上具有相互验证的作用。

(2) 主蒸汽管道破裂故障测试结果

当主蒸汽管道发生破裂故障时，蒸汽发生器运行参数变化的趋势是水位下降、蒸汽压力下降、给水流量突然增加以及环境参数的变化。

当主蒸汽管道出现 10 mm 破口时，蒸汽发生器蒸汽压力、水位、给水流量、蒸汽流量实际值、神经网络模型预测值及两者之间的偏差分别如图 3.26～图 3.29 所示。

从图 3.26～图 3.29 所示的蒸汽发生器运行参数的偏差检测结果可以看出，当主蒸汽管道发生破裂故障时，蒸汽发生器神经网络模型预测的蒸汽流量和蒸汽压力与相应实际值之间的偏差均较大，这说明蒸汽发生器的运行出现了异常工况。在核动力装置二回路负荷与蒸汽阀门开度都没有变化的情况下，蒸汽流量增大和蒸汽压力降低预示着可能出现了蒸汽管道破裂问题。但是，仅通过这些偏差还不足以说明是什么原因导致了异常工况。这时可将运行参数偏差检测结果与故障诊断结果进行综合分析。

当蒸汽管道发生破裂时，蒸汽发生器神经网络诊断模型的诊断结果如图 3.30 所示。神经网络诊断模型诊断结果显示，此时发生了蒸汽管道破裂故障。蒸汽发生器故障神经网络诊断模型的诊断结果也进一步证实了神经网络动力学模型的预测结果。通过偏差检测和故障诊断结果两者的综合比较使诊断结论更加明确。

蒸汽发生器U形管破裂、给水异常增加和给水异常减少时RBF-NN2的诊断结果分别如图3.31～图3.33所示。

从蒸汽发生器运行参数偏差检测结果和RBF神经网络故障识别模型的诊断结果可以看出，对于神经网络没有训练过的蒸汽发生器监测数据，参数偏差检测和神经网络故障识别模型都给出了正确的诊断结果。通过参数偏差检测结果和神经网络故障识别模型诊断结果的综合，可以给出明确的蒸汽发生器故障信息。与蒸汽发生器传统的故障诊断方法和单神经网络诊断方法相比，应用集成神经网络故障诊断方法显然提高了蒸汽发生器异常监测与故障诊断的能力。

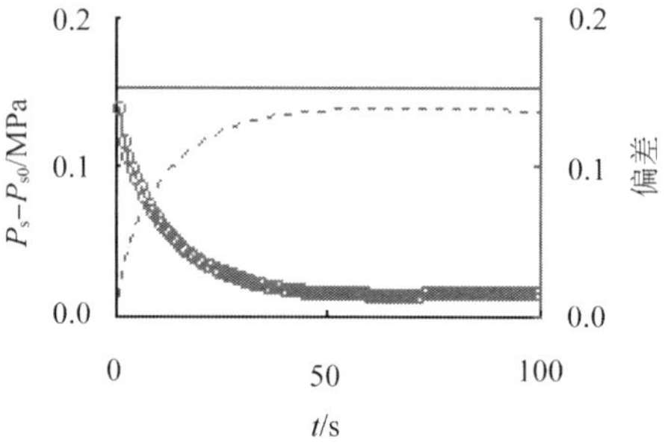

图3.26　主蒸汽管道破裂时SG实际蒸汽压力、预测值及其偏差

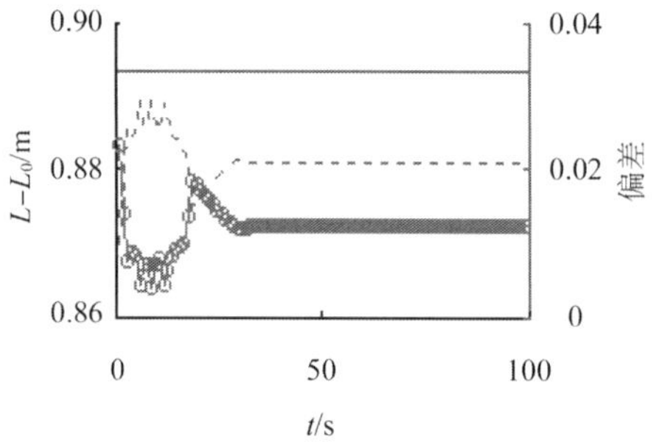

图3.27　主蒸汽管道破裂时SG实际水位、预测值及其偏差

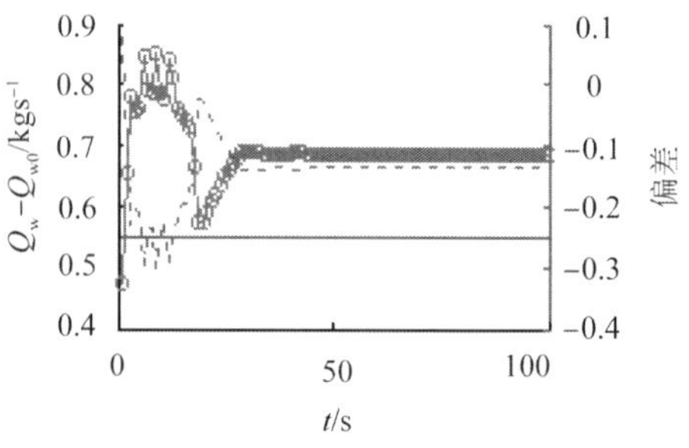

图3.28　主蒸汽管道破裂时SG实际给水流量、预测值及其偏差

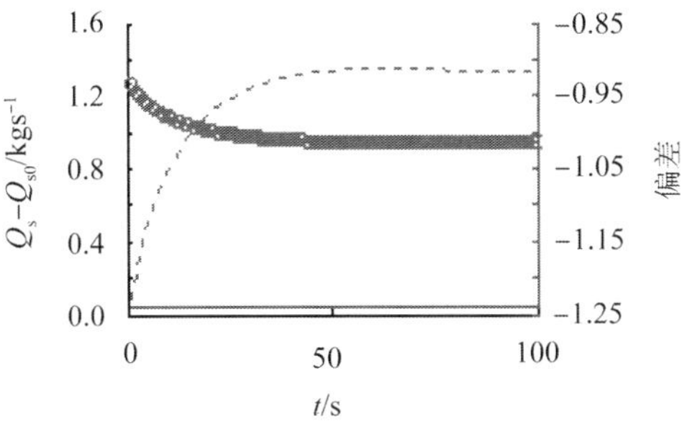

图 3.29　主蒸汽管道破裂时 SG 实际蒸汽流量、预测值及其偏差

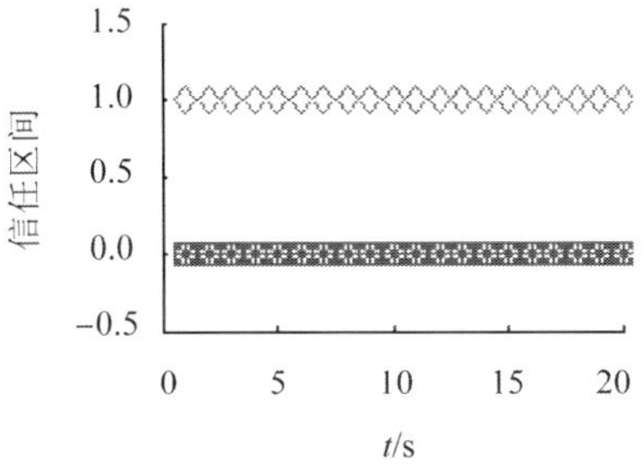

图 3.30　主蒸汽管道破裂时 RBF-ANN2 诊断的结果

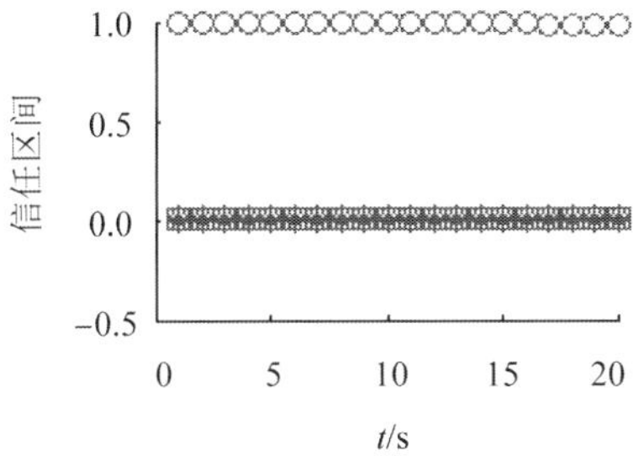

图 3.31　SG 之 U 形管破裂时 RBF-ANN2 诊断结果

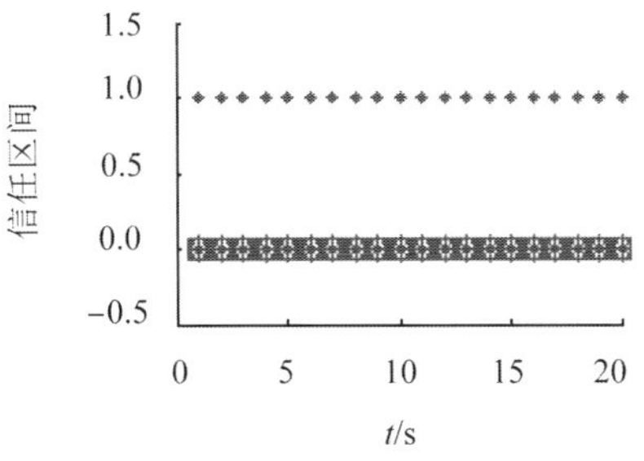

图 3.32　SG 给水异常增加时 RBF-ANN2 诊断结果

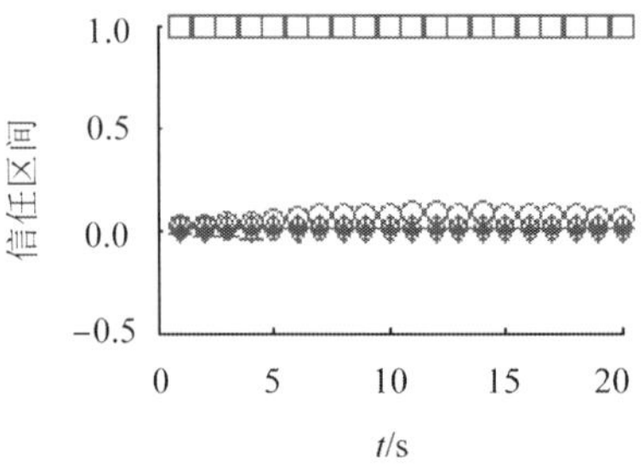

图 3.33 SG 给水异常减少时 RBF-ANN2 诊断结果

3.6 本章小结

本章介绍了神经网络分类、基于神经网络的故障诊断方法及其在核动力装置故障诊断中的应用。首先从单神经网络诊断和多神经网络诊断两个方面介绍了神经网诊断方法的基本原理。然后，分别介绍了 BP、RBF、Elman、自组织特征映射以及自适应小波神经网络在核动力装置故障诊断中的应用方法。最后，介绍了集成神经网络在核动力装置故障诊断中的应用及其仿真示例。在核动力装置故障诊断研究中，基于神经网络的故障诊断方法是最为活跃的研究方向。

参考文献

[1] Uhrig R E，Tsoukalas L H. Soft computing technologies in nuclear engineering application [J]. Progress in Nuclear Energy，1999，34（1）：13-75.

[2] 周刚，杨立．核电厂智能诊断方法研究的进展［J］．原子能科学技术，2008，42（Suppl）：92-99.

[3] 王永骥，涂健．神经元网络控制［M］．北京：机械工业出版社，1999.

[4] 周刚．核动力装置智能控制与故障诊断控制［M］．北京：中国原子能出版社，2013.

[5] Roverso D. Soft computing tools for transient classification [J]. Elsevier Information Sciences，2000，127：137-156.

[6] 周刚，杨立．集成神经网络方法在蒸汽发生器故障诊断中的应用［J］．原子能科学技术，2009，43（11）：997-1002.

[7] Ahmada Z，Zhang J. Combination of multiple neural networks using data fusion techniques for enhanced nonlinear process modelling [J]. Computers and Chemical Engineering，2005，30：295-308.

[8] Zhang J. Improved on-line process fault diagnosis through information fusion in multi-

ple neural networks [J] . Computers and Chemical Engineering，2006，30：558-571.
[9] 周青，李艾华．基于集成多神经网络在模拟电路故障诊断中的研究 [J] ．计算机测量与控制，2007，15（5）：566-568.
[10] 邢杰，萧德云．基于集成神经网络的 CSTR 状态预测 [J] ．计算机与应用化学，2007，24（4）：433-436.
[11] Mo K，Lee S J，Seong P H. A dynamic neural network aggregation model for transient diagnosis in nuclear power plants [J] . Progress in Nuclear Energy，2007，49：262-272.
[12] Hansen L K，Salamon P. Neural network ensembles [J] . IEEE Transaction on Pattern Analysis and Machine Intelligence，1990 ，12（10）：993—1001.
[13] Roverso D. Neural Ensembles for event identification [C] //Proceedings of Safeprocess′2000—The 4th IFAC Symposium on Fault Detection，Supervision and Safety for Technical Processes，Budapest，Hungary，2000：478-483.
[14] 邓丽，吴春梅，罗芳琼．神经网络集成及研究进展 [J] ．柳州师专学报，2007，22（4）：118-122.
[15] 闻新，周露，李翔，等．MATLAB 神经网络仿真与应用 [M] ．北京：科学出版社，2003.
[16] 孙增圻，张再兴，邓志东．智能控制理论与技术 [M] ．2 版．北京：清华大学出版社，1997.
[17] 周刚，张大发，彭威．基于 Elman 神经网络的 NSG 水位特性辨识方法研究 [J] ．海军工程大学学报，2005. 17（5）：68-71.
[18] Ayaz E，Seker S，Barutcu B，et al. Comparisons between the various types of neural networks with the data of wide range operational conditions of the borssele NPP [J] . Progress in Nuclear Energy，2003，43（1-4）：381-387.
[19] Seker S，Türkcan E，Ayaz E，Barutcu B. Artificial neural networks for dynamic monitoring of simulated-operating parameters of high temperature gas cooled engineering test reactor（HTTR）[J] . Annals of Nuclear Energy，2003，30：1777-1791.
[20] Seker S Ayaz E，Türkcan E. Elman's recurrent neural network applications to condition monitoring in nuclear power plant and rotating machinery [J] . Engineering Applications of Artificial Intelligence，2003，16：647-656.
[21] Ham F M，Kostanic I. Principles of nearocomputing for science & engineering [M] . First Edition. Beijing：China Machine Press，2003：140-151.
[22] 陈进军，周刚，蔡琦．基于 RBF 神经网络的核动力装置故障诊断方法研究 [J] ．热

科学与技术，2007，6 (1)，2007.03.

[23] 刘志刚，王晓茹，钱清泉．小波网络的研究进展与应用 [J]．电力系统自动化，2003，27 (6)：73-85.

[24] Zhang J，Walter G G，Miao Y B，et al. Wavelet Neural Networks for Function Learning [J]．IEEE Trans. on Signal Processing，1995，43 (6)：1485-1497.

[25] Kugarajah T，Zhang Q H. Multidimensional wavelet frames [J]．IEEE Trans on Neural Networks，1995，6 (6)：1552-1556.

[26] Satio N，Beylkin G. Multiresolution representations using the auto-correlation functions of compactly supported wavelets [J]．IEEE Trans. Signal Processing，1993，41 (12)：3584-3590.

[27] Beylkin G，Satio N. Wavelets，their autocorrelation functions and multiresolution representation of signals [J]．IEEE Trans. on Signal Processing，1997，(7)：147-164.

[28] Szu H H，Telfer B，Kadambe B. Neural Network Adaptive Wavelets for Signal Representation and Classification [J]．Optical Engineering，1992，31 (9)：1907-1916.

[29] Zhang Q H，Benveniste A. Wavelet networks [J]．IEEE Transactions on Networks，1992，3 (6)：889-898.

[30] Han Long，Zhou Gang & Sun Xusheng. A concurrent fault diagnosis method for nuclear power plants based on wavelet neural networks [C] //Proceedings of the Fifth International Symposium on Test Automation & Instrumentation (ISTAI' 2014) (Vol. 1)，2014，pp. 15-19.

[31] 陈哲，冯天瑾，陈刚．一种基于 BP 算法的小波神经网络 [J]．青岛海洋大学学报，2001，31 (1)：122-127.

[32] 彭俏，郭立峰，马杰．基于混合神经网络的核动力装置并发故障诊断 [J]．核动力工程，2012，33 (6)：30-34.

第4章

智能推理和智能优化算法诊断方法

4.1 概述

在核动力装置系统和设备故障诊断研究中，基于智能推理和智能优化算法的诊断方法也是重要的诊断方法。基于智能推理的故障诊断方法主要包括基于模糊推理和专家系统等诊断方法。基于智能优化算法的诊断方法主要有基于支持向量机、基于遗传算法和免疫算法等诊断方法。本章简要介绍其中一些诊断方法的原理及其在核动力装置系统和设备故障诊断中的应用研究。

4.2 模糊诊断方法

4.2.1 研究概况

模糊（Fuzzy）理论是由美国学者 Zadeh L A 教授于 20 世纪 60 年代提出的。1965 年，Zadeh L A 教授在其发表的学术论文 *Fuzzy Sets* 中提出了模糊集和隶属度函数（Membership Function）的概念。在此基础上，Zadeh L A 创立了模糊集合理论。模糊理论提出之后，受到广泛关注并得到迅速发展，模糊技术也在多个领域获得实际应用。

在核动力领域，模糊理论早期被用于核电厂事故分析[1]。随着核动力装置故障监测与诊断研究的发展，模糊理论被用于核动力装置瞬态辨识和故障诊断问题的研究[2-12]。核电厂模糊诊断方法主要研究如表 4.1 所示。

表 4.1　核电厂模糊诊断方法主要研究

名称	内容特点	作者及发表时间
Fuzzy logic in the nuclear world	模糊逻辑在核动力领域研究进展	Ruan D，1995.
Fuzzy identification of transients in nuclear power plants	模糊逻辑用于核电厂瞬态辨识	Marseguerra M，Zio E，Oldrini A，et al，2003.
A fuzzy modeling approach to the identification of transients in nuclear components	核电厂设备状态识别	Marseguerra M，Zio E，Baraldi P，2004.
Neuro-fuzzy pattern classification for fault diagnosis in nuclear components	核电厂设备故障诊断	Zio E，Gola G，2006.
Fuzzy-logic-based identification of transients in the feed-water system of a nuclear power plant	核电厂系统瞬态辨识	Zio E，Popescu I C，2007.
Bagged ensemble of fuzzy C-Means classifiers for nuclear transient identification	核电厂瞬态识别	Baraldi P，Far R R，Zio E，2011.
Fuzzy C-Means Clustering of Signal Functional Principal Components for Post-Processing Dynamic Scenarios of a Nuclear Power Plant Digital Instrumentation and Control System	核电系统故障分类	Maio F D，Secchi P，Vantini S，et al，2011
Performance analysis of fuzzy rule based classification system for transient identification in nuclear power plant	核电厂瞬态辨识系统性能分析	Prusty M R，Jayanthi T，Chakraborty J，et al，2015.

模糊理论的显著优点是可用数学形式将人类判断或思维过程直接表达出来，因而可以采取类似人类思维的方式来处理复杂的问题。但是，模糊理论在处理问题时也存在不足。其主要缺点是模糊推理规则和隶属度函数都没有严密的、规范的确定方法。在模糊系统的设计中，设计者一般是根据自己或专家的经验来设计模糊推理规则和选择隶属度函数。此外，利用模糊技术处理问题，当要需处理的问题数量较多时，模糊规则数量和推理的复杂性都会迅速增加。这些不足影响了模糊技术在故障诊断中的应用。因此，在核动力装置诊断中，单独的模糊诊断方法应用研究并不多。在故障诊断中，一般是将模糊技术与与神经网络和专家系统等方法相结合形成复合或综合诊断方法。

4.2.2　模糊诊断原理

模糊运算的核心是模糊推理。一个模糊推理系统一般由模糊化模块、知识库、模糊推理机和清晰化（又称去模糊化）模块等部分组成[13]。

（1）模糊化接口模块

在模糊推理系统中，输入信号通常为清晰值，而模糊推理机处理的变量为模糊语言变量。因此，输入到模糊推理机的信号必须经过模糊化转换为模糊语言变量才能用于进行模糊推理运算。模糊化模块实际上是模糊推理机的输入接口，其作用是将实际输入的精确值转换为一个模糊量。

(2) 模糊知识库

模糊推理系统的知识库一般包括数据库和规则库两个部分。数据库所存放的是输入和输出变量的全部模糊子集的隶属度矢量值，也就是经过论域等级离散化后所对应值的集合；如果论域为连续域，则为隶属度函数。数据库的作用是在模糊推理求解过程中向模糊推理机提供数据。规则库用来存放全部模糊推理规则的。模糊推理规则一般是基于专家知识或熟练专业人员的经验而设计的，是按照人类直觉推理的一种语言表示形式。模糊规则通常由一系列的关系词连接而成，如 if-then、else、and 等。关系词必须经过“翻译”才能将模糊规则数值化。

(3) 模糊推理机

模糊推理机是用来实现模糊推理运算的功能单元。模糊推理机根据模糊推理系统输入的模糊量，应用知识库中的数据和模糊推理规则，按照一定的推理方式进行推理并给出推理结果。

(4) 清晰化接口

模糊推理机推理所得到的结果实际上是一个模糊量，必须将模糊量转换为清晰值，才能得到清晰的结果。这种将模糊量转换为清晰量的过程称为清晰化（或去模糊化）。在模糊系统中，一般将模糊系统具有转换功能的输出部分称为清晰化（或去模糊化）接口。

模糊诊断方法的基本原理如图 4.1 所示。模糊推理系统利用表征设备故障征兆的模糊输入向量进行模糊推理，以求得反映设备状态的模糊输出向量，然后根据判断准则确定被诊断的系统或设备是否发生了故障[14]。

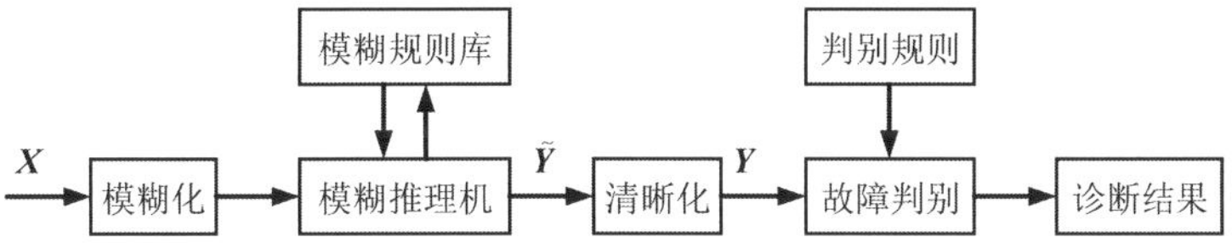

图 4.1　模糊诊断方法的原理示意图

图 4.1 中，$\boldsymbol{X}$ 表示表征系统或设备故障征兆的输入向量，$\widetilde{\boldsymbol{X}}$ 表示 $\boldsymbol{X}$ 的模糊化向量，$\widetilde{\boldsymbol{Y}}$ 表示反映系统或设备状态的模糊输出向量，$\boldsymbol{Y}$ 表示对应于 $\widetilde{\boldsymbol{Y}}$ 的清晰化输出向量。

在模糊诊断中，常用的故障判别准则有模糊聚类准则、模糊集的贴近度准则和最大隶属度准则。

4.2.3 诊断示例

4.2.3.1 模糊推理用于稳压器泄漏监测[15]

（1）稳压器泄漏监测

稳压器是核动力装置中维持反应堆一回路系统冷却剂压力的重要设备。在核动力装置运行过程中，稳压器泄漏会造成反应堆一回路冷却剂丧失，不仅影响系统的正常运行，而且可诱发核安全事故。稳压器泄漏监测和定位对确保核动力装置安全运行具有重要的意义。目前在工业系统泄漏监测中，应用比较广泛的无损泄漏检测方法有氦质谱检漏法、压力变化检漏法、卤素检漏法、渗透检漏法、放射性同位素检漏法、气泡检漏法、氨检漏法、声学检漏法和红外线热成像检漏法等。除上述方法外，近年来人工智能方法也被用于泄漏监测的研究，如神经网络被用于泄漏声学信号分析[3]。上述泄漏检测方法各有其特点，其适用对象、范围和环境等方面都具有重要的差异。由于核动力系统及其环境的复杂性，且许多泄漏是在系统运行过程中才能发生，因此，上述多数方法难以用于核动力装置泄漏在线监测；有些方法虽然可以用于动力装置泄漏在线监测，但其技术复杂，实现起来难度大。这里介绍一种基于模糊推理的稳压器泄漏监测方法。

（2）基于模糊推理的泄漏监测原理

基于模糊推理的系统泄漏监测原理示意图如图 4.2 所示。它主要由参数监测、数据预处理、参数变化率计算、模糊推理、故障概率运算与诊断结果输出等几个模块组成。其中，模糊推理模块包括模糊化、规则库、模糊推理机和解模糊等几个部分。参数监测模块完成与设备泄漏相关的参数检测，数据预处理对被检测的参数信号进行变换等处理，参数变化率计算模块完成被检测参数的变化率计算，模糊推理模块利用各参数的变化率进行推理运算、故障概率运算根据模糊推理模块的推理结果进行泄漏概率运算，诊断结果输出模块对故障概率运算的结果进行输出和显示。

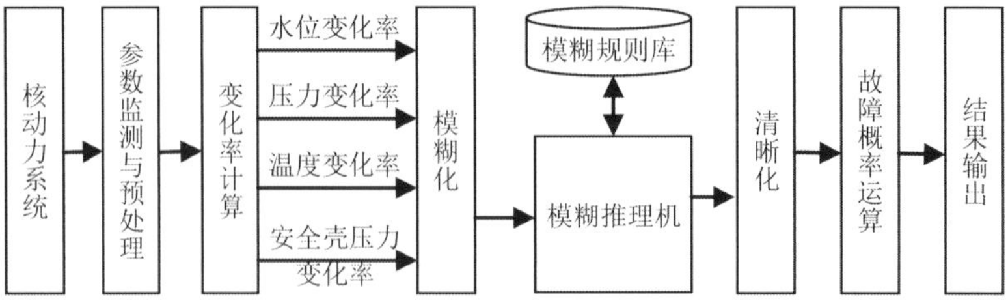

图 4.2 基于模糊推理的系统泄漏监测原理示意图

基于模糊推理泄漏监测的基本原理是：先通过模糊推理机对与系统泄漏相关的参数变化率进行模糊推理，从而得到反映系统泄漏状态的诊断模糊向量，然后利用解模糊模块对诊断模糊向量进行去模糊化处理，最后，利用故障概率运算模块对稳压器发生各故障的概率进行评估，从而得到最终诊断结果。

（3）在稳压器泄漏监测中的应用

基于模糊推理的泄漏监测方法包括模糊推理模块的输入/输出参数选择、监测变量模糊子集划分、建立模糊推理规则以及故障概率运算等几个环节。下面以核动力系统稳压器泄漏监测为例，研究基于模糊推理的稳压器泄漏监测方法的应用。

1）模糊推理模块的输入/输出参数

稳压器核动力装置一回路压力控制设备。当稳压器发生泄漏事故时，核动力系统相关参数会发生相应变化。通过分析与比较，选取稳压器压力、水位、温度以及安全壳压力等 4 个参数作为模糊推理系统的监测变量，各监测变量及其符号和单位如表 4.2 所示。

表 4.2　模糊逻辑系统监测变量的符号与单位

序号	监测变量	符号	单位
1	稳压器压力	P_{P}	$\mathrm{MPa/cm^2}$
2	稳压器水位	L	cm
3	稳压器温度	T	℃
4	安全壳压力	P_{ref}	$\mathrm{MPa/cm^2}$

在对监测变量进行模糊推理时不是直接利用各传感器的检测结果，而是利用各监测变量的变化率进行模糊推理。因此，在进行模糊推理之前，必须计算各监测变量的变化率。各输入变量变化率的具体计算方法如下：

①稳压器压力变化率

$$\frac{\Delta P_{\mathrm{p}}}{\Delta t}=\frac{P_{\mathrm{p}}'-P_{\mathrm{p}}}{\Delta t} \tag{4.2.1}$$

式（4.2.1）中，P_{p}'为当前采样时刻稳压器压力，P_{p} 为上一时刻稳压器压力，Δt 为两个采样时刻的时间差值。

②稳压器水位变化率

$$\frac{\Delta L}{\Delta t}=\frac{L'-L}{\Delta t} \tag{4.2.2}$$

式（4.2.2）中，L'为当前采样时刻稳压器水位，L 为上一时刻稳压器水位。

③稳压器温度变化率

$$\frac{\Delta T}{\Delta t}=\frac{T'-T}{\Delta t} \tag{4.2.3}$$

式（4.2.3）中，T'为当前采样时刻稳压器温度，T 为上一时刻稳压器温度。

④安全壳压力变化率

$$\frac{\Delta P_{\mathrm{ref}}}{\Delta t}=\frac{P_{\mathrm{ref}}'-P_{\mathrm{ref}}}{\Delta t} \tag{4.2.4}$$

式（4.2.4）中，P_{ref}'为当前采样时刻安全壳压力，P_{ref} 为上一时刻安全壳压力。

将上述监测变量差值为模糊逻辑推理机输入参数。ΔP_p、ΔL 和 ΔT 的论域定义为［−1，1］，ΔP_{ref} 论域定义为［0，1］，各变量模糊子集划分如下：

a. $\Delta\widetilde{P}_p = NB, NS, ZO$；

b. $\Delta\widetilde{L} = NB, ZO$；

c. $\Delta\widetilde{T} = NB, NS, ZO, PS$；

d. $\Delta\widetilde{P}_{ref} = ZO, PS, PB$。

在上述模糊子集中，$\Delta\widetilde{P}_p$、$\Delta\widetilde{L}$、$\Delta\widetilde{T}$、$\Delta\widetilde{P}_{ref}$ 分别表示模糊推理系统各输入变量的模糊变量；令 NB，NS，ZO，PS，PB 为输入变量的模糊子集，其含义如表 4.3 所示。

表 4.3　推理规则中输入变量模糊子集的符号含义

序号	符号	含义
1	*NB*	负大
2	*NS*	负小
3	*ZO*	零
4	*PS*	正小
5	*PB*	正大

各模糊变量的隶属函数如图 4.3 所示。

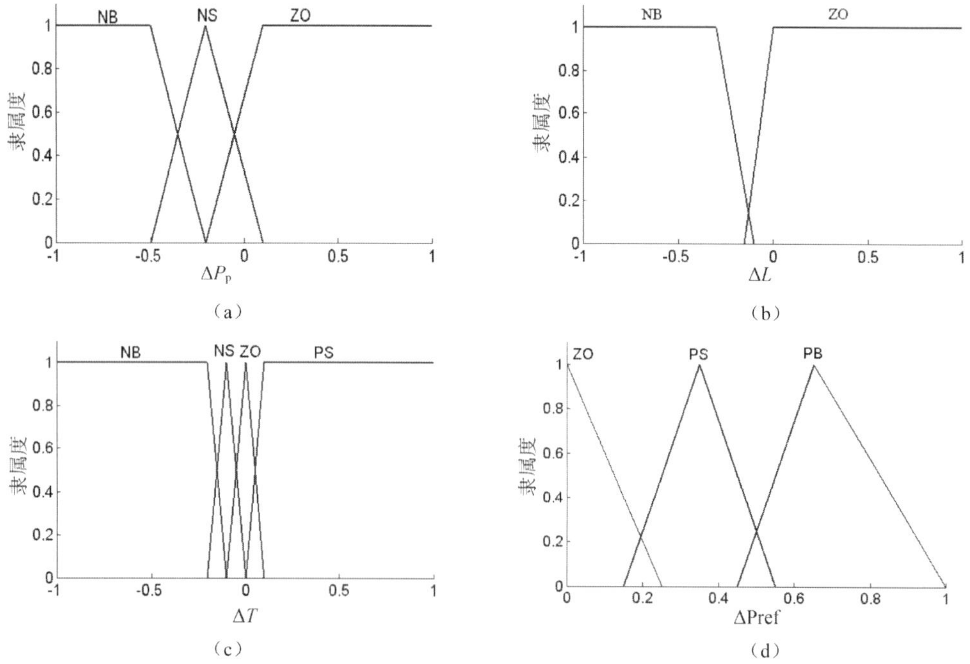

图 4.3　模糊变量隶属函数图

（a）—ΔP_p 隶属函数图；（b）—ΔL 隶属函数图；（c）—ΔT 隶属函数图；（d）—ΔP_{ref} 隶属函数图

模糊逻辑推理机的输出表征稳压器泄漏故障 F。F 的论域定义为 [0，0.75]。在这里，用 4 个模糊子集 CC（反应堆冷态临界下稳压器破口）、SC（反应堆辅机工况下稳压器破口）、NO（稳压器正常）及 IN（反应堆一回路主管道与稳压器同时发生泄漏）来分别描述各泄漏故障。F 的隶属函数如图 4.4 所示。

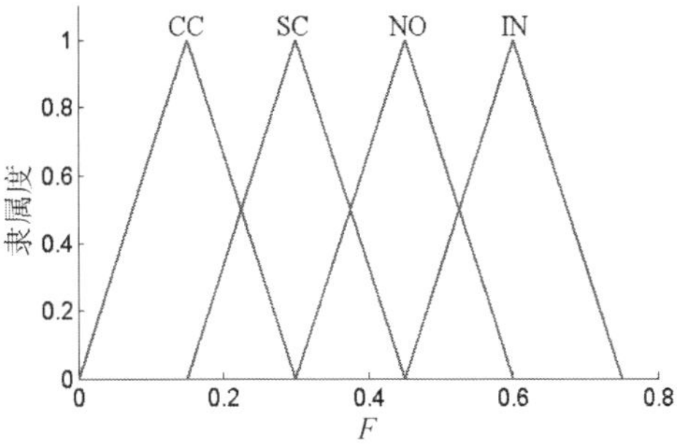

图 4.4　输出变量的隶属函数图

2）模糊推理规则

在稳压器泄漏机理分析和参数变化趋势分析的基础上，建立模糊推理规则。通过运用模糊推理规则进行模糊推理，以确定稳压器的泄漏状态。根据各种泄漏情况下稳压器参数变化情况的分析，设计模糊推理规则如下：

Rule 1：if $\Delta\widetilde{P}_{\mathrm{p}}$ is NB and $\Delta\widetilde{L}$ is ZO and $\Delta\widetilde{T}$ is PS then F is CC；

Rule 2：if $\Delta\widetilde{P}_{\mathrm{p}}$ is NS and $\Delta\widetilde{L}$ is ZO and $\Delta\widetilde{T}$ is NS and $\Delta\widetilde{P}_{\mathrm{ref}}$ is PB then F is SC；

Rule 3：if $\Delta\widetilde{P}_{\mathrm{p}}$ is NS and $\Delta\widetilde{L}$ is ZO and $\Delta\widetilde{T}$ is NB and $\Delta\widetilde{P}_{\mathrm{ref}}$ is PB then F is SC；

Rule 4：if $\Delta\widetilde{P}_{\mathrm{p}}$ is ZO and $\Delta\widetilde{L}$ is ZO and $\Delta\widetilde{T}$ is ZO and $\Delta\widetilde{P}_{\mathrm{ref}}$ is ZO then F is NO；

Rule 5：if $\Delta\widetilde{P}_{\mathrm{p}}$ is ZO and $\Delta\widetilde{L}$ is ZO and $\Delta\widetilde{T}$ is PS and $\Delta\widetilde{P}_{\mathrm{ref}}$ is PS then F is NO；

Rule 6：if ΔP_{p} is NS and $\Delta\widetilde{L}$ is NB and $\Delta\widetilde{T}$ is PB and $\Delta\widetilde{P}_{\mathrm{ref}}$ is ZO then F is IN；

Rule 7：if $\Delta\widetilde{T}$ is NS or $\Delta\widetilde{P}_{\mathrm{ref}}$ is PB then F is SC；

Rule 8：if $\Delta\widetilde{L}$ is NB then F is IN。

在模糊推理运算中，利用 Mamdani 型模糊推理方法进行推理，规则中“and”运算采用极小运算，“or”运算采用极大运算，模糊规则综合采用极大运算。

3）输出反模糊化及故障概率运算

通过模糊推理得到的结果为模糊输出变量。为了得到模糊推理结果的清晰值，利用加权平均法对对模糊逻辑推理结果进行解模糊处理。

设 x 为解模糊后输出值，y_1、y_2、y_3 及 y_4 分别为 CC、SC、NO 及 IN 的故障置信度。利用故障概率运算模块对反模糊化后数据进行故障分析，具体运算方法如下

$$y1(x)=\begin{cases}(1/0.15)*x & (0<x<0.15)\\ -(1/0.15)*x+2 & (0.15<x<0.225)\\ 0 & (x>0.225)\end{cases} \tag{4.2.5}$$

$$y2(x)=\begin{cases}(1/0.15)*x-1 & (0.225<x<0.3)\\ -(1/0.15)*x+3 & (0.3<x<0.375)\\ 0 & (x<0.225 \text{ or } x>0.375)\end{cases} \tag{4.2.6}$$

$$y3(x)=\begin{cases}(1/0.15)*x-2 & (0.375<x<0.45)\\ -(1/0.15)*x+4 & (0.45<x<0.525)\\ 0 & (x<0.375 \text{ or } x>0.525)\end{cases} \tag{4.2.7}$$

$$y4(x)=\begin{cases}(1/0.15)*x-3 & (0.525<x<0.6)\\ -(1/0.15)*x+5 & (0.6<x<0.75)\\ 0 & (x<0.525 \text{ or } x>0.75)\end{cases} \tag{4.2.8}$$

4）仿真结果

为验证所提出的稳压器泄漏监测方法的可行性，利用核动力模拟器仿真数据进行测试。在这里，选取稳压器 4 种典型工况进行测试，测试工况运行状态及代号如表 4.4 所示。

表 4.4　测试工况运行状态及代号

序号	稳压器故障类型	代号	反应堆运行工况
1	正常运行	F_0	70%功率
2	液相泄漏	F_1	冷态临界
3	汽相泄漏	F_2	5%功率
4	一回路主管道与稳压器同时发生泄漏	F_3	5%功率

* 说明：表 3 中的功率指相对于额定功率

表 4.4 所述 4 种运行工况中，F_1 故障是反应堆在冷态临界运行状况下，从数据采样开始第 11s 时发生的。F_2 故障是反应堆以 5%功率运行过程中，自读数开始第 10s 发生的。F_3 故障是反应堆以 5%工况运行下，从数据采样开始第 23s 发生的。

根据试验分析，设定诊断概率阈值为 0.7，即认为当诊断系统输出置信度大于 0.7 时，系统发生了该故障。各种工况下模糊推理监测结果分别如图 4.5（a）～图 4.5（d）所示。

从仿真测试结果可以看出，在反应堆冷态临界时，稳压器破口事故及反应堆 5%功率运行时稳压器破口的监测中，系统能够做出正确判断。在反应堆以 5%功率运行过程中，稳压器和反应堆一回路主管道同时发生泄漏的诊断中，在故障发生后的前 10s 受设备间相关性的影响，诊断输出为稳压器单故障，随时间推移，诊断系统正确识别出反应堆一回路主管道与稳压器同时发生泄漏故障。仿真测试结果表明，该方法能够检测出稳压器的泄漏状态；与其他泄漏监测方法相比，该监测方法的好处是可以利用直接稳压器现有过程监测参数数据。

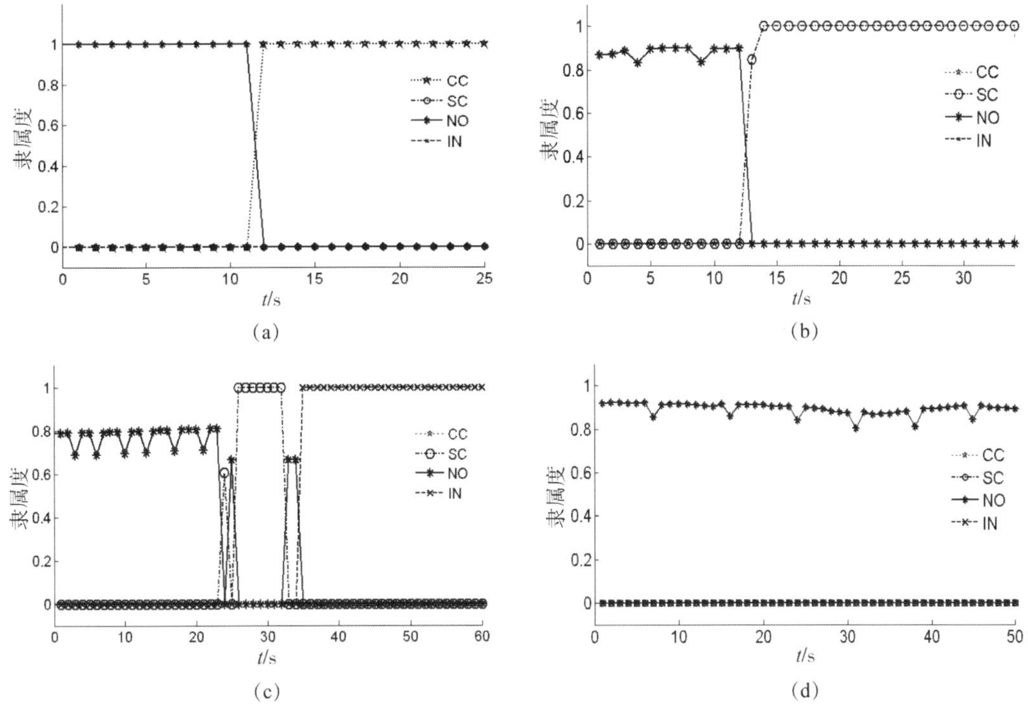

图 4.5　各种工况下模糊推理系统的监测结果

(a) —F_1 工况；(b) —F_2 工况；(c) —F_0 工况；(d) —F_3 工况

需要说明的是，这里的测试结果是在典型工况下核动力模拟器仿真测试研究。在实际应用时，还需要根据实际试验情况进行深入研究，对模糊推理规则还需要进行进一步优化。

4.2.3.2　基于 INN 与模糊逻辑的稳压器泄漏监测方法[16]

(1) 基于 INN-模糊逻辑的泄漏监测方法原理

基于集成神经网络与模糊逻辑融合的稳压器泄漏监测原理框图如图 4.6 所示。它包括一个基于 RBF 神经网络的泄漏诊断模块（RBF-LDM）、一个基于 Elman 神经网络的参数预测诊断模块（Elman-PPDM）和一个模糊逻辑融合模块（FLFM）。RBF-LDM 模块利用压水型核反应堆装置有关监测参数直接诊断稳压器是否发生泄漏。Elman-PPDM 模块包括两个 Elman 神经网络，即 Elman-NN1 和 Elman-NN2。Elman-NN1 用于稳压器压力和水位参数预测，其预测值与实际监测值之间的误差作为 Elman-NN2 的输入。Elman-NN2 利用上述误差参数来诊断稳压器是否发生泄漏。在 FLFM 模块中，采用模糊逻辑融合方法对 RBF-LDM 与 Elman-PPDM 的诊断结果进行融合，从而得到稳压器泄漏的最终诊断结果。

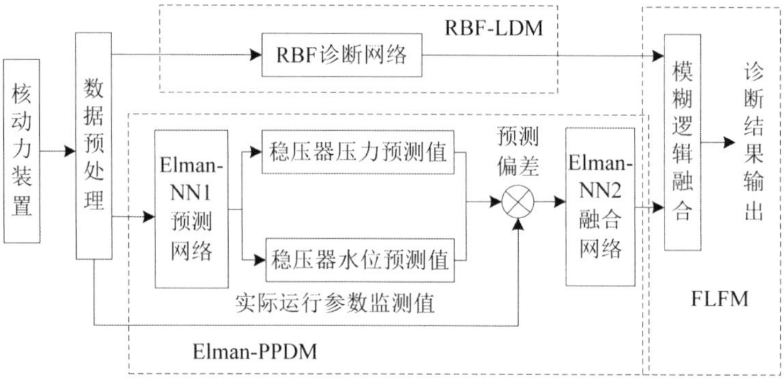

图 4.6 基于 INN-FLF 的稳压器泄漏监测原理框图

(2) 诊断模型的建立

1) RBF-LDM 的建立

RBF-LDM 由一个 RBF-NN 构成。在 RBF-NN 模型中，采用高斯函数作为神经网络的基函数，RBF-NN 的输出函数采用线性函数。RBF-LDM 输入为归一化后的压水堆核动力装置相关运行监测参数，以向量 $\mathbf{V}=\{P_1, P_2, \cdots, P_n\}$ 表示，这里 P_n 表示第 n 个监测参数的值。RBF-NN 的输出表示泄漏故障的置信度，其值越大，表明泄漏故障发生可能性也越大。在 RBF-NN 建模中，采用正交最小二乘学习算法对 RBF-NN 进行训练。

2) Elman-PPDM 的建立

Elman-PPDM 采用与 RBF-NN 具有不同网络结构的 Elman-NN 构建参数预测诊断模型。Elman-NN1 预测网络输入为压水型核反应堆系统运行时部分归一化参数，以向量 $\mathbf{V}_1=\{P_1, P_2, \cdots, P_k, P_{k+j}, \cdots, P_n\}$ 表示；Elman-NN1 的输出为对应 $\mathbf{V}_1$ 向量的系统其他参数的归一化值，以向量 $\mathbf{V}_2=\{\hat{P}_{k+1}, \hat{P}_{k+2}, \cdots, \hat{P}_{k+j-1}\}$ 表示，这里 $\hat{P}_{k+1}$ 表示第 $k+1$ 个监测参数的网络预测输出值。需要说明的是，Elman-NN1 预测网络的输出值是压水型核反应堆系统正常运行时所对应的参数值。因此 Elman-NN1 预测网络在训练时，训练样本只限于压水型核反应堆系统正常运行参数值。Elman-NN2 融合网络输入为系统实测参数与预测参数差值，以向量 $\mathbf{D}=\{d_1, d_2, \cdots, d_s\}$ 表示，d_s 的计算公式如下

$$d_s=P_s-\hat{P}_s \tag{4.2.9}$$

式 (4.2.9) 中 s 为预测参数的数量。

Elman-NN2 融合网络输出为 [0, 1] 间的数值，它表示故障置信度。经过试验测试，Elman-PPDM 中的 Elman 神经网络均采用 tansig 函数作为隐层传递函数，采用线性函数作为输出层传递函数，利用拟牛顿算法对网络进行训练。Elman-NN2 的结构如图 4.7 所示。

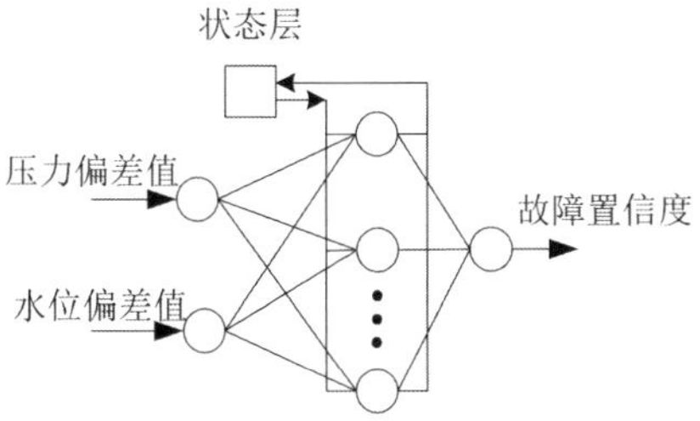

图 4.7 Elman-NN2 融合网络结构示意图

3）模糊逻辑融合模型的建立

在融合模块设计中，应用模糊推理系统（FIS）设计融合模型，对 RBF-LDM 与 Elman-PPDM 诊断结果进行融合。FIS 的输入参数为 RBF-LDM 和 Elman-PPDM 诊断输出值，其输出参数为稳压器泄漏监测的最终结果。FIS 的输入参数使用 3 个模糊子集，即 *N*（正常）、*M*（中间）和 *F*（故障）进行描述。FIS 融合输出值使用 *N*（正常）、*DN*（偏正常）、*DF*（偏故障）及 *F*（故障）描述。FIS 输入、输出参数隶属函数图分别如图 4.8（a）、图 4.8（b）所示。

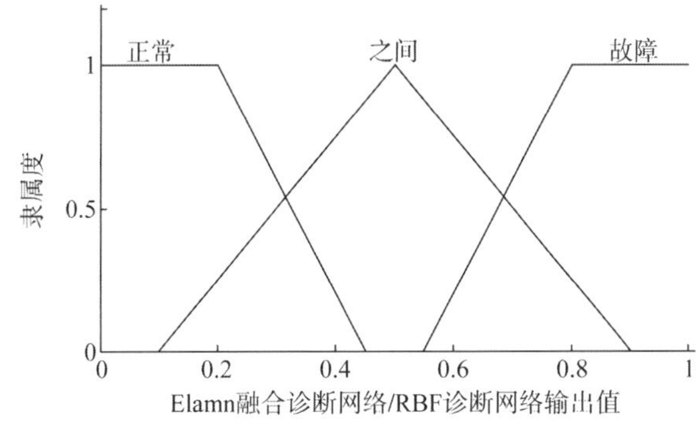

（a）

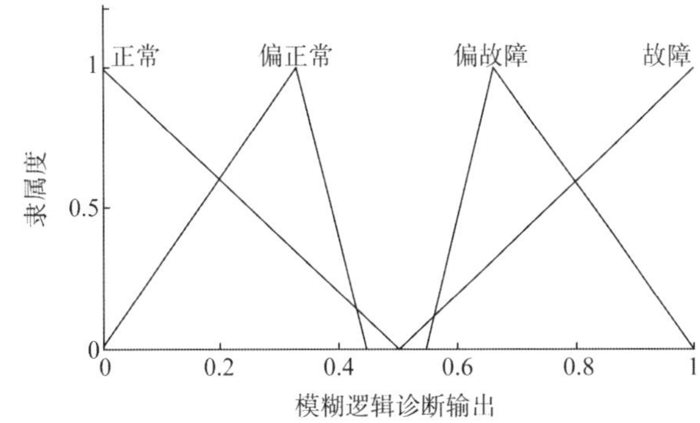

（b）

图 4.8 FIS 输入、输出参数隶属函数

（a）—FIS 输入参数的隶属函数；（b）—FIS 输出参数的隶属函数

考虑到压水型核动力装置对于安全性的严格要求，因而在设计模糊逻辑融合规则时应尽可能满足可靠性原则。在泄漏诊断过程中，当有一个分诊断模型的结果为故障时就应认定为故障或偏故障。当两个神经网络的诊断结果均为中间值时，也应认定为发生了故障。通过分析及试验比较，建立稳压器泄漏故障诊断的模糊推理规则，如表 4.5 所示。

表 4.5　稳压器泄漏诊断的模糊推理规则

Elman-PPDM	RBF-LDM		
	N	*M*	*F*
N	*N*	*DN*	*DF*
M	*DN*	*F*	*DF*
F	*DF*	*DF*	*F*

在模糊推理方法的选择上，采用 Mamdani 模糊推理算法。在该算法中“and”与“or”推理分别采用最小运算与最大运算；对于模糊蕴含，选择最小运算。在推理完成后，采用面积中心法对模糊输出值进行去模糊化处理。

（3）仿真研究

1）用于训练的监测变量与故障模式

为研究基于 INN-模糊逻辑的泄漏监测方法的可行性，在仿真验证中选取了稳压器正常运行、稳压器泄漏故障以及稳压器与一回路主冷却剂管道同时发生泄漏故障等 6 个典型故障工况作为训练及测试样本。各故障代号及用于训练的正常及故障工况如表 4.6 所示。

表 4.6　用于训练的正常及故障工况

序号	稳压器故障类型	代号	反应堆运行工况
1	正常运行	*NC*1	冷态启动
2	正常运行	*NC*2	功率从额定功率的 70%降到 30%
3	汽相泄漏	*F*1	冷态临界
4	液相泄漏	*F*2	5%额定功率
5	液相破损，同时一回路主冷却剂管道破口	*F*3	70%额定功率
6	汽相泄漏	*F*4	功率从额定功率的 70%降到 30%

通过对稳压器不同尺寸破口仿真分析可知，对于稳压器和一回路主冷却剂管道较大破口的泄漏事故，相关参数变化比较明显，故障现象也较为明显。一方面操纵人员可以通过相关参数的变化判断出泄漏事故；另一方面利用诊断技术对也能够较为容易地诊断出泄漏故障。但是，对于稳压器和一回路主冷却剂管道小破口事故，由于冷却剂泄漏量较小，在加上系统的调节作用和运行工况的变化，相关参数变化较为缓慢，很难在故障初期做出准确判断。因此，在本研究工作中，对稳压器和一回路主冷却剂管道泄漏故障进行仿真测试时，选取小破口事故作为设计故障。在仿真验证中，稳压器及一回路主冷却剂管道的破口

尺寸均设为 5mm。

对于稳压器和一回路主冷却剂管道泄漏来说，其现象比较复杂，很难直接利用单个监测变量进行监测。在分析稳压器和一回路主冷却剂管道泄漏的特点以及泄漏时核动力装置相关参数的变化情况的基础上，选取反应堆左出口冷却剂温度（℃）、反应堆总热功率（%）等 7 个参数作为稳压器和一回路主冷却剂管道泄漏诊断的监测参数。各参数代号及单位如表 4.7 所示。

表 4.7　用于诊断的监测参数

序号	监测变量	单位	代号
1	反应堆左出口冷却剂温度	℃	*RLCOT*
2	反应堆总热功率	%	*NPL*
3	反应堆左冷却剂流量	T/h	*RLCFW*
4	稳压器温度	℃	*PT*
5	反应堆左入口冷却剂温度	℃	*RLCIT*
6	稳压器压力	MPa	*PP*
7	稳压器水位	mm	*PWL*

2）监测神经网络的离线训练

利用压水型核动力装置模拟器对 6 个典型工况的 7 个监测参数进行数据采集，将采集后的数据进行归一化处理，用经过归一化的数据分别对 RBF-LDM 和 Elman-NN1 进行离线训练。在 RBF-LDM 的训练中，RBF-NN 的输入为表 4.7 对应的 7 个监测参数的归一化数值。RBF-NN 的输出为［0，1］间的数值，它表示泄漏故障的置信度。

Elman-NN1 预测模型的输入参数为归一化后的反应堆左出口冷却剂温度（℃）、反应堆总热功率（%）、反应堆左冷却剂流量（T/h）、稳压器温度（℃）和反应堆左入口冷却剂温度（℃）。Elman-NN1 的输出值为稳压器的压力（MPa）和水位（mm）的归一化参数。

Elman-NN2 融合模型的输入值为归一化后的稳压器压力、水位的预测值与其实际值之差，输出值为稳压器发生泄漏故障的置信度。通过试验比较，Elman-NN1 预测模型与 Elman-NN2 融合模型隐层节点数分别选为 11 和 10，网络训练次数都为 500，网络训练精度定为 0.05。

（4）诊断测试

利用某压水堆核动力装置模拟器对表 4.6 所列工况进行模拟并进行数据采集。将采集数据输入到训练好的 INN-FLF 模型中，进行仿真测试。在各故障工况中，*F*1 故障是反应堆在 5%额定功率运行下，自数据采样开始后第 62s 发生；*F*2 故障是反应堆在 5%额定功率运行下，自数据采样开始后第 106s 发生；*F*3 故障是反应堆在 70%额定功率运行下，自数据采样开始后第 90s 发生。*F*4 故障是反应堆从 70%额定功率降到 30%额定功率正常运行过程中，自数据采样开始后第 93s 发生。图 4.9 与图 4.10 分别给出了压水型核动力装置正常工况下和各种泄漏工况下的诊断结果。

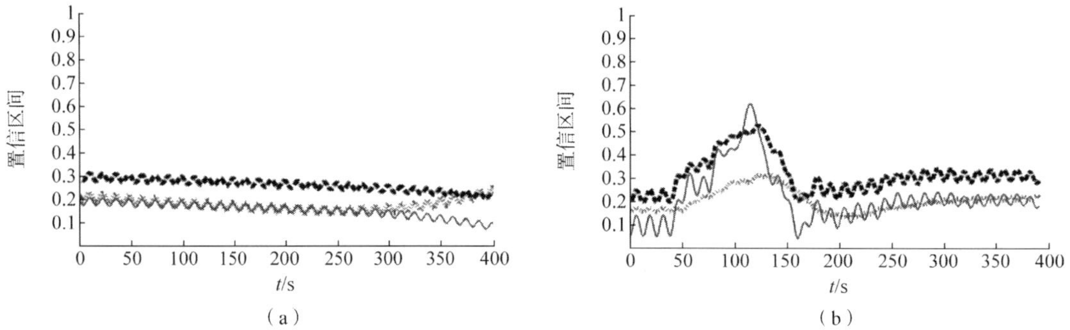

图 4.9　正常工况下各诊断模型的诊断结果

(a) —NC1；(b) —NC2；

——RBF-LDM 诊断结果；----Elman-PPDM 诊断结果；∿∿—INN-FLF 诊断结果

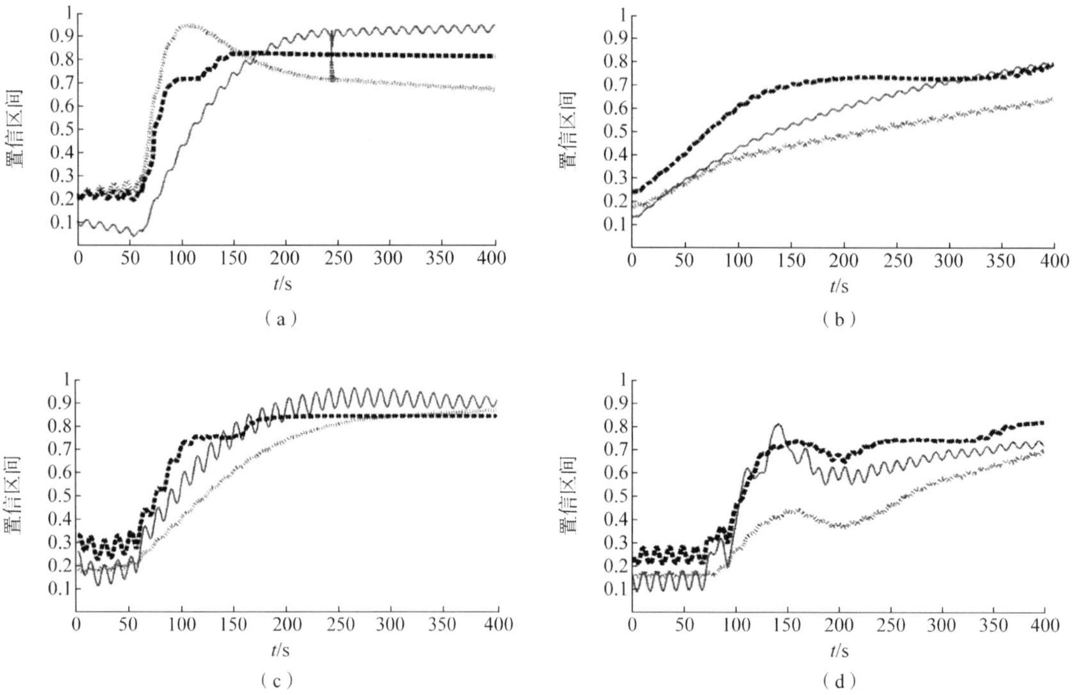

图 4.10　故障（泄漏）工况下各诊断模型的诊断结果

(a) —F_1；(b) —F_2；(c) —F_3；(d) —F_4

——RBF-LDM 诊断结果；----Elman-PPDM 诊断结果；∿∿—INN-FLF 诊断结果

根据仿真试验结果，设定诊断阈值为 0.6，即规定诊断模型输出故障置信度大于 0.6 时认为稳压器发生了泄漏事故，反之认为未发生泄漏。从图 4.9 所给出的诊断结果可以看出，在反应堆冷态临界正常运行时，RBF-LDM 和 Elman-PPDM 模型都得出了正确的诊断结果。但是，在反应堆从 70%额定功率降低到 30%额定功率的过程中，RBF-LDM 出现了误诊现象。在利用 FIS 将 RBF-LDM 和 Elman-PPDM 的诊断结果进行融合后，INN-FLF 诊断模型得到了正确的诊断结果。由此可见，INN-FLF 诊断模型具有较强的鲁棒性，能够有效抑制各分诊断模型的错诊现象。

图 4.10 给出了各诊断网络对故障工况的诊断结果。从结果看出，RBF-LDM 和 Elman-PPDM 在对压水堆核动力装置进行故障诊断时，对于不同工况各诊断模型的准确度存在差异。在 $F1$ 故障的诊断中，Elman-PPDM 的诊断时间早于 RBF-LDM。但是，在故障 $F2$、$F3$ 和 $F4$ 的诊断中，RBF-LDM 比 Elman-PPDM 能够更早地得出诊断结果。相比较而言，INN-FLF 诊断模型通过模糊逻辑融合各分诊断模型的诊断结果，使 INN-FLF 诊断模型始终能够较早的对稳压器泄漏故障做出诊断，从而保证了整个诊断模型的稳定性与可靠性。

4.3　专家系统诊断方法

4.3.1　研究概况

专家系统（Expert System，ES）起源于 20 世纪 60 年代中期。从本质上来说，专家系统是一个使用知识进行推理的计算机程序系统，它能够利用人类专家的知识和经验进行推理、判断和决策，用来解决人类专家都难以解决的问题。专家系统自出现以来，就引起了多个领域研究人员和专家学者的重视。1965 年，美国 Stanford 大学教授费根鲍姆（Feigenbaum E A）与遗传系主任莱德伯格（Lederberg J）等开始设计了第一个专家系统 DENDRAL，这是一个用分子式和质谱数据推断分子结构的专家系统[17-18]。1968 年，费根鲍姆等将设计的专家系统 DENDRAL 投入使用，并获得成功。随着专家系统研究的发展，专家系统被引入了多个专业领域，由此开发和设计了多种类型的专家系统，如解释专家系统、设计专家系统、规划专家系统、预测专家系统、诊断专家系统、监视专家系统、控制专家系统以及医学专家系统等。20 世纪 70 年代，专家系统的研究取得了卓有成效的成果。在 20 世纪 80 年代中后期，专家系统的研究突飞猛进，出现了专家系统研究热潮。在人工智能领域，专家系统是人工智能的一个重要分支。

在核动力领域，第一个专家系统 REACTOR 是 Nelson W R 在美国核管理委员会的资助下于 1982 年研制[19]。这是一个用于诊断核反应堆事故的专家系统，其研究背景是三哩岛核电站事故的诊断问题和核电厂操作员辅助决策系统的需要。此后，韩国等相关国家的研究人员先后开展了专家系统在核动力领域的应用研究，设计了多种专家系统，如核电厂

(反应堆)诊断专家系统[19-26]、操作员决策专家系统[27]、显示专家系统[28]、监测专家系统[29-30]、信号分析专家系统[31-32]、报警处理专家系统[33-34] 以及严重事故管理专家系统[35]等。专家系统在核动力装置故障诊断与处理等方面的研究中，比较有代表性的研究如表 4.8 所示。

表 4.8 核电厂专家系统诊断方法主要研究

名称	内容特点	作者及发表时间
Reactor：An expert system for diagnosis and treatment of nuclear reactor accidents	蒸汽发生器故障诊断	Nelson W R，1982.
Response trees and expert systems for nuclear reactor operations	蒸汽发生器故障诊断	Nelson W R，1984.
A diagnostic expert system for the nuclear power plant based on the hybrid knowledge approach	故障诊断	Yang J O，Chang S H，1989.
An expert-system approach to monitoring the general operating procedures of PWR plants	核电厂设备状态识别	Lee M R，Kim T E，Choi Y J，1996.
Development of advanced I&C in nuclear power plants：ADIOS and ASICS	控制、报警、诊断与操作支持	Kim J T，Kwon K C，Hwang I K，2001.
Development strategies of an expert system for multiple alarm processing and diagnosis in nuclear power plants	报警信号处理	Cheon S W，Chang S H，Chung H Y，1993.
Development of an on-line fuzzy expert system for integrated alarm processing in nuclear power plants	报警信号处理	Choi S S，Kang K S，Kim H G，2011.
Expert-system for the characterization of defect signals in steam generator tubes	故障检测	Benoist B，Gaillard P，Pigeon M，et al，1995
Development of a diagnostic expert system for eddy current data analysis using applied artificial intelligence methods	涡流数据分析	Upadhyaya B R，Yan W，Behravesh M M，et al，1999.
SAMEX：A severe accident management support expert	严重事故管理	Park S Y，Ahn K I，2010.
Benchmarking an expert fault detection and diagnostic system on the Three Mile Island accident event sequence	故障检测与诊断	Cilliers A C，2013
Nuclear reactor monitoring with the combination of neural network and expert system	反应堆监测	Nabeshima K，Suzudo T，Ohno T，et al，2002.

4.3.2　专家系统诊断原理

4.3.2.1　专家系统基本知识

（1）专家系统

关于专家系统定义，专家系统的先驱费根鲍姆教授指出，专家系统是一个使用知识和推理的智能计算机程序系统，它用来解决人类专家都很难解决的问题[17-18]。也就是说，专家系统是一种模拟人类专家决策方式和能力的计算机程序系统。这里知识加上推理要达到某领域人类专家的决策水平。专家系统从本质上说是一个高性能计算机程序系统，该程序系统具有大量的具备某专业领域人类专家水平的专门知识，能够根据一定的推理机制和人类专家所提供的知识与经验进行推理和决策，以解决那些某领域人类专家都很难解决的问题。

虽然专家系统属于一种计算机程序系统，但是不同于一般的计算机程序系统，而是一个使用知识和推理的程序系统。专家系统与一般的计算机程序系统的区别可以用下述式子形象地描述[17-18]

知识＋推理＝专家系统

算法＋数据结构＝计算机程序

（2）专家系统的一般结构

专家系统是一种具有大量专门知识与特定推理机制并能使用知识和推理来解决某领域复杂问题的计算机系统。专家系统解决问题的方式是利用知识库的知识和推理机制进行推理或判断。知识库的知识来自于人类专家或某个专业领域。专家系统具有两个重要特点：

1）模拟，是指模拟人类专家的推理、判断和决策的方式；

2）专家系统是针对具体专业领域的问题而建立的序系统。一般的专家系统均具有知识获取、存贮、推理、解释以及人机交互等功能。

专家系统的基本组成一般包括知识获取、综合数据库、知识库、推理机、解释机构和人机接口等几个部分。图 4.11 给出了专家系统基本的结构形式，包括知识获取、知识库、综合数据库、推理机和解释机构 5 个基本功能部分。下面简要介绍专家系统各部分的作用。

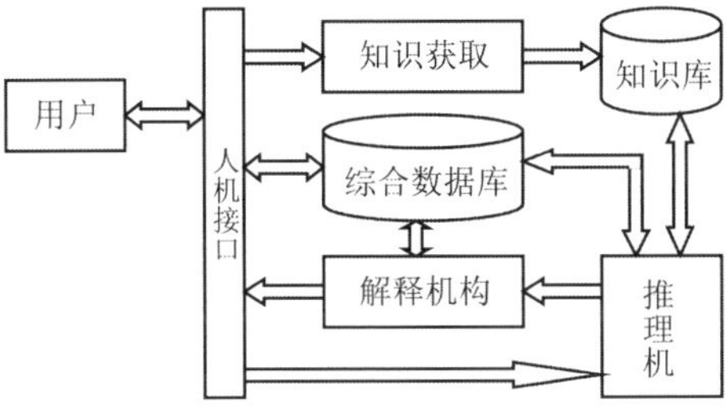

图 4.11　专家系统基本的结构形式

1）知识获取（Knowledge Acquisition）

知识获取单元的主要功能是：

通过知识工程师从人类专家那里获取知识；

为知识库的修改或扩充提供技术手段。

2）知识库（Knowledge Base）

知识库是专家系统的重要组成部分，用于存贮和管理专家知识。这些专家知识是从人类专家那里获取的关于某个领域的专门知识，或从其他途径取得的某个专业领域的事实、经验或常识等知识。知识库中的知识是专家系统用来推理的基础。

知识库所存贮的知识可分为两大类：

①某专门领域的事实知识。这类知识主要是某特定专业领域的广为人知的或被普遍认可的事实、常识、原理、规则以及过程描述等知识。

②启发性知识。启发性知识是来自于人类专家的专门知识，一般为人类专家所拥有。启发性知识可以是人类专家对某专门领域问题的深刻认识，也可以是专家处理某专门领域问题的推理方式或思维方式。

3）综合数据库（Integrated Database）

综合数据库用于存贮某专业领域内的初始数据、证据以及推理过程中所得到的中间结果等。

4）推理机（Inference Engine）

推理机是专家系统的核心组成部分。推理机实质上是一组程序，这些程序用来协调和控制专家系统的工作。该程序根据用户所提供的输入信息，运用知识库中的知识和特定的推理策略进行推理，以得出相关问题的答案。

推理机的推理方式主要有正向推理、反向推理和正反向混合推理等 3 种类型。正向推理的思路是从原始数据出发，使用知识库中的知识和一定的推理策略进行推理，得到推理结论。反向推理的思路是在推理之前先提出结论或假设，然后再寻找支持所提出的结论或假设的证据。正反向混合推理则是综合了正向和反向两种推理方法的特点，其思路是在进行推理时先根据数据库中的原始数据，通过正向推理的帮助系统提出某种假设，然后使用反向推理方式来进一步寻找支持该假设的证据。

5）解释接口（Explanatory Interface）

解释接口是一个实现人机交互工作的程序系统。该程序系统一方面处理用户提出的问题或输入的信息，另一方面要给出专家系统推理结果以及对所得结果的解释。

6）人机接口（User Interface）

人机接口是专家系统中与外界进行人机交流与通信的功能机构。用户可通过人机接口进行提问或通过输入相关信息并获得结果。专家系统也通过人机接口机构与外界进行信息交流。

（3）专家系统知识表示方法

专家知识获取和知识表达是专家系统设计中的一项重要的工作。一个专家系统的功能和性能在很大程度上要取决于知识库中知识的数量、知识水平、知识表达方式和专家系统的推理机制。在知识表示中，可根据需要采用适当的表示方式。专家系统典型的知识表示方法有产生式规则、谓词逻辑、语义网络、框架、过程和剧本等方法。在故障诊断专家系统设计中，对于知识的表达一般采产生式规则来表示。下面仅介绍用产生式规则表示知识的方法。

（4）产生式系统

产生式系统（Production System）来源于美国数学家 Post 于 1943 年提出的产生式规则（Production Rule）[36]。产生式系统知识表示方法是专家系统常用的一种知识表示方法。产生式系统表示知识方法分为事实表示法和规则表示法。

1）事实的表示方法

①孤立事实表示

孤立事实一般用三元组（对象，属性，值）的方式或（关系，对象 1，对象 2）方式表示[7]，即可以表示为如下方式

（Object，Attribute，Value）

例如，对于“长江是中国最长的河流”这一事实可以表示为

（The Yangtze River，Is，the Longest river in China）

对于孤立事实的表示，也可以根据事实描述的需要采用四元组表示方式。

②事实之间关系的表示

在客观世界中，事实往往不是孤立的，而是相互之间存在着一定的联系。对于事实之间关系，在知识表示中就需要通过某种方法或途径将其表示出来。表示事实之间关系的常见方法有树状结构表示法和网状结构表示法。

a. 树状结构

根据对象的层次之间关系，将不同的事实对象以上下文的形式表示，这种上下文表示法就形成一种树状的结构。

b. 网状结构

在知识表示中，将对象按照知识（事实）相互间关系连接起来或按照对象子集和成员关系连接起来，形成一种网状的结构。

2）产生式规则

①单个规则表示

单个产生式规则一般包括前件（也称为前提、条件）和后件（也称为结论）两个部分。前件表示事实所描述事件的前提，后件表示当前件为真时所执行的内容或得出的结论。单个产生式规则可以表示为如下形式

如果 A，则 B

在实际专家系统的设计中，单个产生式规则常用下述方法表示

If A，Then B

②规则间的关系表示

当产生式系统中存在多个规则且一些规则之间具有某种关系时，需要表示出这些关系。目前对于产生式系统中规则之间关系典型的表示方法有按照参数分类表示法和网状结构表示法。

a. 按照参数分类表示法

按照参数分类表示的典型方法是根据参数特性设计专门的特征表，表中设置属性值。通过属性值指明参数和规则的关系，将参数和规则联系起来。

b. 网状结构表示法

在产生式系统中，规则之间通过各种方式构成相互联系。当一个规则的结论是另一个规则的前提时，这两个规则之间就构成一种类似串联的“上—下”或“前—后”关系。将各规则之间的这种关系用带箭头的线条连接起来，就构成一种网状的结构。

4.3.2.2 基于专家系统的故障诊断原理

基于专家系统的故障诊断系统一般由人机接口、故障征兆检测模块、故障诊断知识库、故障诊断推理机、综合知识库、知识库管理模块及诊断结果解释模块等部分组成，基于专家系统的故障诊断系统基本原理如图 4.12 所示[37]。在进行故障诊断时，专家系统根据用户提问信息或被诊断对象在线监测信息，先利用故障诊断推理机和知识库中的知识进行推理，然后利用综合数据库的知识对推理结果进行解释，最后将解释结果（诊断结果）机通过接口单元提供给用户或通过显示单元将诊断结果显示出来。

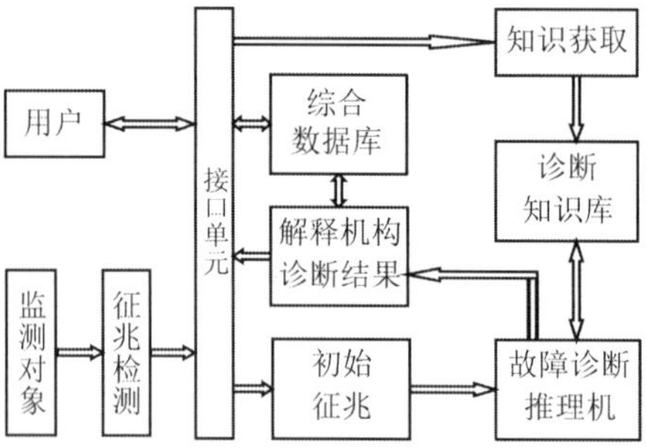

图 4.12 基于专家系统的故障诊断系统基本原理框图

4.3.3　基于 ANN 与专家系统的并发故障诊断方法[38]

4.3.3.1　诊断原理

神经网络与专家系统有多种结合方式，常见的有以神经网络为中心的专家系统、以专家系统为核心的神经网络专家系统和将神经网络与专家系统集成的诊断方法。以神经网络为中心的专家系统诊断方法将神经网络作为专家系统的知识获取和学习推理的基本单元。与传统专家系统相比，具有较高的自学习性和知识获取能力。以专家系统为核心的神经网络专家系统，将神经网络作为专家系统的知识表示方法，利用神经网络进行形象思维描述，从而帮助专家系统处理形象思维问题。

以神经网络为中心的专家系统诊断方法和以专家系统为核心的神经网络专家系统诊断方法均是由一个独立专家系统构成，神经网络作为专家系统的主体或部分对专家系统进行构建。这种构建方式具有结构简单，易于实现等优点。但是，上述构建方式并不能很好发挥神经网络与专家系统各自的优势。如果在诊断过程中，同时引入基于 ANN 的诊断方法与基于专家系统的诊断方法，两种方法分别通过定量及定性的方式对故障进行诊断，随后利用融合算法对两种方法的诊断输出进行融合，可以有效提升诊断系统的诊断准确性及可靠性。这里将神经网络与专家系统结合起来，给出一种基于 ANN 与专家系统的核动力系统并发故障（破口）诊断方法，其原理如图 4.13 所示。

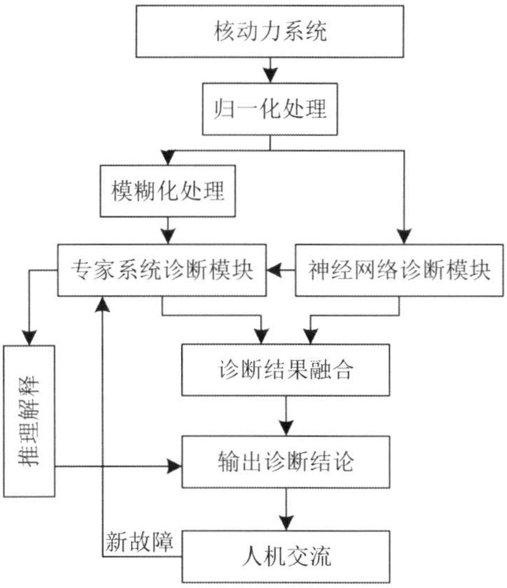

图 4.13　基于 ANN 与专家系统的核动力系统并发故障诊断原理示意图

基于 ANN 与专家系统的核动力系统并发故障诊断方法主要包括模糊化处理模块、专家系统诊断模块及神经网络诊断等模块。模糊化处理模块的作用是将监测参数转化为模糊语言。神经网络诊断模块由一个多输入多输出的BP神经网络构成，其输入为核动力系统监测参数归一化值，输出为诊断故障。神经网络对故障做出诊断后，将诊断结果输入专家系统诊断模块中。专家系统利用神经网络诊断结果与模糊化后的故障信息对故障进行推理，并输出推理结果。利用融合算法对专家系统与神经网络的诊断结果进行融合计算，融合结果即为最终诊断结果。

4.3.3.2 诊断模型的设计与构造

（1）神经网络诊断模型

神经网络诊断模型由一个多输入多输出的BP神经网络构成。BP神经网络输入为归一化的核动力系统故障参数值，神经网络输出为故障集合 $\boldsymbol{\Theta}=\{F_1, F_2, F_3, \cdots, F_n\}$ 内各故障置信度，Fi 表示发生第 i 个故障。

1）输入及输出参数选取

核动力系统在发生破口时，其现象比较复杂，很难直接利用单个监测变量进行监测。通过分析核动力系统破口时相关参数的变化情况，选取稳压器压力（MPa）、反应堆总热功率（%）等10个参数作为神经网络诊断模型的监测参数。各参数单位及代号如表4.9所示。

表4.9　用于诊断的监测参数

序号	输入变量名	单位	代号
1	反应堆堆芯热功率	%	T_1
2	堆芯左环路入口流量	t/h	T_2
3	堆芯右环路入口温度	℃	T_3
4	堆芯右环路出口流量	t/h	T_4
5	安全壳压力	MPa	T_5
6	稳压器水位	cm	T_6
7	稳压器气相温度	℃	T_7
8	稳压器压力	MPa	T_8
9	蒸汽发生器水位	cm	T_9
10	蒸汽发生器给水流量	t/h	T_{10}

这里选取一回路主冷却剂管道破口、稳压器破口、蒸汽发生器传热管破口及核动力系统正常运行4种工况作为神经网络诊断模型输出。神经网络输出故障名称、代号及代码如表4.10所示。

表4.10　用于诊断的典型故障模式

序号	故障名称	代号	代码
1	传热管破裂	F_1	1000

续表

序号	故障名称	代号	代码
2	冷却剂管道破口	F_2	0100
3	稳压器破口	F_3	0010
4	正常	F_4	0001

2）诊断神经网络的离线训练

根据待诊断的故障，利用核动力装置模拟器对表 4.10 所列出故障工况进行仿真实验，并进行数据采集。利用归一化后的监测参数构建 BP 诊断神经网络。BP 神经网络的结构为 10—6—4，即 10 个输入节点、6 个隐层节点及 4 个输出节点。采用 tansig 函数作为 BP 神经网络隐层传递函数，采用线性函数作为输出传递函数。利用拟牛顿算法对 BP 网络进行训练，网络训练次数为 500 次。

（2）专家系统诊断模型

专家系统模型包括知识获取、知识库、推理机、综合数据库、解释模块与人机接口几个模块，其中知识库与推理机是专家系统的主体。其工作原理是输入事实通过推理机中设定的推理方式与知识库中知识进行匹配推理，将推理结果存储于数据库中，并输出至人机接口。同时，存储的结果可以作为新的推理事实进行进一步推理。在知识表示中，使用产生式系统表示方法对知识进行表示。

专家系统推理方法包括正向推理、反向推理及正反向推理。正向推理是一种自底向上，按照由条件推结论的推理过程。正向推理的过程示意图如图 4.14 所示。

核动力系统故障信息输入专家系统后，首先在知识库中对故障信息进行匹配，判断知识库对应故障信息是否有匹配信息。如果知识库中没有匹配信息则诊断失败；如果知识库中有匹配信息则输出诊断结果。

4.3.3.3　诊断方法

（1）诊断步骤

基于 ANN 与专家系统的核动力系统并发故障诊断方法的思路为：核动力系统监测参数输入诊断系统中，先利用 ANN 对故障进行诊断，并将诊断结果输送至专家系统中。专家系统针对该故障利用模糊化后的核动力系统监测参数进行正向推理，得到相应推理结果。之后利用融合算法对专家系统与神经网络的诊断输出值进行融合，得到最终结论。基于 ANN 与专家系统的核动力系统并发故障诊断主要包括故障参数提取、神经网络诊断、专家系统诊断和诊断结果融合等步骤。

（2）故障参数提取

为验证所提出的基于 ANN 与专家系统的核动力系统并发故障诊断方法的可行性。利用核动力装置模拟器对核动力系统并发故障进行仿真模拟，由于核动力系统并发故障模式

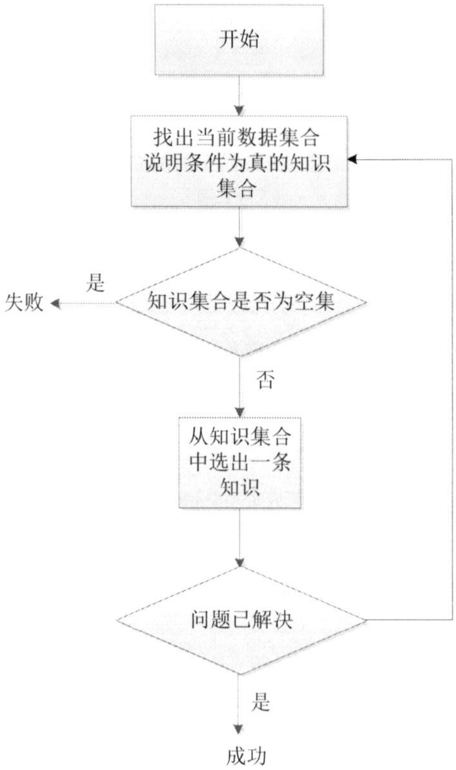

图 4.14　正向推理的过程

较多，在本研究工作中仅对几个难以诊断的并发故障进行仿真。主要仿真故障为工况 6（高工况）一回路主冷却剂管道破口、蒸汽发生器传热管破口与右环路冷端破口同时发生及工况 6 到工况 3（中间工况）蒸汽发生器传热管破口与稳压器破口同时发生，破口当量直径均设定为 5 mm。

（3）神经网络诊断

对核动力系统故障参数值进行归一化处理，利用所建立的诊断神经网络对故障进行诊断，并输出诊结果。

（4）专家系统诊断

1）监测参数模糊化处理

核动力系统监测参数为一些数量级不同的数据，为便于专家系统推理，对所有参数进行归一化处理，将输出参数归一化到［0，1］之间。为了使知识描述更加准确，通过实验分析，采用式（4.3.1）对测试参数进行模糊化处理。

$$\mu(x)=\begin{cases}1 & 1>x>0.8\\ 0.75 & 0.8>x>0.6\\ 0.5 & 0.6>x>0.4\\ 0.25 & 0.4>x>2\\ 0 & 0.2>x>0\end{cases} \tag{4.3.1}$$

式（4.3.1）中，x 表示测试参数归一化值与系统正常运行时归一化值的差值绝对值；μ（x）表示模糊输出值，其中数 1、0.75、0.5、0.25 及 0 的含义如表 4.11 所示。

表 4.11　模糊输出值的含义

μ（x）	1	0.75	0.5	0.25	0
含义	极大	大	较大	偏大	正常

2）专家系统推理规则

经过实验分析，针对蒸汽发生器传热管、一回路主冷却剂管道及稳压器发生 5mm 破口设置如下规则。

① 蒸汽发生器传热管破口规则

Rule 1：If 蒸汽发生器二次侧放射性剂量差值绝对值超出正常范围 then 蒸汽发生器传热管 i 破口（$CF1=0.99$）。

Rule2：If 二回路机房放射性差值绝对值超出正常范围 then 蒸汽发生器传热管破口（$CF2=0.99$）。

Rule3：If 反应堆左入口冷却剂流量差值绝对值较大 and 蒸汽发生器给水流量差值绝对值较大 and 蒸汽发生器水位差值绝对值极大 then 蒸汽发生器传热管破口（$CF3=0.88$）。

② 一回路主冷却剂管道破口规则

Rule4：If 稳压器压力较大 and 安全壳放射性较大 then 一回路主冷却剂管道破口（$CF4=0.87$）。

Rule5：If 补水泵开启 and 安全壳放射性较大 then 一回路主冷却剂管道破口（$CF5=0.8$）。

Rule6：If 反应堆左入口冷却剂流量较大 and 安全壳压力较大 and 蒸汽发生器给水流量大 then 一回路主冷却剂管道破口（$CF6=0.9$）。

③ 稳压器破口规则

Rule 8：If 总热功率偏大 and 稳压器压力偏大 then 稳压器破口（$CF5=0.8$）。

Rule 9：If 稳压器水位偏大 and 1 号蒸汽发生器给水流量较大 then 稳压器破口（$CF5=0.9$）。

3）专家系统诊断结论

通过对核动力系统故障分析，选取相关参数构建专家系统规则数据库。为缩短专家系统推理时间，根据神经网络诊断输出结果，专家系统对结果进行反向推理。在知识库中寻找神经网络输出大于 0.6 的故障所对应的规则，利用规则及模糊输出值与正常参数关系对这些故障进行专家系统诊断。对应故障的专家系统规则推理结论求法如下

$$F_i = C_r \times \min p_r \tag{4.3.2}$$

式（4.3.2）中，F_i 表示专家系统对第 i 个故障的推理结论，C_r 表示规则可信度，$\min p_r$ 表示规则最小前件隶属度。

规则前件隶属度是输入参数与规则内对应条件间的匹配关系。设定当输入参数与规则内对应条件完全符合时，对应规则前件隶属度 p_r 为 0.95；设定当输入参数与规则内对应条件完全不符合时，对应规则前件隶属度 p_r 为 0.1。由此得到规则前件隶属度计算式

$$A(x) = 1 - |f(x) - g(x)| \tag{4.3.3}$$

式（4.3.3）中：$f(x)$ 是对应参数的模糊归一化值；$g(x)$ 为式（4.3.1）中正常运行时参数对应的模糊归一化范围的中间值，如条件为“正常运行时参数的模糊输出为大”则 $g(x)$ 为［0.8，1］的中间值 0.9。

（5）专家系统与神经网络诊断结果融合

采用求和算法对专家系统及神经网络的诊断结果进行融合。求和算法如下

$$f_1 \oplus f_2 = f_1 + f_2 \tag{4.3.4}$$

式（4.3.4）中，f_1、f_2 分别代表专家系统对该故障的诊断估计与神经网络对该故障的诊断估计。在实际中，各诊断系统均存在不同程度的不可靠性，因此，通过专家经验可以设定专家诊断系统的可靠性为 r_1，神经网络诊断系统的可靠性为 r_2，其中

$$r_1 + r_2 = 1 \tag{4.3.5}$$

此时可以得到专家系统与神经网络系统的诊断结果融合值为

$$f_1 \oplus f_2 = f_1 r_1 + f_2 r_2 \tag{4.3.6}$$

4.3.3.4 诊断结果

为验证提出的基于神经网络与专家系统的核动力系统的并发故障诊断方法的可行性，利用核动力装置模拟器分别模拟工况 6 状态下一回路主冷却剂管道破口、工况 6 蒸汽发生器传热管破口与一回路主冷却剂管道破口同时发生及核动力系统降功率运行由工况 6 到工况 3 时蒸汽发生器传热管破口与稳压器破口同时发生，破口当量直径设定为 0.005 m。利用核动力装置模拟器模拟实验数据，对基于神经网络与专家系统的核动力系统并发故障诊断模型进行诊断测试。

（1）工况 6 状态下，一回路主冷却剂管道破口

利用核动力装置模拟器对工况 6 状态下一回路主冷却剂管道发生 5 mm 破口进行模拟运行，采集相关参数并对其归一化处理。受篇幅限制，这里仅给出部分归一化故障测试样本如表 4.12 所示。

表 4.12　归一化测试样本

序号	1	2	3	4	5	6	7
T_1	0.21	0.18	0.20	0.21	0.22	0.26	0.29
T_2	0.51	0.52	0.50	0.50	0.48	0.44	0.40
T_3	0.50	0.80	0.49	0.40	0.31	0.16	0.39
T_4	0.57	0.53	0.50	0.49	0.48	0.45	0.42
T_5	0.54	0.50	0.48	0.47	0.46	0.43	0.41
T_6	0.59	0.53	0.47	0.46	0.44	0.39	0.34
T_7	0.47	0.47	0.47	0.47	0.46	0.45	0.44
T_8	0.07	0.05	0.15	0.15	0.20	0.27	0.36
T_9	0.71	0.72	0.70	0.70	0.69	0.70	0.68
T_{10}	0.57	0.64	0.67	0.68	0.70	0.73	0.76

利用诊断神经网络对故障进行诊断，诊断结果如表 4.13 所示。

表 4.13　神经网络诊断结果

序号	1	2	3	4	5	6	7
F_1	0.057	0.057	0.056	0.056	0.055	0.055	0.055
F_2	0.961	0.962	0.964	0.964	0.965	0.964	0.965
F_3	0.014	0.014	0.014	0.013	0.013	0.013	0.013
F_4	−0.018	−0.018	−0.019	−0.019	−0.019	−0.019	−0.019

由表 4.13 得知 F_2 故障置信度在 0.9 以上，其他故障置信度均较低，认为发生了 F_2 一回路主冷却剂管道破口故障。将神经网络诊断结果输入诊断专家系统，专家系统利用模糊化处理后的故障信息对故障进行正向推理。测试样本的模糊化处理后的故障信息如表 4.14 所示。

表 4.14　模糊化处理后的故障信息

序号	1	2	3	4	5	6	7
T_1	0.25	0	0.25	0.25	0.25	0.25	0.25
T_2	0.5	0.5	0.5	0.5	0.5	0.5	0.5
T_3	0.5	1	0.5	0.5	0.25	0	0.25
T_4	0.5	0.5	0.5	0.5	0.5	0.5	0.5
T_5	0.5	0.5	0.5	0.5	0.5	0.5	0.5
T_6	0.5	0.5	0.5	0.5	0.5	0.25	0.25
T_7	0.5	0.5	0.5	0.5	0.5	0.5	0.5
T_8	0	0	0.25	0	0	0.25	0.25

续表

序号	1	2	3	4	5	6	7
T_9	0.75	0.75	0.75	0.75	0.75	0.75	0.75
T_{10}	0.5	0.75	0.75	0.75	0.75	0.75	0.75

首先确定一回路主冷却管道破口，选取一回路主冷却剂管道破口相关规则进行匹配对照。利用 rule 5、rule 6、rule 7 对专家系统的模糊处理输入进行判断，利用匹配法对上述规则与对应参数进行匹配。由于监测参数的不足，上述三条规则中仅 rule 6 监测参数满足条件。利用表 4.14 中模糊化处理后的故障信息与 rule 6 进行匹配分析，模糊化处理的故障信息对应 rule 6 的最小规则前件隶属度、专家系统诊断结果如表 4.15 所示。

表 4.15　最小前件隶属度及专家系统诊断结果

序号	1	2	3	4	5	6	7
最小规则前件隶属度	0.8	0.95	0.95	0.95	0.95	0.95	0.95
专家系统诊断结果	0.72	0.855	0.855	0.855	0.855	0.855	0.855

确定神经网络与专家系统对一回路主冷却剂管道破口故障 F_2 诊断输出后，利用融合算法对诊断结果进行融合，融合结果如表 4.16 所示。

表 4.16　融合结果

序号	1	2	3	4	5	6	7
F_2 融合结果	0.845	0.908	0.909	0.909	0.909	0.909	0.909

(2) 工况 6 状态下，蒸汽发生器传热管破口与一回路主冷却剂管道破口同时发生

利用核动力装置模拟器对工况 6 状态下蒸汽发生器传热管与一回路主冷却剂管道均发生 5mm 破口进行模拟运行，采集相关参数并对其归一化处理。受篇幅限制，这里仅给出部分归一化故障测试样本如表 4.17 所示。

表 4.17　归一化故障测试样本

序号	1	2	3	4	5	6	7
T_1	0.78	0.78	0.79	0.78	0.78	0.79	0.78
T_2	0.67	0.68	0.72	0.61	0.64	0.65	0.63
T_3	0.26	0.34	0.09	0.11	0.22	0.06	0.68
T_4	0.99	0.99	0.99	0.99	0.99	0.99	0.99
T_5	0.37	0.45	0.47	0.51	0.53	0.53	0.57
T_6	0.99	0.99	0.99	0.99	0.99	0.99	0.99
T_7	0.47	0.47	0.47	0.47	0.46	0.45	0.44

续表

序号	1	2	3	4	5	6	7
T_8	0.65	0.66	0.65	0.65	0.65	0.66	0.65
T_9	0.98	0.99	0.98	0.99	0.98	0.98	0.99
T_{10}	0.63	0.71	0.81	0.95	0.87	0.88	0.95

利用诊断神经网络对故障进行诊断，诊断结果如表 4.18 所示。

表 4.18　神经网络诊断结果

序号	1	2	3	4	5	6	7
F_1	0.501	0.502	0.501	0.500	0.500	0.499	0.499
F_2	0.479	0.478	0.480	0.480	0.481	0.482	0.482
F_3	0.148	0.149	0.149	0.149	0.149	0.149	0.149
F_4	−0.103	−0.105	−0.105	−0.105	−0.105	−0.106	−0.106

由表 4.18 得知无故障隶属度超过 0.6，但是 F_1 与 F_2 故障均在 0.4～0.5 之间。因此，对 F_1 与 F_2 故障进行分析。认为发生了 F_1 蒸汽发生器传热管破口与 F_2 一回路主冷却剂管道破口故障。将神经网络诊断结果输入诊断专家系统，专家系统利用模糊化处理后的故障信息对故障进行正向推理。测试样本的模糊化处理故障信息如表 4.19 所示。

表 4.19　模糊化处理的故障信息

序号	1	2	3	4	5	6	7
T_1	0.75	0.75	0.75	0.75	0.75	0.75	0.75
T_2	0.75	0.75	0.75	0.75	0.75	0.75	0.75
T_3	0.25	0.25	0	0	0.25	0	0.75
T_4	1	1	1	1	1	1	1
T_5	0.25	0.5	0.5	0.5	0.5	0.5	0.5
T_6	1	1	1	1	1	1	1
T_7	0.5	0.5	0.5	0.5	0.5	0.5	0.5
T_8	0.75	0.75	0.75	0.75	0.75	0.75	0.75
T_9	1	1	1	1	1	1	1
T_{10}	0.5	0.75	1	1	1	1	1

分别调用专家系统中一回路主冷却剂管道破口与蒸汽发生器传热管破口规则库。利用 rule 6 对一回路主冷却剂管道破口相关模糊化处理参数进行匹配分析。利用 rule 3 对蒸汽发生器传热管破口相关模糊化处理参数进行匹配分析。一回路主冷却剂管道破口故障信息对应 rule 6 的最小规则前件隶属度、专家系统诊断结果如表 4.20 所示。蒸汽发生器传热

管破口故障信息对应 rule 3 的最小前件隶属度、专家系统诊断结果如表 4.21 所示。

表 4.20　最小前件隶属度及专家系统诊断结果

序号	1	2	3	4	5	6	7
最小规则前件隶属度	0.75	0.75	0.75	0.75	0.75	0.75	0.75
专家系统诊断结果	0.675	0.675	0.675	0.675	0.675	0.675	0.675

表 4.21　最小前件隶属度及专家系统诊断结果

序号	1	2	3	4	5	6	7
最小规则前件隶属度	0.75	0.75	0.75	0.75	0.75	0.75	0.75
专家系统诊断结果	0.66	0.66	0.66	0.66	0.66	0.66	0.66

确定神经网络与专家系统对一回路主冷却剂管道破口 F_2 诊断输出及蒸汽发生器传热管破口 F_1 诊断输出后，利用融合算法对诊断结果进行融合，融合结果如表 4.22 所示。

表 4.22　融合结果

序号	1	2	3	4	5	6	7
F_1 融合结果	0.580	0.581	0.580	0.580	0.580	0.579	0.579
F_2 融合结果	0.577	0.576	0.577	0.577	0.577	0.578	0.578

(3) 核功率由工况 6 降为工况 3 下，蒸汽发生器传热管破口与稳压器破口同时发生

利用核动力装置模拟器对核功率由工况 6 降为前进 3 蒸汽发生器传热管，稳压器同时发生 5 mm 破口进行模拟运行，采集相关参数并对其归一化处理。表 4.23 给出了部分归一化故障测试样本。

表 4.23　归一化测试样本

序号	1	2	3	4	5	6	7
T_1	0.79	0.78	0.78	0.78	0.79	0.78	0.78
T_2	0.98	0.98	0.99	0.99	0.98	0.98	0.99
T_3	0.09	0.17	0.10	0.16	0.20	0.50	0.56
T_4	0.99	0.99	0.99	0.99	0.99	0.99	0.99
T_5	0.99	0.99	0.99	0.99	0.99	0.99	0.99
T_6	0.99	0.99	0.99	0.99	0.99	0.99	0.99
T_7	0.47	0.47	0.46	0.46	0.45	0.44	0.43
T_8	0.66	0.65	0.65	0.66	0.66	0.66	0.67
T_9	0.98	0.98	0.98	0.97	0.97	0.98	0.99
T_{10}	0.71	0.72	0.72	0.71	0.71	0.75	0.72

利用诊断神经网络对故障进行诊断，诊断结果如表 4.24 所示。

表 4.24　神经网络诊断结果

序号	1	2	3	4	5	6	7
F_1	0.773	0.775	0.779	0.780	0.779	0.781	0.783
F_2	−0.350	−0.356	−0.360	−0.362	−0.369	−0.372	−0.373
F_3	0.841	0.840	0.839	0.840	0.842	0.841	0.840
F_4	−0.270	−0.267	−0.264	−0.263	−0.258	−0.256	−0.256

由表 4.24 得知 F_1 与 F_3 故障隶属度大于 0.6，认为发生了蒸汽发生器传热管破口 F_1 与稳压器破口 F_3 故障。将神经网络诊断结果输入诊断专家系统，专家系统利用模糊化处理后的故障信息对故障进行正向推理。测试样本的模糊化处理故障信息如表 4.25 所示。

表 4.25　模糊化处理的故障信息

序号	1	2	3	4	5	6	7
T_1	0.75	0.75	0.75	0.75	0.75	0.75	0.75
T_2	1	1	1	1	1	1	1
T_3	0	0	0	0	0.25	0.5	0.5
T_4	1	1	1	1	1	1	1
T_5	1	1	1	1	1	1	1
T_6	1	1	1	1	1	1	1
T_7	0.5	0.5	0.5	0.5	0.5	0.5	0.5
T_8	0.75	0.75	0.75	0.75	0.75	0.75	0.75
T_9	1	1	1	1	1	1	1
T_{10}	0.75	0.75	0.75	0.75	0.75	0.75	0.75

分别调用专家系统中蒸汽发生器传热管破口与稳压器破口规则库。利用 rule 3 对蒸汽发生器传热管破口相关模糊化处理参数进行匹配分析。利用 rule 8 对稳压器破口相关模糊化处理参数进行匹配分析。蒸汽发生器传热管破口故障信息对应 rule 3 的最小前件隶属度、专家系统诊断结果如表 4.26 所示。稳压器破口故障信息对应 rule 8 的最小规则前件隶属度、专家系统诊断结果如表 4.27 所示。

表 4.26　最小前件隶属度及专家系统诊断结果

序号	1	2	3	4	5	6	7
最小规则前件隶属度	0.5	0.5	0.5	0.5	0.5	0.5	0.5
专家系统诊断结果	0.44	0.44	0.44	0.44	0.44	0.44	0.44

表 4.27 最小前件隶属度及专家系统诊断结果

序号	1	2	3	4	5	6	7
最小规则前件隶属度	0.7	0.7	0.7	0.7	0.7	0.7	0.7
专家系统诊断结果	0.63	0.63	0.63	0.63	0.63	0.63	0.63

确定神经网络与专家系统对一回路主冷却剂管道破口 F_2 诊断输出及蒸汽发生器传热管破口 F_1 诊断输出后，利用融合算法对诊断结果进行融合，融合结果如表 4.28 所示。

表 4.28 融合结果

序号	1	2	3	4	5	6	7
F_1 融合结果	0.606	0.607	0.609	0.610	0.609	0.610	0.611
F_2 融合结果	0.735	0.735	0.734	0.735	0.736	0.736	0.736

从诊断结果可以看出，对于不同故障，基于 ANN 与专家系统中各分诊断模块诊断能力存在差异。对于工况 6 状态下一回路主冷却剂管道破口，神经网络的诊断结果优于专家系统。而对于工况 6 状态下蒸汽发生器传热管破口与一回路主冷却剂管道破口同时发生，以及工况 6 降到工况 3 过程中蒸汽发生器传热管破口与稳压器破口同时发生等并发故障，专家系统诊断效果更优。在对工况 6 状态下蒸汽发生器传热管破口与右环路冷端破口同时发生进行诊断时，神经网络的诊断输出结果故障隶属度较低。在通过专家系统的诊断后，诊断输出得以提高。诊断结果表明，在并发故障诊断中，专家系统的反向推理可以帮助神经网络对故障进行系统性诊断。从整体上来看，专家系统与神经网络相结合的诊断模式对系统并发故障更为有效。

4.4 基于支持向量机的故障诊断方法

4.4.1 支持向量机概述

（1）支持向量机

支持向量机（Support Vector Machine，SVM）以统计学习理论和结构最小化理论为基础，是一种采用监督学习（Supervised Learning）方式的广义线性分类器（Generalized Linear Classifier）。SVM 是 Vapnik V N 于 20 世纪 90 年代建立的，其主要基础是 20 世纪 60 年代 Vapnik V N 与 Chervonenkis 提出的统计学 VC 维（Vapnik-Chervonenkis dimension）理论和 Vapnik V N 等提出的结构风险最小化准则。SVM 可用于模式分类和非线性回归估计。

支持向量机的主要分类思想是通过建立一个超平面作为决策曲面，在模式分类中使正类和负类之间的隔离边缘达到最大化，其学习策略就是间隔最大化。

（2）VC 维概念

VC 维理论是支持向量机的基础，VC 理论的一个重要概念是 VC 维。VC 维的直观定义是[39]：对于某一指示函数集 F，若存在具有 h 个样本的集合 S 能够被函数集的函数按照所有可能的 2^h 种形式分开，则称函数集能够将样本集 S 打散。函数集 F 的 VC 维就是能够打散的最大样本数目 h。若对于任意的样本数，指示函数集中总存在函数能将其打散，该函数集的 VC 维为无穷大。

VC 维是描述学习机器性能的重要指标。VC 维越大，学习机器的能力也就越强大。但是，VC 维越大，也使学习机器变得更加复杂。

（3）结构风险最小化原则

结构风险最小化原则（Structural Risk Minimization，SRM）是处理经验风险和置信范围两者最小化问题的基本原则。

结构风险最小化原则是将函数集 $F=\{f(x, v), v\in \Gamma\}$ 分解成函数子集序列：

$$F_1 \subset F_2 \subset \cdots \subset F_k \cdots \subset F_n$$

使上述各子集能够按 VC 维的大小来排列，即

$$h_1 \leqslant h_2 \leqslant \cdots \leqslant h_k \leqslant \cdots \leqslant h_n$$

在每个子集中 F_k 中寻找最小经验风险，选择经验风险与置信范围之和最小的子集，就可以使期望风险达到最小。这样所选择子集中使经验风险最小的函数，就是所要寻求的最优函数。这种思想原则就是结构风险最小化原则。

（4）支持向量机分类原理

支持向量机基本原理是求解能够正确划分样本集的几何间隔为最大的分离超平面，如图 4.15 所示。图 4.15 表示了具有两种样本（模式）类型的最优分类示意图。图中，H 所表示的平面为分离超平面；H_1、H_2分别表示经过那些距分离超平面最近的样本且平行于超平面的两个平面。H_1、H_2 两个平面之间的距离称为分类间隔（Margin）。

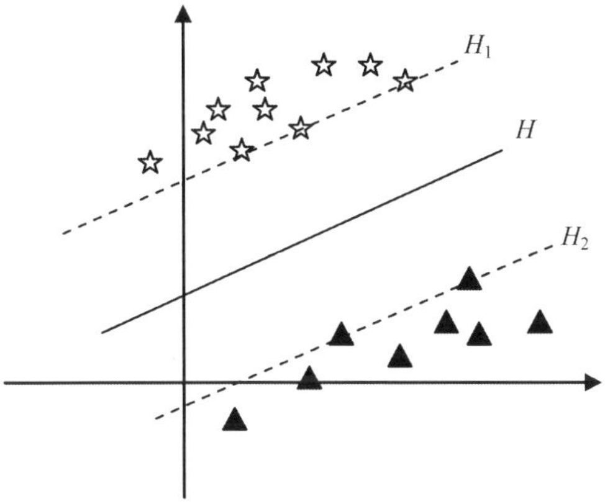

图 4.15　支持向量机最优分类平面示意图

用于样本（模式）分离的超平面（决策曲面）H 可用表达式表示如下

$$v^{T}X+b=0 \tag{4.4.1}$$

式（4.4.1）中，$\boldsymbol{X}$ 为输入模式向量，$\boldsymbol{v}$ 为可调权向量，b 为偏置量。

H_1、H_2 超平面模式分离可表示为

$$H_1: v^{T}X+b=+1 \tag{4.4.2}$$

$$H_2: v^{T}X+b=-1 \tag{4.4.3}$$

4.4.2 支持向量机线性分类

设某一样本集 $\boldsymbol{X}=\{(x_i, d_i)\}(i=1, 2, \cdots, N)$，其中 $\boldsymbol{x}_i$ 表示第 i 个输入量，d_i 表示期望输出。假设由子集 $d_i=+1$ 代表的模式（类）与 $d_i=-1$ 代表的模式（类）是线性可分的。$D=\{d_1, d_1, \cdots, d_N\}$。若学习目标为二元变量，即 $D\in\{-1, 1\}$，则 $D\in\{-1\}$ 表示负类（Negative class），$D\in\{1\}$ 表示负类（Positive class）

为使分类超平面的间隔最大，应使样本集 $\boldsymbol{X}$ 的所有样本满足

$$v^{T}X+b\geqslant+1\text{，当 } d_i=+1 \tag{4.4.4}$$

$$v^{T}X+b\leqslant-1\text{，当 } d_i=-1 \tag{4.4.5}$$

如果输入数据所在的特征空间存在某一超平面的将学习目标分为正类和负类，并使得任意样本点到平面距离大于或等于 1，则该类问题是线性可分性的。参数 v 和 b 分别称作超平面的法向量和截距。

满足条件

$$\begin{cases} v^{T}X+b=0 \\ d_i(v^{T}x_i+b)\geqslant 1 \end{cases} \tag{4.4.6}$$

的决策边界构造了两个平行超平面作为间隔的边界，以判别样本的分类。在上间隔边界的上方样本属于正类，而在下间隔边界的下方样本则属于负类。两个间隔边界的距离

$$d=\frac{2}{\|v\|} \tag{4.4.7}$$

称为分类间隔（Margin），而位于间隔边界上的正类和负类样本称为支持向量（Support vector）。

为使支持向量机对所有样本进行正确的分类，需要使分类间隔 d 最大。d 最大相当于使 $\|\boldsymbol{v}\|^2$ 最小。满足式（4.4.6）和 $\|\boldsymbol{v}\|^2/2$ 最小的分类平面称为最优超平面。

这样，支持向量机用于分类中求解最优超平面的问题就转化为一个二次凸优化求解的问题，即

$$\min_{v, b}\frac{2}{\|v\|} \tag{4.4.8}$$

$$d_i(\boldsymbol{v}^{\mathrm{T}}\boldsymbol{x}_i+b)\geqslant 1 \tag{4.4.9}$$

式（4.4.8）和式（4.4.9）所描述的求解问题，等价于下述优化求解问题

$$\min_{v,\ b}\frac{1}{2}\|\boldsymbol{v}\|^2 \tag{4.4.10}$$

$$d_i(\boldsymbol{v}^{\mathrm{T}}\boldsymbol{x}_i+b)\geqslant 1 \tag{4.4.11}$$

上述优化问题可以通过一种拉格朗日函数进行求解，即

$$L(\boldsymbol{v},\ b,\ \boldsymbol{\alpha})=\frac{1}{2}\|\boldsymbol{v}\|^2+\sum_{i=1}^{n}\alpha_i[d_i(\boldsymbol{v}^{\mathrm{T}}\boldsymbol{x}_i+b)-1] \tag{4.4.12}$$

式（4.4.12）中，α 表示拉格朗日乘子（Lagrange multiplier）。

4.4.3　支持向量机非线性分类

在分类问题中，有些问题线性不可分的，但是非线性可分的。也就是说，在特征空间中存在一种超曲面可将样本的正类和负类分开。

用支持向量机求解非线性可分问题，实际上是使用非线性函数将非线性可分问题从原来的特征空间映射到更高维的 Hilbert 空间，将原问题转化为线性可分问题。这里用于映射的非线性函数称为核函数（Kernel function）。

非线性分类决策边界超平面可表示如下

$$\boldsymbol{v}^{\mathrm{T}}\psi(\boldsymbol{X})+b=0 \tag{4.4.13}$$

式（4.4.13）中，$\psi(\boldsymbol{X})$ 为 x 到 H 空间的映射函数。

用非线性函数将分类样本映射到高维 H 空间后，通过线性支持向量机可得到非线性向量机。非线性向量机的优化问题可表示如下

$$\min_{v,\ b}\frac{1}{2}\|\boldsymbol{v}\|^2+C\sum_{i=1}^{N}\xi_i \tag{4.4.14}$$

$$d_i[\boldsymbol{v}^{\mathrm{T}}\psi(\boldsymbol{x}_i)+b]\geqslant 1-\xi_i \tag{4.4.15}$$

式（4.4.14）和式（4.4.15）中，$C>0$，表示规则化参数；ξ_i 表示松弛变量，$\xi\geqslant 0$。

支持向量机线性分类类似，可通过构造拉格朗日函数对优化问题进行求解。

$$L(\boldsymbol{v},\ b,\ \boldsymbol{\alpha},\ \xi,\ \beta)=\frac{1}{2}\|\boldsymbol{v}\|^2+C\sum_{i=1}^{N}\xi_i-\sum_{i=1}^{N}\alpha_i\{d_i[\boldsymbol{v}^{\mathrm{T}}\psi(\boldsymbol{x}_i)+b]+\xi_i-1\}-\sum_{i=1}^{N}\beta_i\xi_i \tag{4.4.16}$$

式（4.4.16）中，$\alpha_i>0$，$\beta_i>0$，α_i、β_i 表示拉格朗日乘子。

4.4.4　基于支持向量机的故障诊断方法

支持向量机是一种很好的分类器，在模式分类方面具有很强的分类能力。在支持向量

机的应用研究中，故障诊断是支持向量机一个重要的应用研究领域。在核动力装置故障监测与诊断研究中，支持向量机被用于研究核动力系统故障分类或故障识别的研究。

支持向量机用于故障诊断，常见的有故障识别和故障预测两种方式。

（1）支持向量机用于故障预测

支持向量机用于故障预测的基本思路是：应用支持向量机方法建立被监测对象的时间序列预测模型。以被预测对象的时间序列数据为基础，建立预测模型的训练样本集。训练成功后的支持向量机预测模型即可用于时间序列预测。

（2）支持向量机用于故障识别

支持向量机用于故障识别的基本方法是，根据需要识别的故障建立支持向量机，选择被诊断对象的相关监测参数作为支持向量机的输入变量。根据待识别的故障和选择的输入变量，建立支持向量机训练样本集。使用训练样本集并采用合适的学习算法对支持向量机进行训练。训练成功后的支持向量机既可用于故障诊断。

4.5 基于遗传算法的故障诊断方法

4.5.1 遗传算法概述

遗传算法（Genetic Algorithm，GA）是以自然界生物适者生存、优胜劣汰的遗传进化理论为基础而建立的一种智能搜索优化算法，它在优化原理上模拟了自然界生物群体遗传与进化机制。“遗传算法”这一术语是美国 Michigan 大学 Holland J H 教授的博士研究生 Bagley 于 1967 年在其博士论文中首次提出来的[40-41]。此后，经过 Holland J H、Dejong、Goldberg D E 等专家学者的进一步研究，逐渐发展成为一种重要的智能优化算法。遗传算法及其应用研究在 20 世纪 90 年代以后获得了迅速发展。

遗传算法思想来源于自然界生物进化论中关于适者生存、优胜劣汰的自然进化和遗传机制。其基本思路是将生物进化和遗传机理的模拟与数学运算方法相结合，将求解优化问题转化为类似自然界生物进化和遗传中的个体选择、配对以及染色体部分基因之间的交叉、变异等操作活动。

遗传算法具有问题转化、并行寻优、适应度函数值评价、自适应搜索以及概率变迁确定搜索方向等特点。

4.5.2 遗传算法的基本操作

遗传算法的思想来源于达尔文的生物进化论学说，遗传算法的有关概念也借用了生物进化和遗传方面的术语，如种群、遗传、复制、交叉、选择、变异等。在遗传算法中，包含复制、交叉、选择、变异等基本操作步骤。

在应用遗传算法解决具体的问题时，事实上是不能直接使用遗传算法对问题进行求解的[41-42]。在求解问题之前，需要根据遗传算法的具体方法先将问题进行分析处理，将其转化为遗传算法能够处理的求解的问题模式，然后再运用遗传算法进行求解。换句话说，就是要将求解问题空间映射到遗传算法空间，将问题的解表达为遗传空间中染色体的形式。从一个具体问题转换处理到运用遗传算法进行求解的过程要进行一系列的操作。应用遗传算法求解一个具体问题的过程，要包含编码、初始化种群、确定适应度函数、遗传操作（选择或复制、交叉、变异）和参数设定等要素。

（1）编码

在遗传算法中，对问题的表达和求解一般是以字符串的形式进行操作处理的。常用的字符串形式是以二进制表示的字符串。将待解决的问题转换为字符串表达的形式，实际上就是遗传算法中的编码，字符串也相当于生物学中的染色体，一个字符串也表示遗传空间中的个体。二进制编码形成的字符串是将种群中的个体用若干个二进制数表示，字符串的每一位是 0 或 1。用二进制编码表示的个体与生物学中的染色体结构是很相似的，也容易采用遗传算法进行操作。除了采用二进制编码方法外，还有树形编码、自然数编码，或直接采用实数编码等方法。

编码是遗传算法操作的需要，要对某个体进行评价时，则需要回到问题的解空间，也就是解码。

（2）初始化种群

在遗传算法中，编码完成后，需要确定求解问题的搜索空间。一般通过随机生成多个个体，从而形成第一代种群，这种操作就是也就是初始化种群。一个种群中个体的总数量称为种群规模。种群规模的大小往往会影响遗传算法搜索的结果和效率。如果种群规模太小，遗传算法搜索范围有限，往往得不到最优解。反之，如果种群规模太大，不但会导致计算量增加，而且由于淘汰的个体太多而影响交叉操作效果。

（3）适应度函数

遗传算法以自然界生物适者生存、优胜劣汰的遗传进化规律为基础。为表示和评价个体对环境的适应程度，引入了适应度的概念，并将个体对环境的适应性用函数来表示，这种函数就是适应度函数。在遗传算法中，每个个体对环境的适应程度都有一个适应度函数值。适应度函数值越大，表明个体的品质越优，被选择的概率就越大。在遗传算法中，适应度函数值是遗传算法操作的依据，它直接影响到遗传算法的搜索结果与收敛速度。因此，在应用遗传算法解决问题时，适应度函数的选取与设计非常重要。

适应度函数可以根据实际问题的需要来选取和设计，对于优化问题的求解，一般是将目标函数或性能函数作为适应度函数。

（4）选择

选择是从当前种群中选取品质优良的个体，使其有机会作为父代来繁殖下一代个体。遗传算法中，选择的方法体现了生物学中优胜劣汰的原则。在遗传算法选择操作中，适应度函数值越大的个体被选择作为父代的机会就越大。反之，适应度函数值越小的个体就越容易被淘汰。

选择操作的方法有多种，常用的方法是轮盘赌选择方法。轮盘赌选择个体的具体方法是，根据种群中个体的选择概率形成一个轮盘，轮盘中各分区（用角度表示）的大小与个体的选择概率成正比，如图 4.16 所示 a、b、c、d、e 分区所对应的选择概率分别为 $p_1\%$、$p_2\%$、$p_3\%$、$p_4\%$、$p_5\%$。实际选择时，先产生一个随机数，即落入轮盘的哪个区域就将该区域对应的个体作为选中对象。

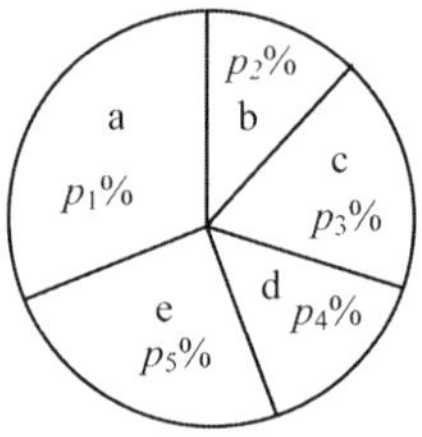

图 4.16　轮盘赌选择方法示意图

（5）交叉

在生物进化过程中，两个配对个体通过交换其染色体上的部分基因而形成新的染色体这个过程就是交叉，也称为基因重组（Recombination）。在生物进化中，正是通过交叉交换部分基因而产生下一代的新个体，并使其后代能够继承上代的基因。从遗传算法求解问题来说，是通过交叉操作产生问题的新解。因此，交叉是遗传算法的重要操作。

在进行交叉操作之前，首先要确定交叉配对的个体。确定配对个体最简单的方法是采用随机配对法。

交叉的核心是两个个体的染色体交换部分基因。在遗传算法中，用字符串表示染色体，交换基因就是互换两个字符串的部分字符。交叉的方法常见的有一点交叉、两点交叉或多点交叉。一点交叉是最简单的交叉方法，它是在两个字符串中选择一点，互换该位置的字符，从而产生两个新的字符串。图 4.17 给出了两个字符串两点交叉的示意图。图中，字符串 1 和字符串 2 将两对虚线区域所对应位置的字符进行交叉，得到新的字符串。如果在字符串上选择 1 个点，使两个字符串上 1 个位置的字符串时进行交换而形成两个新的字符串，这种交叉方法就是 1 点交叉。类似地，两个字符串可以进行多点交叉。

（6）变异

自然界的生物是在不断发展进化的，在生物进化的过程中，生物个体的染色体可能由于某种因素使其基因发生突变而产生新的染色体，这种现象就是基因变异。在遗传算法

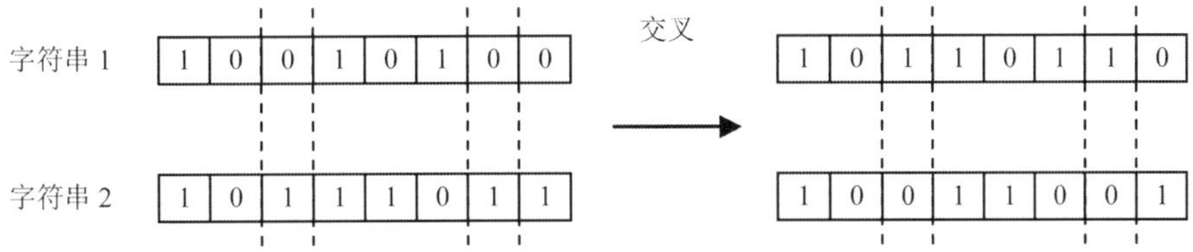

图 4.17 字符串交叉示意图（两点交叉）

中，变异操作是将表示染色体的字符串的某一位或某些位的字符随机发生改变。变异是遗传算法中产生问题新解的一种特殊方法。在自然界，变异是维持生物种群多样性的重要因素。从求解优化问题的角度来说，交叉操作可以看做对问题最优解的全局搜索，而变异操作则是进行局部搜索。在遗传算法中，对于某个个体是否进行变异操作，一般是通过变异概率来确定。变异概率是指字符串中某字符发生改变的概率。变异概率过大或过小都会影响遗传算法的效果。在求解具体问题时，需要根据实际情况确定合适的变异概率。

4.5.3 遗传算法在故障诊断中的应用

遗传算法具有良好的全局搜索性能，在算法操作中仅采用适应度函数值来评价个体的品质，而且适应度函数的设定也比较灵活。遗传算法所表现出的独特性能使其应用领域不断扩展。在故障诊断领域，遗传算法的应用研究也在不断发展。遗传算法在故障诊断中的应用方法主要体现在以下方面：遗传算法用于故障特征提取[43]；遗传算法用于优化推理；遗传算法与知识库结合[44-45]；遗传算法与因果模型结合[46-47]；遗传算法与模糊理论结合[43,45]；遗传算法与神经网络结合[48-49] 等。

（1）遗传算法与模糊理论结合

在故障诊断中，将遗传算法与模糊推理相结合，可以利用遗传算法的优化功能对基于模糊推理的诊断系统的推理规则进行优化。

（2）遗传算法与神经网络结合

与神经网络相结合应用于故障诊断，是遗传算法在故障诊断中比较常见的应用方式。遗传算法与神经网络相结合主要有以下方式：

1）先用遗传算法优化神经网络的连接权值和神经元（节点）阈值参数，然后将经过优化后的神经网络用于故障诊断。

2）用遗传算法优化神经网络结构，即用遗传算法优化神经网络输入层和隐含层的节点数，获得求解问题的最优神经网络拓扑结构。在实际应用中，一般只需要优化神经网络隐含层神经元的数目。文献［11］用改进遗传算法同时优化 BP 网络结构和权值。

基于 GA 优化神经网络的故障诊断原理如图 4.18 所示。

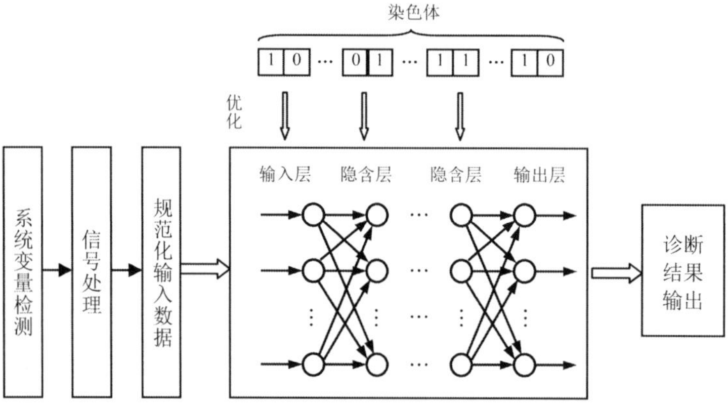

图 4.18　基于 GA 优化神经网络的故障诊断原理示意图

4.6　本章小结

智能推理诊断方法包括模糊推理诊断方法和专家系统诊断方法。在模糊诊断方法中，介绍了基于模糊推理的故障诊断原理及其在核动力装置故障诊断中的应用。在专家系统诊断方法中，介绍了专家系统的概念、专家系统的一般结构、专家系统知识表示方法和专家系统诊断原理，以及专家系统在核动力装置故障诊断中的应用。在智能优化算法诊断方法中，介绍了基于支持向量机的诊断方法和基于遗传算法的诊断方法。

参考文献

[1] Ruan D. Fuzzy logic in the nuclear world [J]. Fuzzy Sets and System, 1995, 74: 5-13.

[2] Marseguerra M, Zio E, Baraldi P. Fuzzy logic for signal prediction in nuclear system [J]. Progress in Nuclear Energy, 2003, 43 (1-4): 373-380.

[3] Marseguerra M, Zio E, Oldrini A, et al. Fuzzy identification of transients in nuclear power plants [J]. Nuclear Engineering and Design, 2003, 225: 285-294.

[4] Marseguerra M, Zio E, Baraldi P. A fuzzy modeling approach to the identification of transients in nuclear components [J]. Annals of Nuclear Energy, 2004, 31: 2093-2112.

[5] Zio E, Baraldi P. Identification of nuclear transients via optimized fuzzy clustering [J]. Annals of Nuclear Energy, 2005, 32: 1068-1080.

[6] Zio E, Gola G. Neuro-fuzzy pattern classification for fault diagnosis in nuclear components [J]. Annals of Nuclear Energy, 2006, 33: 415-426.

[7] Zio E, Popescu I C. Fuzzy-logic-based identification of transients in the feed-water sys-

tem of a nuclear power plant [J] . Int. J. Nuclear Knowledge Management, 2007, 2 (3): 249-267.

[8] Guimarães A C F, Lapa C M F. Adaptive fuzzy system for fuel rod cladding failure in nuclear power plant [J] . Annals of Nuclear Energy, 2007, 34: 233-240.

[9] Baraldi P, Far R R, Zio E. Bagged ensemble of fuzzy C-Means classifiers for nuclear transient identification [J] . Annals of Nuclear Energy, 2011, 38: 1161-1171.

[10] Maio F D, Secchi P, Vantini S, et al. Fuzzy C-Means Clustering of Signal Functional Principal Components for Post-Processing Dynamic Scenarios of a Nuclear Power Plant Digital Instrumentation and Control System [J] . IEEE Transactions on Reliability, 2011, 60 (2): 415-425.

[11] Prusty M R, Jayanthi T, Chakraborty J, et al. Performance analysis of fuzzy rule based classification system for transient identification in nuclear power plant [J] . Annals of Nuclear Energy, 2015, 76: 63-74.

[12] Wu G, Zhang L, Tong J. Online fault diagnosis of nuclear power plants using signed Directed graph and fuzzy theory [C] . Proceedings of the 2017 25th International Conference on Nuclear Engineering (ICONE 25), July 2-6, 2017, Shanghai, China, ICONE25-66367: 1-7. ”

[13] 章卫国，杨向忠．模糊控制理论与应用 [M] . 西安：西北工业大学出版社，1999.

[14] 钟秉林，黄仁．机械故障诊断学 [M] . 3 版．北京：机械工业出版社，2006.

[15] Zhou Gang, Han Long. Research on leakage monitoring method of pressurizer based on fuzzy inference [C] . Proceedings of 2019 IEEE 14th International Conference on Electronic Measurement and Instruments, 2019, Vol2: 1061-1066.

[16] 韩龙，周刚，孙旭升．基于集成神经网络与模糊逻辑融合的稳压器泄漏监测方法 [J] . 原子能科学技术，2014，48 (s1)：474-479.

[17] 张文星，纪有奎．专家系统原理与设计 [M] . 武汉：武汉测绘科技大学出版社，1989.

[18] Giarratano J C, Riley G D. 专家系统原理与编程 [M] . 印签，陈忆群，刘星成，译．北京：机械工业出版社，2010.

[19] Nelson W R. Reactor: An expert system for diagnosis and treatment of nuclear reactor accidents [C] . Proc. 2nd Nat. Conf. on Artificial Intelligence, PA, USA, Aug. 1982: 296-301. ”

[20] Nelson W R. Response trees and expert systems for nuclear reactor operations [R] . NUREGKR-3631, Feb. 1984: 1-20.

[21] Yang J O, Chang S H. A diagnostic expert system for the nuclear power plant based

on the hybrid knowledge approach [J] . IEEE Transactions on Nuclear Science, 1989, 36 (6): 2450-2458.

[22] Cayenne S W, Kang G S, Chang S H. Application of neural networks to connectionist expert system for identification of transients in nuclear power plants [C] . Proceedings of the Second International Forum, Expert Systems and Computer Simulation in Energy Engineering. Erlangen, Germany: 1992, (22-1): 15."

[23] Chou G H, Lee K H, Chao H J. The development of a thermal performance diagnostics expert system for nuclear power plant [J] . IEEE Transactions on Nuclear Science, 1994, 41 (5): 1729-1735.

[24] 付明玉，边信黔，史觊，等．船用核动力装置专家系统技术研究 [J] . 核科学与工程，2002，22 (3)：220-228.

[25] 陈志辉，夏虹，刘邈．核电系统故障诊断专家系统研究 [J] . 核动力工程，2005，26 (5)：523-527.

[26] Cilliers A C. Benchmarking an expert fault detection and diagnostic system on the Three Mile Island accident event sequence [J] . Annals of Nuclear Energy, 2013, 62: 326-332.

[27] Kim J T, Kwon K C, Hwang I K. Development of advanced I&C in nuclear power plants: ADIOS and ASICS [J] . Nuclear Engineering and Design, 2001, 207: 105-119.

[28] Beltracchi L. An expert display system and nuclear power plant control rooms [J] . IEEE Transactions on Nuclear Science, 1988, 35 (2): 991-1000.

[29] Lee M R, Kim T E, Choi Y J. An expert-system approach to monitoring the general operating procedures of PWR plants [J] . Engng Applic. Artif. Intell. , 1996, 9 (3): 321-329.

[30] Nabeshima K, Suzudo T, Ohno T, et al. Nuclear reactor monitoring with the combination of neural network and expert system [J] . Mathematics and Computers in Simulation, 2002, 60: 233-244.

[31] Benoist B, Gaillard P, Pigeon M, et al. Expert-system for the characterization of defect signals in steam generator tubes [J] . Engng Applic. Artif. Intell. , 1995, 8 (3): 309-318.

[32] Upadhyaya B R, Yan W, Behravesh M M, et al. Development of a diagnostic expert system for eddy current data analysis using applied artificial intelligence methods [J] . Nuclear Engineering and Design, 1999, 193: 1-11.

[33] Cheon S W, Chang S H, Chung H Y. Development strategies of an expert system

for multiple alarm processing and diagnosis in nuclear power plants [J]. IEEE Transactions on Nuclear Science，1993，40 (1)：21-30.

[34] Choi S S，Kang K S，Kim H G. Development of an on-line fuzzy expert system for integrated alarm processing in nuclear power plants [J]. IEEE Transactions on Nuclear Science，1995，42 (4)：1406-1418.

[35] Park S Y，Ahn K I. SAMEX：A severe accident management support expert [J]. Annals of Nuclear Energy，2010 (37)：1067-1075.

[36] 蔡自兴，刘丽珏，蔡竞峰，等．人工智能及其应用 [M]．5 版．北京：清华大学出版社，2016.

[37] 周刚，杨立．核电厂智能诊断方法研究的进展 [J]．原子能科学技术，2008，42 (Suppl)：92-99.

[38] 韩龙．基于人工智能与信息融合的核动力系统并发故障诊断方法研究 [D]．武汉：海军工程大学硕士学位论文，2014.

[39] 胡良谋，曹克强，徐浩军，等．支持向量机故障诊断及控制技术 [M]．北京：国防工业出版社，2011.

[40] 史蒂芬．卢奇 (Stephen Lucci)，丹尼．科佩克 (Danny Kopec)．人工智能 [M]．2 版．林赐，译．北京：人民邮电出版社，2018.

[41] 李德毅．人工智能导论 [M]．北京：中国科学技术出版社，2018.

[42] 温正，孙克华．MATLAB 智能算法 [M]．北京：清华大学出版社，2017.

[43] 张金玉，张炜．装备智能故障诊断与预测 [M]．北京：国防工业出版社，2013.

[44] 周杨平，赵炳全．基于遗传算法和知识库的核电厂故障诊断方法 [J]．核动力工程，2000，21 (4)：362-367.

[45] 周杨平，赵炳全．核电厂故障诊断的模糊遗传算法 [J]．原子能科学技术，2001，35 (5)：390-395.

[46] 谢春玲，戴景民，施小成．基于遗传算法的船用核动力装置故障诊断 [J]．中国造船，2007，48 (2)：111-115.

[47] 孔衍，任鑫，王川，等．基于改进遗传算法的核动力装置故障诊断研究 [J]．原子能科学技术，2012，46 (11)：1357-1361.

[48] David Tian，Jiamei Deng，Gopika Vinod，T. V. Santhosh，Hissam Tawfik. A constraint-based genetic algorithm for optimizing neural network architectures for detection of loss of coolant accidents of nuclear power plants [J]. Neurocomputing，2018，322：102-119.

[49] 谢春丽，夏虹，刘永阔，等．BP 神经网络改进算法在核电设备故障诊断中的应用 [J]．核动力工程，2007，28 (4)：85-90.

第 5 章

基于信息处理和信息融合的故障诊断方法

5.1 概述

关于核动力装置系统和设备故障诊断，除前面介绍的故障诊断方法外，还有一些理论和方法被应用于核动力装置系统和设备故障诊断的研究，其中具有代表性的方法有基于粗糙集的诊断方法、基于信息融合的诊断方法、基于 Petri 网的诊断方法、基于符号有向图的诊断方法、基于故障树的诊断方法、基于多智能体的诊断方法、多层流诊断方法以及综合诊断方法等。本章主要介绍基于信息融合的诊断方法及其在核动力系统和设备诊断中的应用，简要介绍基于信息处理的诊断方法和综合诊断方法。粗糙集方法在本质上是一种信息处理方法，综合诊断方法可以认为是一种广义上的信息融合诊断方法。因此，本章实际上是阐述基于信息处理和信息融合的故障诊断方法。

5.2 基于粗糙集的故障诊断方法

5.2.1 粗糙集概述

粗糙集（Rough Sets，RS）是研究和处理不确定、不精确或不完整知识的数学理论。粗糙集是波兰科学家 Z. Pawlak 于 1982 年提出和创立的[1-2]。21 世纪以来，粗糙集理论及其应用研究的不断发展，使其成为一种重要的信息处理方法，并被广泛应用于信息处理、故障诊断、模式识别与数据挖掘等方面的研究。

粗糙集理论是继概率论、模糊理论和证据理论之后又提出的一种处理不确定性问题的数学理论。粗糙集理论用于处理不精确（imprecise）、不一致（inconsistent）和不完整

(incomplete) 等不完备信息问题时，不需要先验知识，而是可以直接对数据进行处理并从中发现隐含的知识，揭示其潜在的规律。

粗糙集理论以研究对象的分类为基础，将分类看作特定空间上的等价关系，将等价关系理解为属性的描述或看作知识库上的知识，通过等价关系对空间进行划分。粗糙集理论的基本思想是利用已知知识库中的知识来刻画不精确或不确定的知识。

简单地说，粗糙集理论具有以下特点：

(1) 粗糙集理论在数学上具有严密的理论基础和理论体系，是系统地处理问题的方法。

(2) 以分类机制为基础，将知识定义为特定空间或论域上不可分辨关系的等价类，便于使用数学的方法对知识进行分析处理。

(3) 能够处理不确定、不精确或不完整的知识，而且不需要附加信息或先验知识。

(4) 能够在分类精度不变的条件下，通过约简求得知识的最小表达，找到最小属性集或最少的规则。

5.2.2 粗糙集知识及其分类表示

(1) 粗糙集知识

在不同的范畴，对于“知识”这一概念具有不同的含义。在粗糙集理论中，认为“知识”是根据事物的特征对于某种事物进行分类的能力。

(2) 知识表示系统

在信息处理中，设某研究对象相关信息可以表示为一个知识系统 S，可用公式表示如下

$$S=(U, C, D, V, f) \tag{5.2.1}$$

式 (5.2.1) 中，U 表示研究论域；C 表示研究对象的条件属性集；D 表示研究对象决策属性集；$C \cup D=R$ 表示属性集合；$V=v_r$，v_r 表示某一属性 $r \in R$ 的属性值范围，r 是属性值的集合；f 定义了一个信息函数 $f: U \times R \rightarrow V$，它映射了论域 U 中每一个对象的属性值。

(3) 知识分类表示

从粗糙集理论的角度来看，知识是与分类模式相联系的，知识反映了人类对自然界和人类社会各种事物的分类能力。人类对任何事物的认识，通常是通过属性知识来描述和加以区分的。知识的分类表示可以用知识系统的集合表达形式来描述。

例如，某仪表与控制系统设备的知识系统，可以用表 5.1 所示的分类形式来描述。

表 5.1 某仪表与控制系统设备知识系统分类表示

设备	类型	作用	所属系统
x_1	传感器	温度检测	一回路
x_2	控制器	温度控制	一回路
x_3	信号处理设备	温度信号转换	一回路
x_4	传感器	压力检测	二回路
x_5	显示器	温度显示	二回路
x_6	接线箱	接线	一回路
x_7	显示器	温度显示	二回路

为分析上述仪表与控制系统设备情况，将其用集合 U 来表示，则

$$U=\{x_1, x_2, \cdots, x_7\} \tag{5.2.2}$$

将集合 U 中设备按照类型、作用和所属系统等属性进行分类，并将这些属性分别定义为类型（R_1）、作用（R_2）、所属系统（R_3）。根据上述属性，可以得到以下分类：

1）按照类型分类

传感器——x_1，x_4；控制器——x_2；信号处理设备——x_3；接线箱——x_6；显示器——x_5，x_7

2）按照作用分类

温度检测——x_1；温度控制——x_2；温度信号转换——x_3；压力检测——x_4；接线——x_6；温度显示——x_5，x_7

3）所属系统分类

一回路——x_1，x_2，x_3，x_6；二回路——x_4，x_5，x_7

如果用属性 R 描述 U 中属性关系，则可得到如下的等价类：

$U|R_1=\{\{x_1, x_4\}, \{x_2\}, \{x_3\}, \{x_6\}, \{x_5, x_7\}\}$

$U|R_2=\{\{x_1\}, \{x_2\}, \{x_3\}, \{x_4\}, \{x_5, x_7\}\}$

$U|R_3=\{\{x_1, x_2, x_3, x_6\}, \{x_4, x_5, x_7\}$

在粗糙集集合属性的描述中，用 R 代表 U 中对象之间的等价关系，并通常使用等价关系来代替分类。而具有等价关系的聚类称为等价类。粗糙集在处理问题一般是处理论域 U 上的一些分类族。论域 U 上的分类族被定义为 U 上的知识库。每一个等价类称为基本范畴。所有具有特定属性的元素构成的子集称为初等范畴，初等范畴可由一些基本范畴组成。分类和范畴是粗糙集理论的基础性概念。

5.2.3 粗糙集基础[3-5]

(1) 不可分辨与等价关系

将论域U中的分类族定义为一个U中的知识库，该分类族构成了某特定论域U的分类。

根据定义的属性，论域U中的等价关系是没有区别的元素的集合。对于子集X、$Y \subset U$，若根据关系X与Y定义的关系R不可分辨时，称其为$ind(R)$，它代表子集X、Y均属于R中的一个范畴，可表示为

$$[X]_R = U|R = U|\, ind(R) \tag{5.2.3}$$

当不可分辨关系由属性P表达时，属性集$P \subset R$，对象X、$Y \subset U$，当且仅当$f(X, a) = f(Y, a)$时$(a \in P)$，X、Y是不可分辨的。可表示为

$$ind(P) = \{(X, Y) \subset U|\ \text{all}\ a \in P, f(X, a) = f(Y, a)\} \tag{5.2.4}$$

$ind(P)$可表达为$U|ind(P)$或$U|P$。

令P、$Q \subset R$，$K_p = (U, P)$、$K_q = (U, Q)$为两个知识库。当$U|ind(P) = U|ind(Q)$时，称K_p与K_q是等价的，即$K_p \equiv K_q$。这就是说，当K_p与K_q都具有同样的基本范畴集时，则知识库K_p与K_q都能确切地表达论域的完全相同的事实，这样就可以用不同的属性集对某对象进行描述表达论域的完全相同的事实。

(2) 精确集与粗糙集

在某论域U中，子集$X \subset U$，R为等价关系。当子集X可用R属性集确切地描述时，则称X是R可定义的；否则称X是R不可定义的。R可定义的集合称为R的精确集，R不可定义的集合称为R的非精确集或粗糙集。

R的粗糙集不能被R的等价类精确地描述，但可以使用两个精确集来近似地描述。也就是说，在对粗糙集进行描述时，可采用粗糙集的上近似集和下近似集来描述。

设Y_i为R的基本集合，即$Y_i \subset ind(R)$。用$R_(X)$与$R^-(X)$分别为X的R下近似集和上近似集。

$$R\_(X) = \bigcup\{Y \subset U|\ ind(R): Y_i \subset X\} \tag{5.2.5}$$

$$R^-(X) = \bigcup\{Y \subset U|\ ind(R): Y_i \cap X \neq \varnothing\} \tag{5.2.6}$$

$R_(X)$与$R^-(X)$也可以分别表示为以下的形式

$$R\_(X) = \{X \subset U: [X]_R \subset X\} \tag{5.2.7}$$

$$R^-(X) = \bigcup\{X \subset U: [X]_R \cap X \neq \varnothing\} \tag{5.2.8}$$

记

$$B_R(X) = R^-(X) - R\_(X) \tag{5.2.9}$$

$$P_R(X) = R\_(X) \tag{5.2.10}$$

$$N_R(X) = U - R^-(X) \tag{5.2.11}$$

式（5.2.9）~(5.2.11）中，B_R（X）称为 X 的 R 边界，P_R（X）称为 X 的 R 正域，N_R（X）称为 X 的 R 负域。

集合 $R\_$（X）可以理解为 X 中的最大可定义集，R^-（X）可以理解为包含 X 的最小可定义集。

（3）集合的近似精度

边界域的存在使集合具有不确定性。集合的边界域越大，其精确性就越低。为准确描述集合的近似程度，在粗糙集理论中引入近似精度的概念。

令 d_R（X）表示集合的近似精度，其定义如下

$$d_R(X)=\frac{card\left[R_-(X)\right]}{card\left[R^-(X)\right]} \tag{5.2.12}$$

式（5.2.12）中，$card$（·）表示集合的基数，亦即该集合元素的数目。

近似精度 d_R（X）表达了对于集合 X 的了解程度。当 $0<d_R$（X）<1 时，表示集合 X 有非空边界域，集合 X 为部分 R 可定义的。当 d_R（X）$=1$ 时，表示集合 X 的边界域为空集，集合 X 为全部 R 可定义的。当 d_R（X）$=0$ 时，表示集合 X 为全部 R 不可定义的。

集合 X 的不确定性还可以用 R 的粗糙度 C_R（X）来表示。粗糙度 C_R（X）定义为

$$C_R(X)=1-d_R(X) \tag{5.2.13}$$

从上式可以看出，粗糙度 C_R（X）与 d_R（X）的含义是相反的，它表示用 R 的基本集合描述集合 X 的不完全程度。

（4）分类近似

在根据集合知识对知识的某些对象进行分类时，由于分类是基于 R 进行的，因此基于知识的分类是一个近似分类问题。描述分类的精确程度，可通过定义分类精度来描述。

分类 H 的下近似和上近似可以分别定义如下

$$R\_(H)=\{R\_(X_1),R\_(X_2),\cdots,R\_(X_n)\} \tag{5.2.14}$$

$$R^-(H)=\{R^-(X_1),R^-(X_2),\cdots,R^-(X_n)\} \tag{5.2.15}$$

在这里，用 d_R（H）表示 H 的近似分类精度。d_R（H）定义如下

$$d_R(H)=\frac{\sum_{i=1}^{n}card\left[R_-(X_i)\right]}{\sum_{i=1}^{n}card\left[R^-(X_i)\right]} \tag{5.2.16}$$

为度量近似分类的不精确性，可以以用下式表示

$$p_R(H)=\frac{\sum_{i=1}^{n}card\left[R_-(X_i)\right]}{card(U)} \tag{5.2.17}$$

设 $K_{\mathrm{p}}=$（U，R）为某一给定的知识库。对于 $X\subset U$，$R\subset ind$（R）可以根据 R 的基本集合来划分集合 X。

(5) 知识简化

在信息处理中，为了简化计算，有时需要在保持系统初等范畴的情况下消除知识库中的那些冗余属性。在粗糙集理论中，消除知识库冗余属性的方法是知识化简。知识化简涉及到“简化”和“核”这两个基本概念。

设某一知识库 $K=(U, R)$，对于论域 U，定义等价关系 $R \subset ind(K)$，且有 $r \in R$。若存在下述关系

$$ind(R) = ind(R-\{r\}) \tag{5.2.18}$$

且式 (5.2.18) 可表达为

$$U | ind(R) = U | ind(R-\{r\}) \tag{5.2.19}$$

则称 r 为 R 中可省略的，否则称 r 为 R 中不可省略的。

若对于任一 $r \in R$，R 不可省略，则称 R 是独立的。当用 R 来表达某系统的知识时，如果 R 是独立的，则表明属性集 R 中的属性是必不可少的。该属性集独立地构成一组表达该系统分类知识的特征。

当属性集 R 是独立的时，若存在某属性子集 $P \subset R$，则 P 也是独立的。对于某属性子集 $P \subset R$，若存在最小子集 Q，满足 $Q = P - r$ 且 $Q \subset P$，使 $ind(Q) = ind(P)$，则称 Q 为 P 的简化。P 的简化用 $red(P)$ 表示。需要说明的是，对于某一属性集，可能存在多种简化。P 的简化集 $red(P)$ 的交称为 P 的核，用 $core(P)$ 表示。P 的核表示的是知识系统必不可少的重要属性集。

根据 P 的简化与 P 的核的概念，两者存在如下关系

$$core(P) = \bigcap red(P) \tag{5.2.20}$$

式 (5.2.20) 中，$red(P)$ 为 P 的所有简化族。

在决策系统中，一般存在条件属性集 C 和决策属性集 D。条件属性集 C 所建立的等价关系，对于决策系统存在一个分类 $U|C$。决策属性集 D 所建立的等价关系，对于决策系统存在一个分类 $U|D$。根据决策的需要，往往需要考虑一个分类关系相对于另一个分类的关系。当用一个分类关系来表达另一个分类的关系时，条件属性集 C 所建立的等价关系的简化问题，就涉及到知识的相对简化问题。

为讨论知识的相对简化，先给出一个分类相当于另一个分类正域的概念。设某一知识库 $K=(U, R)$，存在等价关系 $R \subset ind(K)$，$R=(C, D)$，对于系统中的等价子集 D，其正域 $POS_C(D)$

$$POS_C(D) = \bigcup C\_(D) \qquad (X \in U|D) \tag{5.2.21}$$

若存在

$$POS_C(D) = POS_{C-r}(D) \tag{5.2.22}$$

则称 r 为 C 中相对于 D 是可省略的，称 r 为 C 中相对于 D 是不可省略的。

对于任意 $C \in R$，若 C 相对于 D 不可省略则称 C 为独立的。对于 $C \subset R$，若存在

$Q=C-r$，且 Q 为 $Q\subset C$ 的最小子集，使 $POS_C(D)=POS_{C-r}(D)$，则称 Q 为 C 相对于 D 的简化，记作 $red_D(C)$。

一个条件属性集合 C 相对于决策集 D 可能有多种简化。属性集合 C 中所包含的不可省略关系的集合称为 C 相对于 D 的核，用 $core_D$（C）表示。

C 相对于 D 的核实际上就是 C 相对于 D 所有简化集 red_D（C）的交，即

$$core_D(C)=\bigcap red_D(C) \tag{5.2.23}$$

式（5.2.23）中，red_D（C）是 C 相对于 D 的所有简化族。

（6）知识依赖性

对于一个知识系统，既可以用条件属性的基本集合表达，也可以用结果属性的基本集合表达，也可以从某一给定知识导出另一知识。当 A 中的知识可以用 B 中的知识部分表达时，知识库中的知识就存在依赖性。当知识 A 依赖于知识 B 时，称为知识 A 是从知识 B 可导的，表示为 $A\Rightarrow B$。知识的依赖性可通过知识的部分可导性来表达。

知识的部分可导性定义为：

$$L=l_B(A)=\frac{card\left[POS_B(A)\right]}{card(U)} \tag{5.2.24}$$

式（5.2.24），当 $L=1$ 时，表示 A 是由 B 全可导的。当 $0<L<1$ 时，表示 A 是粗可导的。当 $L=0$ 时，表示 A 是全全不可导的。因此，可以将 L 看作 A 与 B 之间的依赖性的量度，或对于研究对象的分类能力。

（7）决策表

现实中的一些决策问题可以表格的形式来表达，表格中列出条件属性和决策属性。决策表是一种特殊的知识表达系统。

决策表的定义如下：

设 $K=(U, R)$ 为一知识表达系统，C、D 为系统的属性子集，C、$D\subset R$，C 称为系统的条件属性集，D 称为系统的决策属性集。利用条件属性和决策属性可以将知识表达系统表示为表格的意思，这个表格称为决策表。

在知识表达系统中，ind（C）和 ind（D）的等价类分别称为条件分类和决策分类。

假设论域 U 中条件属性 C 可定义的分类为 X，决策属性 D 可定义的分类为 Y。x_i、$y_i\in U$，定义映射 f_X

$$f_X: decC(x_i)\Rightarrow decD(y_i),\ x_i\in X,\ y_i\in Y$$

在决策表中将 f_m 称为决策规则。

用 $f_X|C$ 和 $f_X|D$ 分别表示 f_X 对于 C、D 的条件和决策约束。对于 $X\neq Y$，$f_X|C=f_Y|C$，表明 $f_X|D=f_Y|D$，则称决策规则是协调的；否则决策规则称为是不协调的。

5.2.4 基于粗糙集理论的故障诊断方法

在决策系统信息处理中，可以应用粗糙集方法删除那些不相关或者不重要的条件属

性，得到最小属性集和相应的样本集，并且不给决策带来影响。因此，在故障诊断中，可以使用粗糙集技术来选择有效的故障特征集，以减小输入特征量的维数。

粗糙集用于故障诊断的方法主要有两种：粗糙集直接用于故障诊断；粗糙集与其他方法相结合用于故障诊断。在有关粗糙集的故障诊断方法中，常见的方法是将粗糙集与支持向量机、专家系统、神经网络以及决策树等方法构成各种复合诊断方案。粗糙集在故障诊断的作用主要是对数据等进行预处理、对故障诊断条件属性及数据进行约简以及对规则进行提取等作用。

（1）粗糙集直接用于故障诊断

粗糙集直接用于故障诊断是建立在粗糙集信息处理和规则提取功能基础之上的。粗糙集直接用于故障诊断的基本思路是[6]：通过对原始症状信息进行提取和量化，建立故障诊断表；对故障条件属性进行约简，消除冗余信息，处理冲突信息，获得“核”症状参数；根据“核”症状参数得到故障诊断规则；利用故障诊断规则进行推理分析，得到故障诊断结果。

（2）粗糙集与支持向量机结合

在故障诊断中，近些年来关于粗糙集与支持向量机相结合诊断方法的研究逐渐增多。粗糙集理论具有处理不确定、不精确或不完整知识的能力，其缺点是不具备必要的学习能力和推广能力。支持向量机虽然具备良好的推广能力，但是它对不确定性数据的处理能力比较差，直接用支持向量机及原始数据进行故障诊断的效率也比较低。将粗糙集与支持向量机结合起来，先采用粗糙集理论对条件属性和样本集进行预处理，消除冗余属性和相同样本，在不失数据完备性的前提下降低数据维数，可以简化支持向量机输入，建立泛化能力强且能够反映不确定信息的故障分类器[7-10]。粗糙集与支持向量机相结合的故障诊断原理如图 5.1 所示[7]。

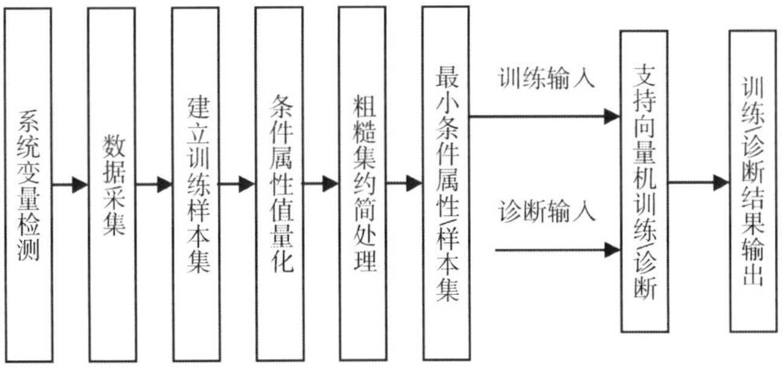

图 5.1　粗糙集与支持向量机相结合的故障诊断原理框图[7]

基于粗糙集与支持向量机的故障诊断方法基本步骤如下：

1）监测变量数据采集

对预先确定的特征变量进行数据采集并进行处理，建立训练样本集。

2）条件属性值量化

对条件属性值进行离散化。然后采用粗糙集数据处理方法，利用离散化后的条件属性和决策属性值生成决策表。

3）属性约简

用粗糙集处理方法对属性进行约简；用差别矩阵法来计算属性的核，确定属性约简集。

4）支持向量机训练

选择适当的核函数及参数，初始化相关参数，用二次规划的方法训练支持向量机。

5）故障诊断

将特征变量监测、采集和处理后的数据输入到支持向量机进行计算，即可得到故障诊断（分类）结果。

（3）基于粗糙集与专家系统的诊断方法

专家系统诊断方法一般采用基于规则的推理方法。诊断系统的输入参数和推理规则一般是根据专家的经验进行选择和设计。描述故障的特征参数和规则往往具有相关性，容易产生冗余的参数、规则或者说冗余信息。参数、规则等冗余信息的存在将增加诊断系统的计算量，影响诊断系统的性能。将粗糙集方法与专家系统结合起来，可利用粗糙集方法对故障诊断知识进行约减，提取有用的诊断规则，减小诊断系统的计算量，提高诊断系统的性能[7,11]。

一种基于粗糙集与专家系统的诊断方法原理如5.2图所示。图中评价机制模块对推理机的推理结果进行评价，将评价结果输入到反馈处理模块，反馈处理模块根据评价结果对知识库的规则进行优化更新。同时，将正确结果通过接口模块提供给用户模块。

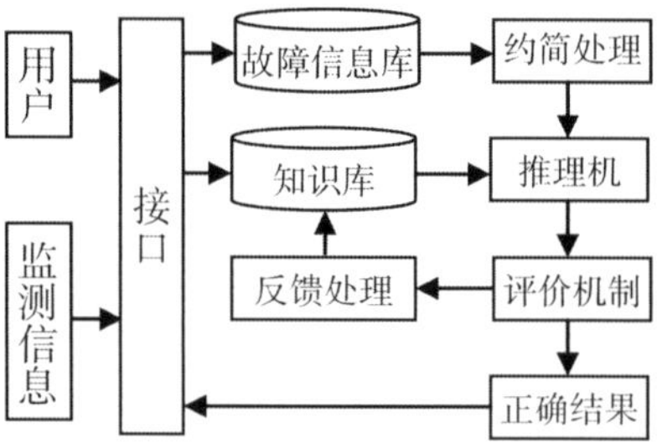

图5.2　基于粗糙集与专家系统的诊断方法原理框图

（4）基于粗糙集与神经网络的诊断方法

在故障诊断中，粗糙集与神经网络主要有两种结合方式。

1）用粗糙集方法优化神经网络的输入

用粗糙集方法优化神经网络故障诊断原理如图5.3所示。用粗糙集方法优化神经网络的输入，实际上是将粗糙集运算模块作为神经网络的前端处理器，对神经网络的输入参数进行处理，找出神经网络输入的最小条件属性集（最小输入参数集）和相应的学习样本集[12]。然后，用最小训练样本集对神经网络进行训练，训练成功后的神经网络即可用于故障诊断。

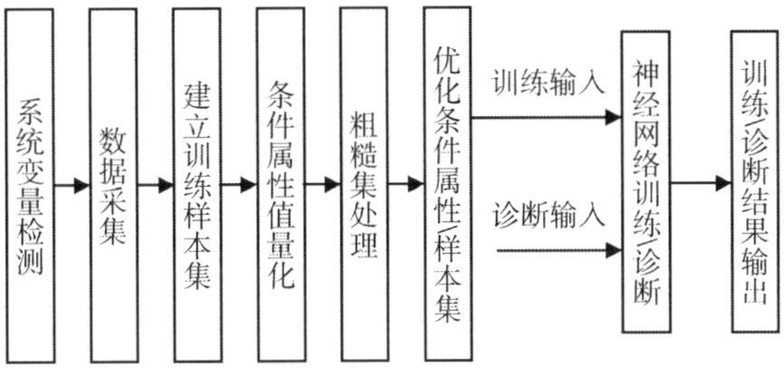

图 5.3　粗糙集方法优化神经网络故障诊断原理框图

2）用粗糙集方法构造粗糙神经网络

用粗糙集方法可以直接对研究对象数据进行分析和推理，能够在分类精度不变的条件下，通过约简消除冗余数据，求得知识的最小表达，找到最小属性集或最少的规则。神经网络具有良好的自组织、映射、联想记忆和泛化等能力，在故障诊断中与其他方法相比具有显著的优点。但是，在应用神经网络解决问题时，对于其特征参数的选择和神经网络结构的设计缺乏严密的方法，一般是根据经验或采用试验测试的方法而设计，从而导致神经网络的特征参数和结构往往存在一定的冗余和不合理性，影响了神经网络的训练和效果。将粗糙集方法和神经网络结合起来，利用粗糙集方法构造神经网络可得到性能较好的神经网络模型，这种神经网络称为粗糙神经网络或粗神经网络[13-17]。粗糙神经网络主要有粗糙BP 神经网络[15]、粗糙模糊神经网络[16] 和自适应粗糙径向基神经网络（Adaptive rough radial basis function neural network，ARRBFNN）[17]。

建立粗糙神经网络以后，就可以将粗糙神经网络用于系统故障诊断，其诊断原理与普通神经网络诊断原理类似。

5.3　信息融合诊断方法

5.3.1　信息融合概述

（1）信息融合的发展

信息融合（Information Fusion，IF）是在数据融合（Data Fusion，DF）基础上发展起来的一种新理论和新技术。数据融合的概念起源于 20 世纪 70 年代。数据融合技术产生于军事领域上的需求，最早用于军事装备信号处理的目的。1973 年美国研究机构在国防部的资助下，开展了潜艇声纳信号解释系统的研究[18]。在该系统中，通过对多个独立的连续声纳信号进行融合处理，自动检测出敌方潜艇的位置。这是数据融合技术最早的应用[19]，也是标志着数据融合技术的诞生。在此以后，数据融合技术的应用在美军各种 C^3I 系统的开发中引起越来越多的重视[20]。

在 20 世纪 80 年代中期，数据融合技术在军事领域的应用中已经取得了相当的进展，在此基础上也初步形成了数据融合理论和技术的基本框架。1984 年，美国国防部 C^3I 助理机构授权实验室数据融合小组联合指导委员会（Joint Directors of Laboratories Data Fusion Subpanel，JDLDFS）成立了数据融合专家组，专门组织和指导相关技术的研究[20-21]。在 JDLDFS 的指导下，美国海军技术局（ONT）特别组成了一个研究小组，来修改计划以指导未来 ONT 在信息融合方面的经费投入。美国从 1988 年起，把数据融合技术列为其重点研究和开发的 20 项关键技术之一，并且列为最优先发展的 A 类[18-19,21-22]。20 世纪 90 年代以来，数据融合理论和技术得到了快速发展，进一步扩展为内涵更为广泛的信息融合。在国外，美国三军数据融合年会、SPIE 传感器融合年会、国际机器人和自动化会刊以及 IEEE 的相关会议每年都有该技术的专门讨论[37]。1998 年成立的国际信息融合学会（International Society of Information Fusion，ISIF），每年都举行一次关于信息融合的国际学术会议，交流和报道该领域研究成果和新进展[18-19]。

信息融合是一门新的涉及多学科理论与技术的综合性信息处理理论和技术。现在信息融合技术在军事领域的应用受到各国的广泛重视，同时也从最初的军事领域的应用推广到广泛的民用领域。

我国在信息融合理论和技术方面的研究起步较晚，20 世纪 80 年代末，国内才开始出现数据融合和信息融合研究方面的报道。20 世纪 90 年代以来，信息融合理论及其应用研究在国内逐渐引起重视，国内一些大学和有关研究机构相继开展信息融合理论及应用技术的研究。现在，国内在信息融合技术研究方面正在稳定、持续的向前发展。

（2）信息融合的要素

根据信息融合目前的研究进展，其理论和技术内容框架（要素）主要包括以下几个方面[19,22-25]：信息融合的定义；信息融合模型；信息融合算法；信息融合的结构；信息融合技术的应用。其中，信息融合模型、融合算法和融合结构是信息融合理论与应用研究的核心内容。

虽然现在信息融合技术已经成功运用于众多领域并受到广泛重视，但是信息融合在理论和技术上还在继续发展中，还未形成统一和完整的内容体系。“信息融合”概念本身也没有形成统一的定义。现在对于“信息融合”的概念，被多数人接受的是 JDL（Joint Directors of Laboratories）关于信息融合的定义。JDL 认为，信息融合是在多级别、多方面对单源和多源的数据和信息进行自动检测、关联、相关、估计和组合的过程[19,24]。JDL 对信息融合进一步的定义是[24]：“信息融合是组合数据或信息以估计和预测实体状态的过程”。

信息融合模型在有些文献中被认为是信息融合的过程或模式[25]。信息融合模型一般可分为两大类[20]：1）功能型模型，如 UK 情报环、Boyd 控制回路（OODA 环）等；2）数据型模型，如 JDL 模型。此外，还有瀑布模型、Dasarathy 模型和混合模型等。

信息融合算法（或方法）是信息融合系统中对数据或信息进行关联、相关、估计和组合等处理的方法。JDL 关于信息融合的定义中并没有限制或指明在进行信息融合时应采取哪种融合算法（或方法）。因此，在进行信息融合系统设计时，需要根据具体的情况或经验来选择合适的融合算法。这一方面增加了信息融合系统设计的难度，但是在另一方面也使信息融合理论的研究具有广阔的发展空间，使信息融合技术的应用更为灵活。

信息融合算法有多种，常见的方法有基于信号处理的方法、基于估计理论的方法以及基于人工智能的方法，如表 5.2 所示。

目前，信息融合算法还在不断地发展。一方面许多新的融合算法不断提出，另一方面对于大型复杂系统多层面、多级别、多参数、多目标和多决策方面的有效融合算法还有待进一步研究。

表 5.2　信息融合方法分类

类型	主要方法
信号处理方法	小波变换方法
估计理论方法	Kalman 滤波、最小方差、最大似然估计方法，等
概率论与统计推理方法	古典概率推理、Bayes 推理、D-S（Dempster-Shafer）证据推理方法，等
人工智能方法	神经网络、模糊理论、粗糙集理论、专家系统方法，等
信息论方法	聚类算法、表决方法、熵方法，等
决策论方法	确定性决策、不确定性决策、综合决策，等

信息融合的结构反映了信息融合系统中信息（或数据）融合或信息（或数据）处理之间的关系。根据信息在送入融合中心之前处理的程度分类，可将信息融合结构分为分布式融合结构、集中式融合结构和混合式融合结构。如果根据传感器数据抽象的层次进行分类，可将信息融合结构分为数据级融合、特征级融合和决策级三个级别的融合结构形式。

（3）需要进一步研究的问题

虽然信息融合理论、技术及其应用研究取得了众多成果，但是还存在着许多问题有待进一步解决。这些问题从宏观上可以归纳为以下几个主要方面：

1）如何构建完整的信息融合理论与技术体系，还需要广泛探索和深入研究；

2）信息融合算法包括智能融合算法还有待进一步深入研究；

3）信息融合工程应用实现技术尤其是大型复杂系统的信息融合方法与实现技术还需要进行广泛和深入的研究。

从信息融合理论与技术的研究进展和目前科学技术的发展来看，信息融合未来的主要研究方向应包括以下几个方面：

1）信息融合理论与技术体系研究；

2）多源异构信息处理与集成技术研究；

3）信息融合模型、结构与算法研究；

4）信息融合与人工智能相结合的研究；

5）大型复杂系统的信息融合技术研究；

6）网络环境下、跨地域和跨时空信息融合理论及相关技术研究；

7）信息融合数据库与知识库技术研究；

8）信息融合系统的集成研究；

9）信息融合应用与实现技术研究，等。

5.3.2 信息融合模型及融合的层次

（1）信息融合模型

信息融合模型的结构是信息融合系统设计的关键问题之一。Klein L A 认为[20]，结构是一种由多个单元组成的系统。一种结构确定之后，它一方面包括了具体的单元部件及其相互联系、数据的处理方法、信息的流向、系统的工作方式以及各子结构的功能分配等方面的信息，另一方面它在一定程度上决定了系统设计的经济性、可行性以及性能指标等因素。因此，设计一个信息融合系统时，事先必须根据信息融合的目标、融合算法、融合对象的特点、实现技术以及经济性等因素来确定一个合理的融合结构，以便使所设计的系统不但具有完善的功能而且具有良好的技术可行性。

信息融合模型反映了在信息融合过程中对信息进行多级处理的方式。由于信息融合理论还未形成为一门完善的理论，目前人们对信息融合的认识还不统一，再加上目前信息融合理论应用的领域也不相同等因素，因而信息融合难以形成统一的结构模型。在不同应用领域，信息融合模型的具体含义也存在着一定差异。从现有的信息融合模型来看，可以分为功能型模型、数据型模型和混合模型 3 大类。

1）功能型模型

功能型模型的主要特点是根据节点顺序构建模型，如 UK 情报环、Boyd 控制回路（OODA 环）等。

2）数据型模型

数据型模型的主要特点是根据数据处理方式构建模型，如 JDL 模型等。

3）混合模型

混合模型模型将前两种模型的特点结合起来构建综合性模型。

在各种模型中，美国国防部联合实验室数据融合小组 JDL 提出的 JDL 模型是一个典型的信息融合模型。JDL 模型是一个分级式的模型，如图 5.4 所示[20]。由于 JDL 模型主要是针对战场信息融合提出来的，所以目前一般认为，JDL 分级结构形式的模型是一般意义上的结构形式，仅仅为信息融合提供了基本理解和进一步讨论的框架。

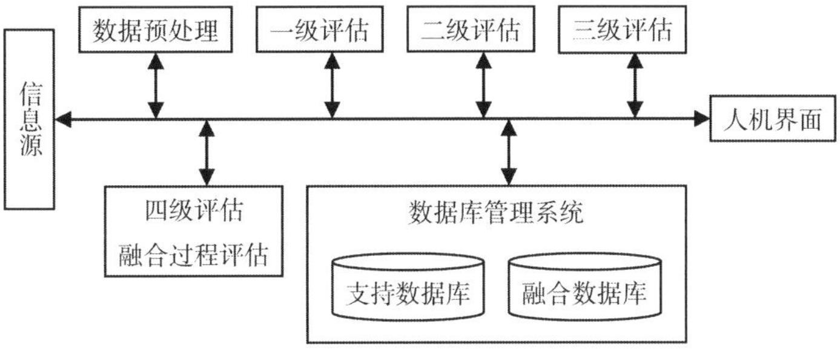

图 5.4　JDL 数据融合模型示意图[20]

（2）信息融合层次

在信息融合系统中，根据信息抽象（处理）的层次可将信息融合方式划分为 3 个层次，即数据级融合、特征级融合和决策级融合[19,23]。

数据级融合是最低层次的融合，是直接对传感器的测量数据进行处理和融合，然后根据融合结果给出决策信息或决策变量。数据级融合方式的优点是只有较少量的信息损失、精度高，缺点是要求传感器的测量数据是同类（或同构）的。在核动力装置重要参数监测中，数据级融合方法可以说是一种在早期工程中自然应用的方式，如核反应堆核功率多通道检测与报警就是一种典型的数据级融合方式。在核反应堆核功率检测与报警中，通过采用多通道冗余检测并选取多通道检测结果中最大值作为反应堆功率控制、显示与报警的依据的方法来提高核反应堆核功率检测的可靠性。在这种多通道冗余检测方法中，是通过选取多通道检测结果的最大值而简单地实现数据“融合”的。由于数据级融合方式在核动力装置重要监测参数是一种不自觉的应用方式，所以过去并不称这种方式为数据融合，因而也未上升到数据融合的理论层次。

特征级融合是一种中间层次的融合，是先从每种传感器观测数据中提取特征向量，然后对各特征向量进行处理的融合方式。通过特征级融合可以获得监测目标的状态估计或对目标进行分类和识别。特征级融合不要求传感器的测量数据是同类（或同构）的。

决策级是一种高层次的融合，是在每个传感器自己决策的基础上，将多个传感器的识别结果进行融合。与特征级融合类似，决策级融合不要求传感器的测量数据是同类（或同构）的。在核动力装置的保护监测中，决策级融合也是一种自然应用方式。在核反应堆保护系统中，通过对核反应堆功率、周期、一回路冷却剂流量、稳压器压力等重要参数进行逻辑符合处理，以确定是否需要对其执行保护动作。这里的“逻辑符合处理”可以看作一种决策融合方法。

5.3.3 信息融合的典型结构

信息融合的层次和结构是从两个不同侧面描述信息（或数据）处理与融合处理之间的关系，也可以理解为信息处理与融合的两种分类方式。信息融合的层次与结构两者之间既相互联系又有所区别。为分清两者的区别与联系，下面分别对其进行分析。

信息融合的结构有多种形式，其结构分类也可以有多种不同的方法。若根据传感器数据在送入融合处理中心之前处理的程度进行分类，可分为分布式融合、集中式融合和混合式融合等三种融合结构形式[18-20]。

分布式融合通常为传感器级融合。在分布式融合结构中，各传感器检测的信息在进入融合中心之前已完成局部信息处理，如分类、识别、跟踪以及特征提取等[20]。分布式融合结构如图 5.5 所示。

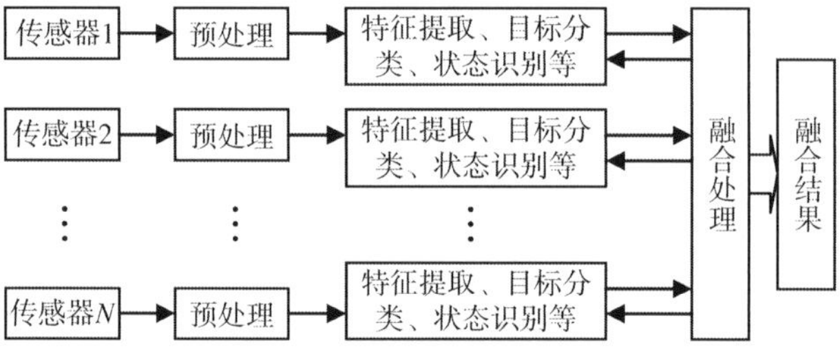

图 5.5　分布式融合结构示意图

在对目标检测信息进行融合时，如果各传感器使用独立的不同物理量来产生信息，采用分布式融合结构是对目标进行检测和分类的良好方法。分布式融合的特点是冗余度高、融合中心计算量小、通信量小，但各节点在特征提取过程中可能丢失部分原始信息。

集中式融合也称中央级融合。在集中式融合结构中，每个传感器都将经过最小程度处理的测量数据传输给融合处理中心，传感器一般仅起数据采集的作用[20]，集中式融合结构如图 5.6 所示。集中式融合的优点是信息损失小，但集中式融合法比分布式融合法复杂，对数据处理速度的要求比较高，对融合系统的通信要求也较高，因而一般仅适用于较小规模的信息融合系统。

在混合式融合结构中，各传感器的信号经过一定的算法处理后作为中央级数据融合（融合中心）的输入，而中央级数据融合又可以作为传感器级融合的输入，其结构如图 5.7 所示。混合式融合结构是兼有集中式结构和分布式结构的特点，既有经处理后的传感器数据送到融合中心，也有未经处理的传感器数据送到融合中心。其主要特点是能够根据不同情况灵活设计信息融合系统。

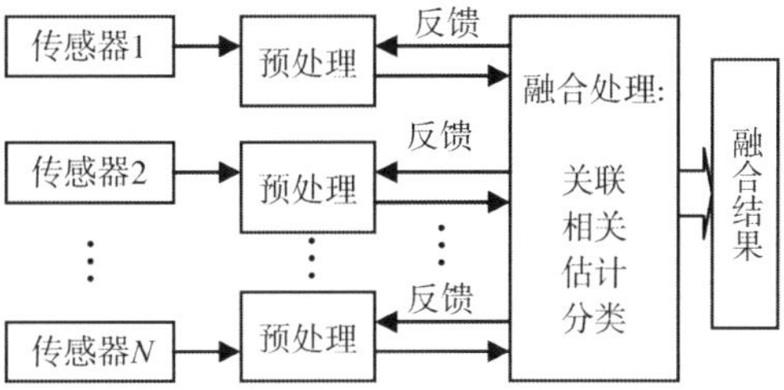

图 5.6　集中式融合结构示意图

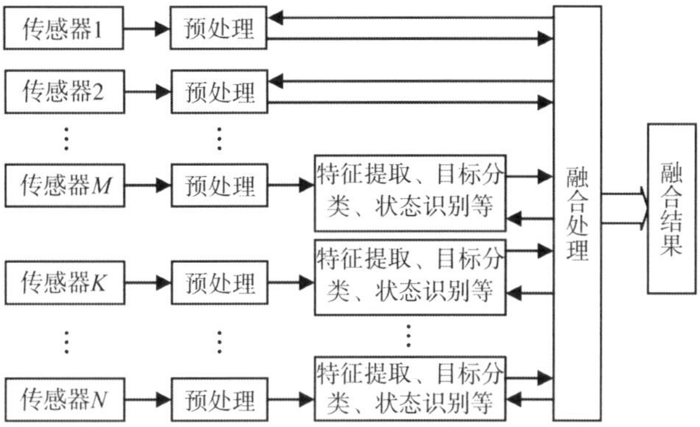

图 5.7　混合型融合结构示意图

5.3.4　信息融合用于核动力装置故障诊断的结构

信息融合在核动力装置故障诊断中应用的结构形式与其在其他领域应用形式类似，从本质上说也可以分为分布式融合结构、集中式融合结构和混合式融合结构。然而，分布式融合结构、集中式融合结构和混合式融合结构是一般意义上的结构形式。在对核动力装置的监测信息进行融合时，必须根据核动力装置工作特点、核动力装置信息融合的目的和需求采用切合实际的具体结构形式。

从监测信息的特征出发，核动力装置信息融合的结构可以分为多传感器同构数据直接融合结构、多传感器同构数据混合融合结构、多源异构数据直接融合结构和多源异构数据混合融合结构；从信息融合算法上分，核动力装置信息融合的结构可以分为单一算法直接融合结构、多种算法（或诊断方法）直接融合结构和多种算法（或诊断方法）分层融合结构；从核动力装置信息融合的层次出发，可以分为传感器级融合、设备级信息融合、系统级信息融合和装置级信息融合结构。

（1）多传感器同构数据直接融合结构

多传感器同类数据直接融合结构本质上是集中式融合结构，适用于同构平台的多源信息融合，即适用于时域上同步的、空域上属于相同坐标系的多源信息融合。在这种融合结构中，各传感器获取的信息直接传送到信息融合中心进行融合处理。这种结构可应用于核动力装置多传感器决策融合或故障的初步诊断，其原理如图 5.8 所示。

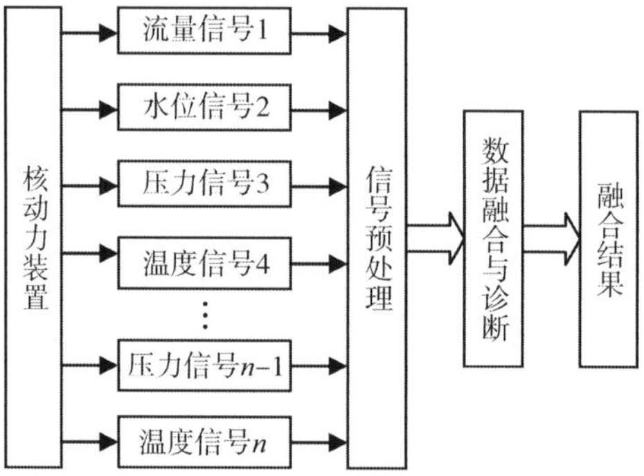

图 5.8　核动力装置多传感器同构数据直接融合结构示意图

(2) 多传感器同构数据混合融合结构

多传感器同构数据混合融合结构本质上是混合式融合结构。与多传感器同类数据直接融合结构一样，这种结构适用于同构平台的多源信息融合。在多传感器同类数据混合融合结构中，一些传感器获取的信息直接传送到信息融合中心进行融合处理，而另一些传感器获取的信息先进行局部融合后再送到传送到信息融合中心进行融合处理。这种结构可应用于核动力装置传感器级的数据融合或核动力装置、系统或设备故障的某类故障诊断，其原理如图 5.9 所示。

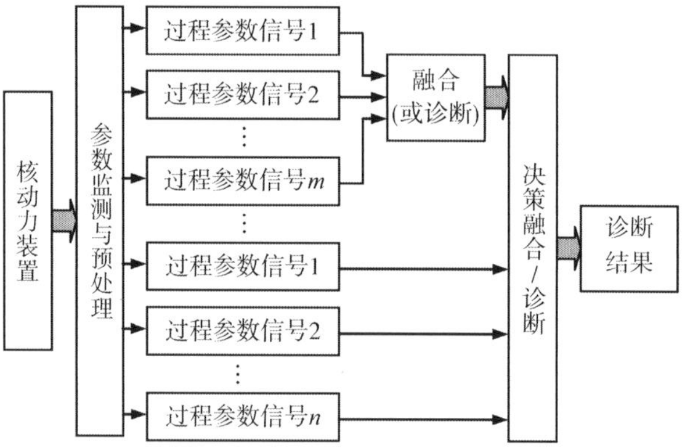

图 5.9　核动力装置多传感器同构数据混合融合结构示意图

(3) 多源异构数据直接融合结构

与多传感器同构数据直接融合结构类似，多源异构数据直接融合结构本质上也是集中式融合结构。不过这种结构是适用于异构平台的多源信息融合的一种结构形式，即适用于时域上可能不同步、空域上属于不同坐标系的多源信息融合。在这种结构中，各种信息也是直接传送到信息融合中心进行融合处理的。与多传感器同构数据直接融合结构不同的是，多源异构数据直接融合结构多了一个信号对准处理环节，其原理如图 5.10 所示。这是因为输入信号是异构的，在进行融合之前必须将各种输入信号纳入到一个统一的参考系中才能对信息进行信息融合处理。由于这种结构是针对多源异构信息的融合方式，因此它适用于核动力装置、系统或单个设备故障的初步诊断或决策级诊断。此外，由于这种结构是对多源异构信息的直接融合方式，当需要融合的信息太多时可能引起融合过程的复杂化，所以它更适用于单个设备（或部件）故障的初步诊断或决策级诊断。

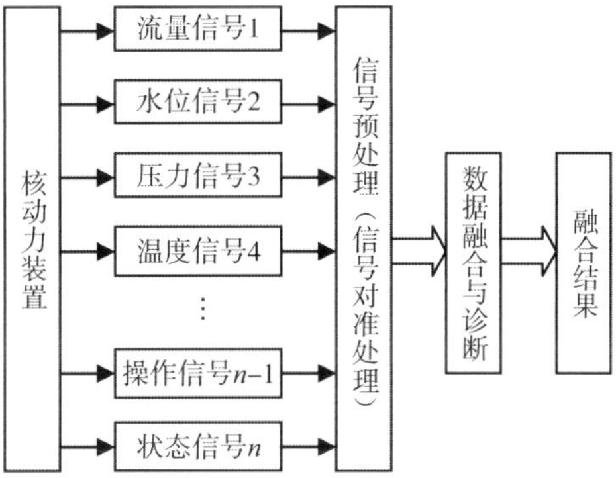

图 5.10　核动力装置多传感器异构数据直接融合结构示意图

(4) 多源异构数据混合融合结构

多源异构数据混合融合结构是在信号送到融合中心之前，先对其中一些信号（这些信号可以是同构的，也可以是异构的）进行局部融合处理，然后将处理后的数据送到融合中心与其他信号或其他局部融合的结果进行融合，其原理如图 5.11 所示。

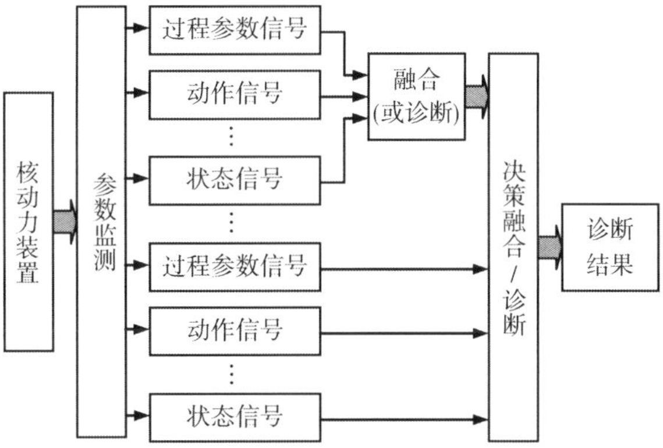

图 5.11　核动力装置多传感器异构数据混合融合结构示意图

在多源异构数据混合融合结构中，可先将所采集到的部分信息进行局部融合，得出初步结果，然后再将初步融合结果与其余信息融合。这种融合结构适于处理输入信息种类多且存在异构信息的融合系统。因此，它可以灵活地应用于核动力装置、系统或设备故障诊断或决策级融合，尤其核动力装置复杂系统决策级融合。

(5) 基于算法的信息融合结构

前面所介绍的几种信息融合结构，都是针对核动力装置及其设备状态监测信息存在同构和异构信息这个特征而言的。上述信息融合结构都没有考虑信息融合的算法。若不考虑监测信息特征，仅从信息融合算法的角度来探讨核动力装置信息融合的结构，则可以分为单一算法直接融合结构、多种算法（或诊断方法）直接融合结构和多种算法（或诊断方法）分层融合结构。为区别于前面所介绍的几种信息融合结构，我们统称根据信息融合算法分类的结构为基于算法的信息融合结构。

单一算法直接融合的结构实际上与多传感器同构数据直接融合结构以及多源异构数据直接融合的结构是相同的，对其结构没有必要再进行讨论。下面主要分析多种算法直接融合结构。对于多种算法分层融合结构，可以认为是单一算法直接融合结构的某种叠加。

多种算法直接融合结构是采用多种不同的融合算法对系统输入信息进行融合，其原理如图 5.12 所示。在进行信息融合时，先采用不同的融合算法对输入信息进行融合，得到初步的结果，然后再对这些初步结果进行融合以获得最终结果。这种融合结构具有两个特点：1) 各融合算法本质上应该是不同的；2) 系统需要两级融合结构。多种算法融合结构对于核动力装置的信息融合与故障诊断来说是具有实际意义的。因为采用多种算法融合结构可以提高融合结果的可靠性。

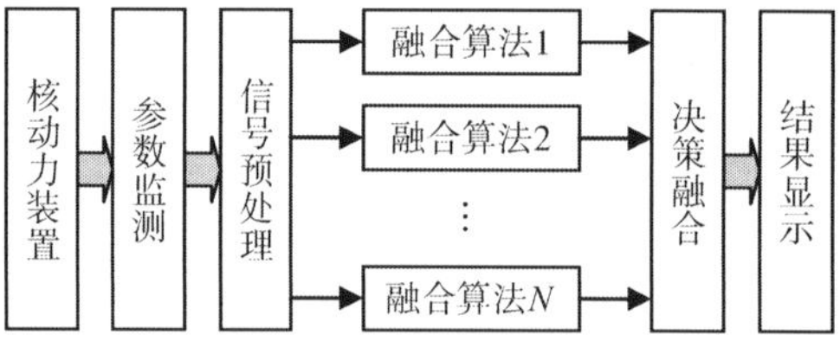

图 5.12　多种算法直接融合结构示意图

(6) 基于诊断方法的融合结构

从信息融合与诊断方法结合的角度来分析信息融合的结构，可分为多诊断方法直接融合结构、多诊断方法分层融合结构以及多诊断方法混合融合结构。对于这种信息融合结构分类方式，统称为基于诊断方法的融合结构。

所谓多诊断方法直接融合结构，就是在核动力装置故障诊断中先采用不同的诊断方法进行诊断，得到初步诊断结果，然后再对各种诊断结果进行融合得到最终的诊断结果，其结构与基于算法的信息融合结构类似。例如，对于核动力装置同一类故障，可以先采用不同的诊断方法如信号异常检测、模糊推理、专家诊断等方法同时诊断，然后利用信息融合技术将多个方法诊断的结果进行融合。在多诊断方法融合结构中，每个诊断方法所采用的监测参数信号可以是相同的，也可以是不同的。采用该方法在实际诊断时，对不同的诊断方法可尽量采用不同的监测参数信号，以提高诊断信息的互补性和完备性。通过对多个方法诊断结果的融合，减少了单一故障诊断方法对故障的误诊率，从而提高了核动力装置故障诊断结果的可靠性。

5.3.5　信息融合在故障诊断中的应用

信息融合技术是应军事需求而产生的，其早期的应用也主要集中在军事方面，如目标检测、跟踪、定位、识别和战场态势评估等。随着信息融合理论与技术的发展，信息融合在故障诊断方面的应用研究也逐渐增多并提出了多种基于信息融合的诊断方法，如基于D-S 证据理论的诊断方法、Bayes 融合诊断方法、神经网络融合诊断方法、专家系统融合诊断方法、模糊融合诊断方法、多代理融合诊断方法、表决融合方法以及 D-S 证据理论与神经网络相结合的诊断方法等。其中，主要的诊断方法包括 D-S 证据理论方法、D-S 证据理论与神经网络相结合的诊断方法和多种理论相结合的融合诊断方法。

基于 D-S 证据理论的故障诊断方法是基于信息融合诊断方法中研究较多的方法。D-S 证据理论可以看作经典概率理论的推广，证据理论为处理不完整数据和基于不完整信息的不确定推理提供了一种有效方法。D-S 证据推理方法的优点是在推理过程中不需要先验概率，缺点是当诊断的故障模式（或故障数量）比较多时计算量迅速增加。

D-S 证据理论与神经网络相结合的诊断方法也是应用研究较多的方法。两者结合的方式是，先用多个神经网络进行特征提取或初步诊断，然后再利用 D-S 证据推理对神经网络的输出进行决策融合。由于这种方法利用了 D-S 证据推理和神经网络各自的优点，因而具有良好的诊断效果。

除上述两种方法外，目前对多种理论相结合的融合诊断方法的研究也比较普遍，而D-S 证据理论、神经网络、模糊理论以及专家系统等相结合的融合诊断方法及其应用研究则是基于信息融合的故障诊断方法研究的重要发展趋势。

5.3.6　基于 ANN 与 D-S 证据理论的故障诊断方法

（1）D-S 证据理论

在信息融合理论中，D-S 证据理论融合方法是一种常见的融合方法，而且不需要先验概率。D-S 证据理论作为一种数学理论可以看作经典概率理论的推广。证据理论是处理不完整数据的一种有效方法。下面简要介绍 D-S 证据理论的几个基本概念和 D-S 证据理论融合方法。

令 $\Theta=\{A_1, A_2, \cdots, A_N\}$ 为某一论域上互斥且有限的假设集合，称之为识别框架，用 Θ 表示。识别框架包含每个可能的假设。假设集合的所有子集称之为 Θ 的幂集，用 2^Θ 表示。

幂集上的映射：$2^\Theta \rightarrow [0, 1]$ 称为 mass 函数，用 m 表示，它满足下列条件

$$m(\phi)=0 \tag{5.3.1}$$

$$\sum_{A\subseteq\Theta} m(A)=1 \tag{5.3.2}$$

mass 函数也称为基本概率分配函数（BPA）。mass 函数 m（A）描述了分配给集合 A 的信任程度，m（A）称为 A 的信度函数值。对于 $A\in\Theta$，当 m（A）$\neq 0$ 的时，称 A 为信度函数分配上的焦元，表示由 A 描述的命题的精确信度。

对于所有的 $A\subseteq\Theta$，信任函数 Bel_j（A）和似然函数 Pl_j（A）分别定义为

$$Bel_j(A)=\sum_{B\subseteq A} m_j(B) \tag{5.3.3}$$

$$Pl_j(A)=1-Bel_j(\bar{A})=\sum_{B\cap A\neq\phi} m_j(B) \tag{5.3.4}$$

假设 m_i 与 m_j 是识别框架 Θ 中从两个不同的信息源得到的两个 mass 函数。利用 Dempster 组合规则，通过计算证据的正交集可以对多个证据进行融合。对于某一假设 C，与识别框架 Θ 中任何子集 A 和 B 有关的证据可以用来计算信任水平。组合规则可以表示为[26-27]

$$m(C)=m_i(A)\oplus m_j(B) \tag{5.3.5}$$

$$m(C)=\begin{cases}0 & C=\phi \\ \dfrac{\sum\limits_{A\cap B=C} m_i(\mathrm{A})m_j(B)}{1-K}, & \forall C\subset\Theta,\ C\neq\phi\end{cases} \tag{5.3.6}$$

$$K=\sum_{A\cap B=\phi} m_i(A)m_j(B) \tag{5.3.7}$$

式（5.3.7）中，K 是两个证据 i 和 j 之间的冲突因子。

Dempster 组合规则可以推广到多个假设的情形。当有 N 个证据时，这些证据可用下式进行融合[26-27]

$$\begin{aligned} m&=m_1\oplus m_2\oplus\cdots\oplus m_N \\ &=(((m_1\oplus m_2)\oplus)\cdots\oplus m_N) \end{aligned} \tag{5.3.8}$$

最后结果是所有证据的综合作用。

所有矛盾的证据是不能用 Dempster 组合规则进行融合的，因为这可能导致不正确的融合结果。为解决该问题，可用下式描述的改进组合规则[28]

$$m(C)=\begin{cases}0 & C=\phi \\ \sum\limits_{A\cap B=C} m_1(A)m_2(B)+Kq_{\mathrm{a}} & C\neq\phi\end{cases} \tag{5.3.9}$$

$$q_{\mathrm{a}}=\frac{1}{n}\sum_{i=1}^{n} m_i(A) \tag{5.3.10}$$

式（5.3.9）和式（5.3.10）中，q_{a} 表示证据 C 的平均支持程度。

（2）基于 ANN 与 D-S 证据理论的故障诊断原理

D-S 证据理论融合方法虽然可以处理不完整数据，在推理融合时不需要事件发生的先

验概率，但是 D-S 证据理论用于诊断时随着故障模式的增多其推理的复杂性和计算量都会迅速增加。目前在故障诊断中一般是将 D-S 证据理论与神经网络结合起来用于系统故障诊断。

(3) 应用示例[29-30]

本节在前面分析的基础上，结合故障诊断的例子介绍神经网络与 D-S 证据理论在核动力装置故障诊断中的应用方法。

1) 典型故障模式及其监测变量

为具体阐述基于神经网络与 D-S 证据理论在核动力装置故障诊断中的应用，在这里，选择核动力装置 7 个典型故障模式和一个满功率正常运行模式作为诊断测试模式。这 7 个典型故障模式是对核动力装置的安全运行有重要影响的初始故障模式。7 个典型故障模式和 1 个正常运行模式的具体内容及其代号、代码如表 5.3 所示。

表 5.3 所示的模式可以描述为一个故障假设集合 $\Theta=\{F_1, F_2, \cdots, F_n\}$，这里 F_n 表示发生了 F_n 故障。表 5.3 中，F_1 代表的是核动力装置一种正常的运行模式，为了研究问题的方便，我们也假设为一种典型的“故障”。

相应于这些模式，选择能够反映上述正常运行工况和典型故障工况的核动力装置重要运行参数作为监测变量。由于反应堆冷却剂流量、稳压器压力、反应堆冷却剂出口温度、反应堆冷却剂入口温度和稳压器水位等 18 个运行参数与上述正常运行工况和典型故障工况具有内在的联系，因此选取这些参数作为监测变量，如表 5.4 所示。

表 5.3　用于测试的核动力装置稳态工况与典型故障模式

序号	系统状态	代号	故障代码
1	核动力装置满功率正常运行	F_1	10000000
2	蒸汽发生器传热管泄露	F_2	01000000
3	蒸汽发生器给水非正常减少	F_3	00100000
4	蒸汽发生器给水非正常增加	F_4	00010000
5	一回路管道冷却剂冷段破口	F_5	00001000
6	稳压器汽相破口	F_6	00000100
7	二回路主蒸汽管道破裂	F_7	00000010
8	热井丧失	F_8	00000001

表 5.4　用于故障诊断的监测变量

序号	监测参数	单位	代号
1	反应堆冷却剂流量 A	kg/s	RCFL1
2	反应堆冷却剂流量 B	kg/s	RCFL2
3	蒸汽发生器蒸汽流量 A	kg/s	SGFL1

续表

序号	监测参数	单位	代号
4	蒸汽发生器蒸汽流量 B	kg/s	SGFL2
5	蒸汽发生器水位 A	m	SGWL1
6	蒸汽发生器水位 B	m	SGWL2
7	蒸汽发生器蒸汽压力 A	MPa	SGSP1
8	蒸汽发生器蒸汽压力 B	MPa	SGSP2
9	蒸汽发生器给水流量 A	kg/s	SGFW1
10	蒸汽发生器给水流量 B	kg/s	SGFW2
11	反应堆冷却剂入口温度 A	℃	RCIT1
12	反应堆冷却剂入口温度 B	℃	RCIT2
13	反应堆冷却剂出口温度	℃	RCOT1
14	反应堆冷却剂出口温度	℃	RCOT2
15	稳压器压力	MPa	PP
16	稳压器水位	m	PWL
17	反应堆核功率	%	NPL
18	发电功率	MW	GEP

2）诊断模型结构

在确定待诊断的故障模式及其相应的监测参数之后，下一步工作是根据这些故障模式、监测参数和诊断方法确定故障诊断模型的结构。这里使用 BP、RBF 和 Elman 三个不同种类的神经网络同时对核动力装置的典型故障和运行状态进行诊断。对于这三个神经网络诊断结果的融合采用两级融合方式，其结构如图 5.13 所示。神经网络诊断结果融合算法采用 D-S 证据推理多级融合算法。

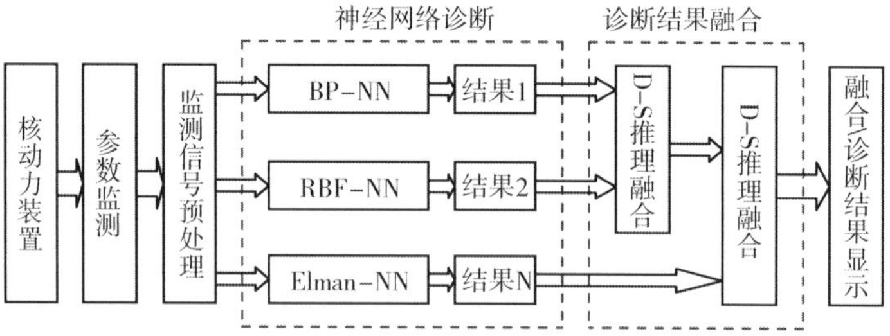

图 5.13　基于神经网络与 D-S 的证据推理的核动力装置故障诊断结构示意图

如图 5.13 所示，基于神经网络与 D-S 证据推理的故障诊断方法包括两个阶段。在第一个阶段，经过训练的 BP、RBF 和 Elman 神经网络分别对核动力装置的故障同时进行诊断，对运行模式进行识别。在第二个阶段，对各神经网络的诊断结果或运行模式识别结果进行融合。采用多级融合方式时，对各神经网络的诊断结果的融合不是同时进行的。而是首先对其中两个神经网络的诊断结果进行融合。这两个神经网络的诊断结果再与下一个神经网络的诊断结果进行融合。第二级的融合结果就是对核动力装置故障诊断和运行模式识别的最终结果。

3）数据采集与神经网络训练

将表 5.4 所示的监测变量作为神经网络的输入变量，将表 5.3 所示的核动力装置的故障模式和正常运行模式作为神经网络的输出。根据表 5.3 所示的核动力装置典型故障模式和正常运行模式以及表 5.4 所示的监测变量，在各种运行模式下以 1 秒的间隔对监测变量进行数据采集。

将数据采集所得到的监测参数数据进行预处理，并将其统一规范化在 [0，1] 区间内，然后将其中部分数据作为训练样本对各神经网络进行训练。BP 神经网络与 Elman 神经网络的训练采用 Levenberg-Marququardt 型 BP 学习算法，RBF 神经网络的训练采用正交最小二乘学习算法。各神经网络的输出范围为 [0，1]。

4）仿真结果

①神经网络诊断结果

当神经网络训练完成后，将训练好的各神经网络同时用于核动力装置故障诊断与运行模式识别测试，得到各神经网络的诊断结果。限于篇幅，这里只给出部分诊断结果（神经网络的诊断输出）用以说明融合的方法。对于几组测试样本，BP，RBF 和 Elman 神经网络诊断的结果分别如表 5.5、表 5.6 和表 5.7 所示。从诊断结果可以看出，虽然各神经网络的输入相同，但其诊断精度是不同的。由于神经网络的训练并不是很充分，单个神经网络有时可能给出不明确的诊断结果。因此，对多个神经网络的诊断结果进行融合是非常必要的。下面讨论多个神经网络的诊断结果的融合问题。

表 5.5　RBF 神经网络的诊断结果

状态	RBF 神经网络的输出							
F_1	0.905 5	0	0	0	0.013 6	0.013 2	0.042 2	0.109 8
F_2	0	0.905 4	0	0	0.015 5	0.010 6	0.038 9	0.088 6
F_3	0.139 9	0	0.874 7	0.003 8	0.016 7	0.021 1	0.010 9	0.012 7
F_4	0.444 4	0.009 0	0.016 6	0.991 4	0.018 4	0.007 7	0	0
F_5	0.511 9	0	0	0.001 7	0.844 9	0.022 6	0.033 2	0
F_6	0.479 2	0	0	0	0.016 1	0.992 6	0.030 4	0.124 2
F_7	0.321 2	0	0.000 8	0.035 6	0.020 7	0.008 5	0.854 1	0
F_8	0.000 4	0	0	0	0.012 4	0.015 2	0.036 4	1

表 5.6　BP 神经网络的诊断结果

状态	BP 神经网络的输出							
F_1	0.876 6	0.082 8	0.139 5	0	0.026 1	0.009 8	0	0
F_2	0.036 2	0.719 9	0.007 9	0.141 2	0	0.269 2	0	0.148 8
F_3	0.123 2	0	0.239 0	0.042 1	0.035 2	0.026 3	0.269 2	0.292 2
F_4	0	0.108 6	0.082 2	0.777 0	0.100 7	0	0.161 4	0
F_5	0.080 1	0	0	0.031 2	0.987 3	0.083 7	0	0.037 9
F_6	0	0.241 3	0	0	0.095 3	0.775 0	0.245 7	0
F_7	0.055 4	0	0.210 7	0.091 8	0	0.290 1	0.585 4	0.048 3
F_8	0	0.192 7	0.295 2	0	0.071 7	0	0.049 3	0.692 5

表 5.7　Elman 神经网络的诊断结果

状态	Elman 神经网络的输出							
F_1	0.912 5	0.007 5	0.024 1	0	0	0.004 3	0.040 8	0.023 7
F_2	0	1	0.081 8	0.103 9	0	0.020 6	0.016 2	0.051 2
F_3	0	0	0.994 1	0	0	0	0.047 7	0.049 5
F_4	0	0.062 9	0.094 6	0.979 2	0.005 2	0	0.045 7	0.077 0
F_5	0.786 0	0	0	0	1	0	0	0
F_6	0.028 6	0.055 6	0.008 4	0	0	1	0	0
F_7	0	0.036 1	0.071 8	0.018 5	0.013 5	0	0.942 7	0.022 4
F_8	0	0	0.032 4	0	0	0.008 1	0.039 8	0.991 0

②诊断结果融合

将神经网络的输出（诊断结果）作为决策层的证据体，采用 D-S 证据推理方法对其进行融合。根据 D-S 证据推理方法，在融合之前需要确定基本概率分配函数。假设 R 为神经网络输出的正确率。这里，根据经验各神经网络的 R 值分别确定为 0.999，0.954 和 0.986。则基本概率分配函数定义如下

$$m(F_i)=\frac{y_i}{\sum_{i=1}^{n} y_i}R \tag{5.3.11}$$

$$m(\Theta)=1-R \tag{5.3.12}$$

式（5.3.11）中，y（j）表示神经网络的输出（证据体）；m（F_i）表示证据体对状态 F_i 的信任程度；m（Θ）表示识别框架不确定性。

在进行融合时，先将 BP 与 RBF 神经网络的诊断结果进行融合，融合后的结果如表 5.8 所示。

在BP与RBF神经网络诊断结果融合的基础上，再将BP与RBF神经网络诊断输出融合后的结果与Elman神经网络诊断结果进行融合，其融合结果如表5.9所示。

表5.8　BP与RBF神经网络诊断输出的融合结果

状态	BP与RBF神经网络的融合结果								
	$m(F_1)$	$m(F_2)$	$m(F_3)$	$m(F_4)$	$m(F_5)$	$m(F_6)$	$m(F_7)$	$m(F_8)$	$m(\Theta)$
F_1	0.915 4	0.012 2	0.020 6	0	0.006 8	0.004 1	0.008 3	0.021 7	0.010 5
F_2	0.006 6	0.820 4	0.001 4	0.025 9	0.004 2	0.054 3	0.010 7	0.060 7	0.015 2
F_3	0.112 0	0	0.598 8	0.016 4	0.019 4	0.017 8	0.101 5	0.111 0	0.022 7
F_4	0.095 0	0.026 0	0.022 1	0.776 5	0.026 7	0.001 6	0.035 0	0	0.016 7
F_5	0.138 1	0	0	0.006 2	0.806 3	0.021 2	0.006 5	0.007 1	0.014 3
F_6	0.102 8	0.053 3	0	0	0.025 2	0.708 9	0.064 0	0.026 6	0.018 8
F_7	0.117 5	0	0.051 1	0.034 4	0.006 0	0.073 9	0.685 7	0.011 6	0.019 4
F_8	0.000 1	0.034 3	0.052 6	0	0.016 6	0.004 0	0.019 6	0.857 8	0.014 5

表5.9　BP、RBF与Elman神经网络诊断输出的融合结果

状态	BP-RBF与Elman神经网络的融合结果								
	$m(F_1)$	$m(F_2)$	$m(F_3)$	$m(F_4)$	$m(F_5)$	$m(F_6)$	$m(F_7)$	$m(F_8)$	$m(\Theta)$
F_1	0.979 6	0.001 9	0.004 6	0	0.000 6	0.000 8	0.004 7	0.004 7	0.002 6
F_2	0.001 2	0.920 2	0.011 6	0.021 2	0.000 7	0.013 7	0.004 3	0.020 6	0.006 0
F_3	0.025 4	0	0.875 4	0.003 7	0.004 4	0.004 0	0.037 2	0.040 3	0.009 3
F_4	0.019 4	0.016 4	0.020 9	0.901 5	0.006 4	0.000 3	0.015 5	0.012 0	0.007 1
F_5	0.200 6	0	0	0.001 5	0.780 7	0.005 3	0.001 6	0.001 7	0.008 2
F_6	0.025 7	0.021 2	0.001 3	0	0.004 5	0.924 1	0.011 5	0.004 8	0.006 6
F_7	0.024 9	0.006 7	0.027 5	0.011 3	0.003 8	0.015 6	0.894 9	0.006 9	0.007 9
F_8	1.33E-05	0.003 8	0.010 7	0	0.001 8	0.001 2	0.006 8	0.971 8	0.003 5

③融合结果分析

将单个神经网络的诊断结果与上述两级融合的结果比较可以发现，经过D-S证据推理融合后的诊断结果更明确；而经过两级融合后的诊断结果比只经过一级融合的结果更清晰，经过两级融合之后的诊断结果的不确定性减小了。因此，与单个神经网络诊断方法相比，将多个神经网络与D-S证据理论融合方法相结合用于故障诊断可以提高诊断结果的精度。

通过基于神经网络与D-S证据理论的故障诊断方法的融合过程可以发现，随着被融合的数据种类的增加，其运算量和运算推理的复杂性都迅速增大。而被融合的数据种类与被诊断的故障数量是密切相关的。当使用的神经网络和被诊断的故障类型都较多时，使用D-S证据推理融合方法计算量与推理的复杂性较大，这是应用该方法进行故障诊断需要考虑的问题。采用多级逐步融合结构可以在一定程度上减少计算的复杂性。

5.3.7 基于 ANN 与表决融合的故障诊断方法

随着信息融合理论与技术的发展，信息融合技术也逐渐被应用于核动力装置故障诊断的研究。虽然目前已经提出了多种信息融合方法，但是并非所有的融合方法在核动力装置信息融合中都是适用的。有的融合方法如古典概率推理、贝叶斯融合方法需要事件发生的先验概率，而对于核动力装置来说，事件发生的先验概率往往难以得到，这使上述方法在核动力装置信息融合中的应用受到限制。D-S 证据理论融合方法虽然不需要先验概率，但是在故障诊断中，当被诊断的故障数量比较多时推理的复杂性迅速增加，而且计算量也较大。采用模糊推理和专家推理融合方法时，推理规则往往难以确定，且当推理规则较多时，融合运算的复杂性也会迅速增加。在核动力装置信息融合中，能否找到一种简便而又可行的融合方法，这是一个具有实际意义且值得深入研究和广泛探索的问题。近年来提出的表决融合方法是一种运算简单且具有实用性的方法。本节在介绍表决融合方法的基础上，阐述基于集成神经网络与表决融合的故障诊断方法（INN-VF）。

5.3.7.1 表决融合方法概述

表决融合（Voting Fusion，VF）概念于 20 世纪 50 年代中期提出[31]，主要用于从多个不可靠性描述中获得高可靠性数据。随后，表决融合概念被实际应用于容错计算机系统并被以多种方式进行扩展和改进。在 20 世纪 90 年代，Parhami B 对表决融合算法及其应用问题进行了研究[31-32]。1998 年，Pirjanian P 等[33] 研究了表决融合在机器人控制中的应用；2005 年，Ruan D 等[34] 研究了表决融合方法在分类器选择中的应用。表决融合在故障诊断中也逐渐引起人们的关注，如被用于过程诊断、传感器故障检测[35] 以及核动力装置诊断结果融合[36-37] 等方面的研究。

对于表决融合，目前还没有统一的定义和算法。在不同的文献中，人们对表决融合概念有不同的理解，一般认为表决融合方法是一种类似于人类社会活动中投票选举的融合方法[31,33]，其本质含义是“投票选举，多数通过”。现在表决融合已在原来的“投票”算法基础上发展为多种算法。常见的表决融合算法包括大多数表决融合（Majority Voting Fusion，MAVF）算法、逻辑表决融合（Logical Voting Fusion，LVF）算法、中值表决融合（Median Voting Fusion，MEVF）算法和加权平均表决融合（Weighted Average Voting Fusion，WAVF）算法等。在上述方法中，一些文献将加权平均融合方法归纳为表决融合方法[32]，因此这里可以将其看作表决融合的一种特殊形式。

5.3.7.2 基于 INN 与表决融合的故障诊断方法

基于集成神经网络与表决融合的故障诊断方法的基本思想是，先用多个相同或不同类型的神经网络对被诊断对象进行诊断，然后用表决融合方法对各神经网络的诊断结果进行融合，将各神经网络的诊断结果的表决融合值作为最后的诊断结果。

在实际应用中，可以将多个相同或不同的神经网络与不同的表决融合算法结合起来，从而构成相应的诊断方法，如基于集成神经网络与加权表决融合的故障诊断方法（简称 INN-WAVF 方法）、基于集成神经网络与逻辑表决融合的故障诊断方法（简称 INN-LVF 方法）等。

5.3.7.3　应用示例

本小节给出集成神经网络与表决融合在核动力装置在故障诊断中的应用示例。为便于与其他方法进行比较，在诊断示例中仍然利用表 5.3 所示的核动力装置正常运行工况和故障模式以及表 5.4 所示的监测参数；融合诊断方法中所采用的神经网络仍然为 BP、RBF 和 Elman 神经网络，并利用表 5.5～表 5.7 所示的诊断结果。

（1）基于 INN 与 MEVF 的核动力装置故障诊断方法[36]

1）中值表决融合算法

在 INN-MEVF 诊断方法中，利用中值表决融合方法对各神经网络的诊断结果进行融合。中值表决融合方法是将一组信息的中值作为信息融合的结果，也是一种简单和直观的信息融合方法。下面以集成神经网络诊断结果的融合为例，分析中值表决融合的具体算法。

假设 $y(t)$ 是神经网络在 t 时刻的最后诊断结果，$y_i(t)$（$i=1, 2, \cdots, N$）是第 i 个神经网络在 t 时刻的输出，γ 是对各神经网络进行综合的函数，γ_j 是 γ 相应于第 j 个故障的元素，$y_{ij}(t)$ 是 $y_i(t)$ 相应于第 j 个故障的元素（$j=1, 2, \cdots, m$）。则有

$$\gamma=\sum_{i=1}^{N} w_i y_i(t) \tag{5.3.13}$$

式（5.3.13）中，w_i 是综合第 i 个神经网络的权值。w_i 的值可根据经验进行选择。

表决融合的方法可用下面的条件表达式表示[32]：

$$\gamma_j=\begin{cases}\text{中值}[y_{ij}(t)]，\text{如果中值} \leqslant 0.6 \\ \max[y_{ij}(\tau)]，\text{如果中值} > 0.6\end{cases} \tag{5.3.14}$$

2）诊断结果

对各神经网络输出进行融合时，采用式（5.3.14）所表示中值表决融合的算法（阈值取 0.6）。采用中值表决融合算法对表 5.5～表 5.7 所示的 BP、RBF 和 Elman 神经网络诊断数据进行融合，融合结果如表 5.10 所示。

表 5.10 中值表决融合结果

状态	BP、RBF 及 Elman 神经网络诊断数据中值表决融合结果							
F_1	**0.912 5**	0.041 4	0.069 8	0	0.013 1	0.008 8	0.021 1	0.054 9
F_2	0.018 1	**1**	0.040 9	0.070 6	0.007 8	0.139 9	0.019 5	0.100 0
F_3	0.070 0	0	**0.994 1**	0.021 1	0.017 6	0.013 2	0.140 1	0.152 5
F_4	0.222 2	0.058 8	0.055 6	**0.991 4**	0.053 0	0.003 9	0.080 7	0.038 5
F_5	0.433 1	0	0	0.015 6	**1**	0.041 9	0.016 6	0.019 0
F_6	0.239 6	0.120 7	0.004 2	0	0.047 7	**1**	0.122 9	0.062 1
F_7	0.160 6	0.018 1	0.105 8	0.055 2	0.010 4	0.145 1	**0.942 7**	0.024 2
F_8	0.000 2	0.096 4	0.147 6	0	0.035 9	0.076	0.042 9	**1**

表 5.10 所示的融合表明，经中值表决融合后的诊断结果比单神经网络诊断结果更加清晰，融合结果所显示的故障模式特征（表中加粗的数字）更加突出。与 D-S 融合方法相比，D-S 融合方法需要进行复杂的推理运算，而中值表决融合方法则不需要复杂的运算；当被诊断的故障类型都较多时，使用 D-S 证据推理融合方法计算量与推理的复杂性较大，而采用中值表决融合方法时，融合的复杂性并没有非常明显的增加。

中值表决融合方法的物理意义也是很明显的。它通过对各神经网络的诊断结果进行取“中值”运算处理，从而获得一种近似“折中”的结果。值得注意的是，这种“折中”并不是无原则的折中，是满足一定条件下的折中。与加权平均表决融合方法的物理意义类似，中值表决融合使多神经网络中某神经网络诊断过程中出现的个别不可靠数值或奇异值弱化了；而当各神经网络诊断结果相同或相近时，通过中值表决融合使诊断结果更加肯定和明确。中值表决融合方法的缺点是融合方法简单，这种硬性的融合方式有时会丢失一些有价值的信息。

(2) 基于 INN 与 LVF 的核动力装置故障诊断方法[39]

1) 逻辑表决融合方法

逻辑表决融合是一种采用逻辑运算的方式对多源信息进行融合的方法。文献［20］介绍了一种多传感器逻辑表决融合的硬件实现方式。文献［38］给出了一种基于泛布尔代数的多传感器数据融合方法。逻辑表决融合中的融合算法即多源输入信息之间的逻辑运算关系可用布尔表达式表示，布尔表达式运算的结果即为逻辑表决融合的结果。

在故障诊断中，根据 Klein L A 的三种传感器检测系统的逻辑运算关系，可以建立一个三神经网络的逻辑运算关系，如图 5.14 所示。图 5.14 中，“AND”表示逻辑“与”运算；“OR”表示逻辑“或”运算。

由于逻辑表决融合算法是一种逻辑变量运算方式，因此，在融合之前必须对多源输入信息进行规范化处理，即将多源输入信息由某种物理量或某种特征量转换为逻辑变量。这

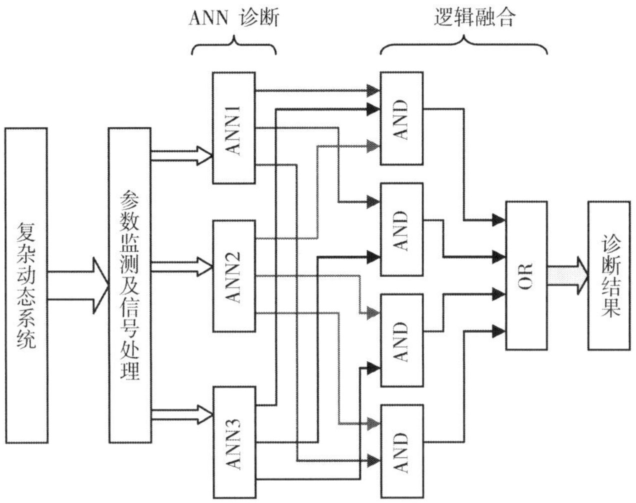

图 5.14　三神经网络诊断结果逻辑运算关系框图

里需要指出的是，在基于逻辑表决融合的决策级融合中，有时融合的对象并非输入变量本身，而是表征这些变量的特征值，然后通过融合结果对对象进行识别或分类。

假设神经网络 ANN1 诊断结果的逻辑值为 A_1、ANN2 诊断结果的逻辑值为 A_2、ANN3 诊断结果的逻辑值为 A_3，则图 5.18 所表示的逻辑关系可用下述布尔表达式表示：

$$R = A_1A_2A_3 + A_1A_3 + A_2A_3 + A_1A_2 \tag{5.3.15}$$

需要指出的是，式（5.3.15）所表示的运算为逻辑运算关系，而不是矩阵运算关系。

2）将神经网络的诊断结果转换为逻辑值

为研究 IANN-LVF 方法在核动力装置故障诊断中的应用效果，下面先将表 5.5～表 5.7 所示的各神经网络诊断的结果转换为逻辑值。将神经网络诊断结果转换为逻辑值时，应先确定一个参考阈值。当神经网络诊断结果数值大于参考阈值时，设定其逻辑值为“1”；当神经网络诊断结果数值小于或等于参考阈值时，设定其逻辑值为“0”。通过这种阈值处理，就可将神经网络诊断结果由普通数值转换为逻辑值，也就可以对其进行逻辑运算了。根据经验，这里将参考阈值取为 0.55。

按照事先给定的参考阈值，将表 5.5～表 5.7 所示的各神经网络的诊断结果转换为逻辑值。表 5.5 所示的 RBF 神经网络诊断结果转换后，其逻辑值如表 5.11 所示。表 5.6～表 5.7 所示的各神经网络的诊断结果所对应的逻辑值分别如表 5.12～表 5.13 所示。

表 5.11　RBF 神经网络诊断结果的逻辑值

状态	RBF 神经网络诊断结果的逻辑值							
F_1	**1**	0	0	0	0	0	0	0
F_2	0	**1**	0	0	0	0	0	0

续表

状态	RBF 神经网络诊断结果的逻辑值							
F_3	0	0	**1**	0	0	0	0	0
F_4	0	0	0	**1**	0	0	0	0
F_5	0	0	0	0	**1**	0	0	0
F_6	0	0	0	0	0	**1**	0	0
F_7	0	0	0	0	0	0	**1**	0
F_8	0	0	0	0	0	0	0	**1**

表 5.12　BP 神经网络诊断结果的逻辑值

状态	BP 神经网络诊断结果的逻辑值							
F_1	1	0	0	0	0	0	0	0
F_2	0	1	0	0	0	0	0	0
F_3	0	0	0	0	0	0	0	0
F_4	0	0	0	1	0	0	0	0
F_5	0	0	0	0	1	0	0	0
F_6	0	0	0	0	0	1	0	0
F_7	0	0	0	0	0	0	1	0
F_8	0	0	0	0	0	0	0	1

表 5.13　Elman 神经网络诊断结果的逻辑值

状态	Elman 神经网络诊断结果的逻辑值							
F_1	**1**	0	0	0	0	0	0	0
F_2	0	**1**	0	0	0	0	0	0
F_3	0	0	**1**	0	0	0	0	0
F_4	0	0	0	**1**	0	0	0	0
F_5	**1**	0	0	0	**1**	0	0	0
F_6	0	0	0	0	0	**1**	0	0
F_7	0	0	0	0	0	0	**1**	0
F_8	0	0	0	0	0	0	0	**1**

3）诊断结果

按照式（5.3.15）所表示的逻辑运算关系，将表 5.11～表 5.13 所示逻辑值进行逻辑融合运算，可得逻辑融合诊断结果如表 5.14 所示。

表 5.14　BP、RBF 与 Elman 神经网络诊断输出的逻辑融合结果

状态	BP、RBF 与 Elman 神经网络诊断输出的逻辑融合结果							
F_1	**1**	0	0	0	0	0	0	0
F_2	0	**1**	0	0	0	0	0	0
F_3	0	0	**1**	0	0	0	0	0
F_4	0	0	0	**1**	0	0	0	0
F_5	0	0	0	0	**1**	0	0	0
F_6	0	0	0	0	0	**1**	0	0
F_7	0	0	0	0	0	0	**1**	0
F_8	0	0	0	0	0	0	0	**1**

从表 5.14 所示的 BP、RBF 与 Elman 神经网络诊断输出数据的逻辑融合结果可以看出，该结果能够正确地且更明确地给出系统状态诊断结论。这说明采用逻辑融合可以提高故障诊断的效果。与其他方法相比，逻辑融合方法的一个显著特点是，逻辑融合结果是一个明确的结论，不存在模糊不清或似是而非的结果。

此外，从表 5.12、表 5.13 所显示的逻辑转换结果可以发现，由于参考阈值决定了神经网络诊断数据转换为逻辑值的转换结果，因此，采用逻辑融合方法对多源信息进行融合时，参考阈值的选择非常重要。

5.4　综合诊断方法

5.4.1　概述

关于什么是综合诊断方法，并没有统一和确切的定义。只是在某些故障诊断研究文献中，提出一些具体的综合诊断方法。根据目前的研究情况，可以将综合诊断方法归纳为以下几个方面：

（1）基于多特征变量的综合诊断方法。对表征对象状态的不同特征变量的检测结果进行综合，即通过对反映诊断对象状态的各特征量检测结果的综合分析从而确定对象当前的状态。

（2）基于多诊断方法的综合诊断。采用不同的诊断方法或方式进行故障诊断，然后对各诊断方法或方式的诊断结果进行综合。

（3）基于分级诊断的综合诊断方法。即将一个诊断对象分成系统、分系统、设备等不同的层级，先根据不同层级进行故障诊断，然后将对相关层级的诊断结果进行综合。这是

一种先分后合的诊断方法。

(4) 不同方法或算法组合（融合）用于故障诊断。该方法的实质是不同方法或算法的综合运用。

从一般意义上讲，综合诊断是对被诊断对象开展的多层面、多方位、多方法、多手段以及多指标的诊断，并通过对所得各种结果的综合分析评价，以获得被诊断对象准确与可靠的状态描述。从故障诊断理论和诊断方法研究的发展状况可以看出，对于综合诊断方法的研究远没有单种诊断方法的研究那样广泛和深入。这主要是由于单种诊断方法都具有系统的理论基础，而综合诊断方法则没有固定的模式，也没有形成系统的理论。在综合诊断方法研究中，一般是根据被诊断具体对象的不同而采用相应的诊断方法、诊断策略或诊断方案。尽管综合诊断方法形式多样，但是其本质上是以单种诊断方法为基础的。因此，综合诊断方法可以认为是各单种诊断方法或单种诊断方法与其他方法的组合或融合，也可以看作是一种广义的信息融合诊断方法。从这一思路出发，可以对综合诊断方法进行宏观上的概括，从而给出综合诊断方法的基本原理和诊断系统架构。

5.4.2 综合诊断的基本形式

(1) 基于不同特征变量检测的综合诊断方式

基于不同特征变量检测的综合诊断方法的思路是：一个系统或设备是否正常，可以通过检测表征系统状态的各特征变量是否超出正常指标范围或变化特征来判定。在故障诊断中，对诊断对象各特征变量进行检测，并将不同特征变量的检测结果采用某种综合方法进行综合，得到诊断对象准确与可靠的状态描述。例如，某机械设备的状态可用振动信号和油样变化来表征。在设备故障诊断时，分别检测振动信号和油样的变化，在此基础上将振动信号所表征的设备状态与油样所表征的设备状态进行综合分析，得出设备是否发生某种故障。基于不同特征变量检测的综合诊断方法原理可用图 5.15 表示。如图 5.15 所示的诊断方法中，可以先根据单个特征变量初步确定诊断对象的故障情况，在综合模块中对各变量诊断结果进行综合；也可以先对特征变量进行特征提取，然后在综合模块对各变量特征值进行综合分析，得出对象的故障情况描述。在综合诊断模块设计时，可根据实际需要采用相应的综合方式。

(2) 基于多诊断方法的综合诊断方式

基于多诊断方法的综合诊断方式是对同一故障集采用相同或不同的诊断方法同时进行诊断，得到初步诊断结果，然后对各种诊断方法的诊断结果进行综合，得到最后诊断结果。例如，对于核动力装置某同一故障集，可以先采用信号异常检测、模糊推理诊断、专家诊断等方法同时诊断，然后对各诊断方法所得的诊断结果进行综合。在多诊断方法综合诊断结构中，每个诊断方法所采用的监测参数信号可以是相同的，也可以是不同的，根据

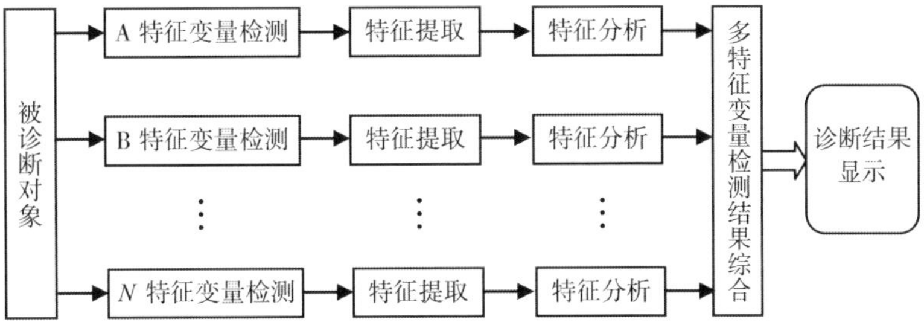

图 5.15　基于不同特征变量检测的综合诊断方法原理图

各诊断方法的需求而定。在实际故障诊断中采用这种综合诊断方法时，一般对不同的诊断方法应尽量采用不同的监测参数信号，以提高诊断信息的互补性和完备性。通过采用不同诊断方法，可以使不同诊断方法的诊断结果相互印证，以弥补单一故障诊断方法的不足，从而提高了故障诊断结果的可靠性。基于多诊断方法的综合诊断系统基本原理如图 5.16 所示，它可以分为 4 个相对独立的功能模块，即参数监测模块、故障诊断模块、综合模块和显示模块。基于多诊断方法的综合诊断结构是一种简单的和直接的综合诊断结构。

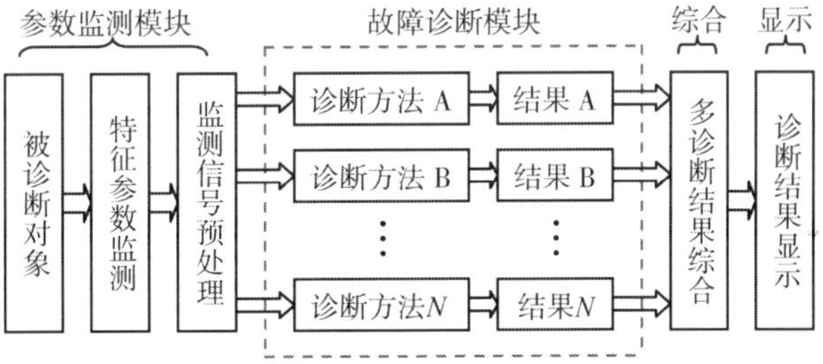

图 5.16　基于多诊断方法的综合诊断系统原理图

(3) 全局诊断与局部诊断结合诊断方式

全局诊断与局部诊断相结合的综合诊断方式是对被诊断系统同一故障分别从局部和全局的层面进行诊断，然后对局部和全局诊断的结果进行综合决策，得到最终诊断结果。局部诊断与全局诊断相结合是从系统的角度出发来解决问题的。对于某一系统，通过全局诊断监视系统是否发生故障或出现异常，通过局部诊断确定故障的设备或部件以及故障的原因，两者相辅相成，既优化了诊断方案，又提高了诊断系统故障搜索与定位的能力。

全局诊断与局部诊断相结合的故障诊断方式的显著优点是，对一个系统可以根据故障监测与诊断的需要灵活地设计诊断方案。例如，对于某一系统故障诊断问题，既可以分层次设计诊断系统，也可以根据系统组成、参数重要性或诊断需求设计多个故障诊断子系统。全局与局部是相对而言的，在诊断系统设计中可以根据需要设置系统层级。一种包含系统、分系统和设备 3 个层次的全局诊断与局部诊断相结合的诊断系统基本原理如图 5.17 所示。

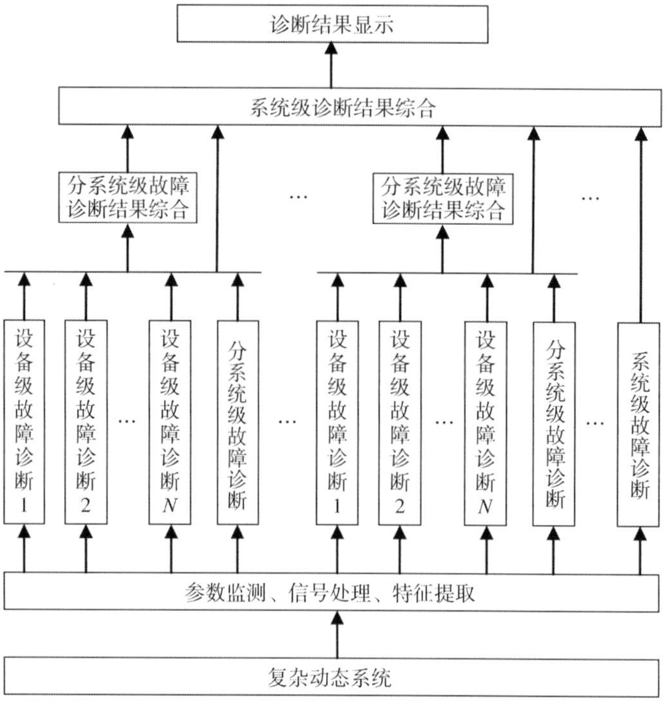

图 5.17 全局诊断与局部诊断相结合的诊断系统原理示意图

(4) 智能方法组合（融合）诊断方式

智能方法组合（或融合）诊断方式是将不同方法或算法进行组合或融合用于故障诊断，以获得比基于单种方法或算法的诊断系统更为优越的性能和诊断效果。智能方法组合（或融合）诊断方式在本质上是不同方法或算法的综合运用。在智能诊断方法的研究中，关于智能方法组合（或融合）诊断的研究越来越多。

智能方法组合（或融合）用于诊断的方式很多，比较常见的如模糊推理、遗传算法、粗糙集等与神经网络的结合；遗传算法与模糊推理方法的结合；神经网络与专家系统的结合等。在智能方法组合（或融合）诊断方式中，一般是将一种方法用于诊断，而用其他方法来优化或改进诊断方法。例如，在遗传算法与神经网络相结合的诊断方法中，一般是将遗传算法用来优化神经网络的输入或神经网络的结构；在神经网络与模糊推理相结合的诊断方法中，采用模糊推理对神经网络的诊断结果进行进一步分析。由此可见，智能方法组合诊断方式的主要特点在于不同方法或算法的组合而非将不同方法分别用于故障诊断。

5.5 本章小结

本章介绍了基于信息处理和信息融合的故障诊断方法以及综合诊断方法。粗糙集方法本质上属于一种信息处理方法。在基于信息融合的故障诊断方法中，介绍了信息融合的概念、发展概况、信息融合模型、信息融合的典型结构以及基于 ANN 与 D-S 证据理论、基于 ANN 与 D-S 表决融合的诊断方法在核动力装置故障诊断中的应用。最后，简述了综合诊断方法。

参考文献

[1] Pawlak Z. Rough sets [J]. International Journal of Computer and Information Sciences，1982，11 (5)：341-356.

[2] Pawlak Z，Skowron A. Rudiments of rough sets [J]. Information Sciences，2007，177：3-27.

[3] 曾黄麟. 智能计算：关于粗集、模糊逻辑、神经网络的理论及其应用 [M]. 重庆：重庆大学出版社，2004.

[4] 周献中，黄兵，李华雄，等. 不完备信息系统知识获取的粗糙集理论与方法 [M]. 南京：南京大学出版社，2010.

[5] 李丽红，李爽，李言，等. 模糊集与粗糙集 [M]. 北京：清华大学出版社，2015.

[6] 杨天社，杨开忠，李怀祖. 基于粗糙集理论的卫星故障诊断方法 [J]. 空间科学学报，2003，23 (3)：299-305.

[7] 张腾飞，王锡淮，叶银忠，等. 粗糙集理论在故障诊断中的应用综述 [J]. 上海海事大学学报，2005，26 (4)：20-25.

[8] 张孝远，周建中，黄志伟，等. 基于粗糙集和多类支持向量机的水电机组振动故障诊断 [J]. 中国电机工程学报，2010，30 (20)：88-93.

[9] 张建明，曾建武，谢磊，等. 基于粗糙集的支持向量机故障诊断 [J]. 清华大学学报，2007，47 (S2)：1774-1777.

[10] 徐金良，陈五星，唐耀阳. 基于粗糙集理论和支持向量机算法的核电厂故障诊断方法 [J]. 核动力工程，2009，38 (4)：52-54.

[11] 项新建. 粗糙集理论在变压器故障诊断专家系统中的应用研究 [J]. 科技通报，2003，19 (4)：288-291.

[12] 郝丽娜，王伟，吴光宇，等. 粗糙集-神经网络故障诊断方法研究 [J]. 东北大学学报，2003，24 (3)：252-255.

[13] Lingras P J. Rough neural networks [C] //Proceedings of Sixth International Conference on Information Processing and Management of Uncertainty in Knowledge-Based Systems，Granada，Spain，1996：1445-1450.

[14] Lingras P. Comparison of neofuzzy and rough neural networks [J]. Information Science，1998，110：207-215.

[15] 李永敏，朱善君，陈湘晖，等．根据粗糙集理论进行BP网络设计的研究［J］．系统工程理论与实践，1999，35（6）：62-69.

[16] Nápoles G，Mosquera C，Falcon R，et al. Fuzzy-rough cognitive networks［J］. Neural Networks，2018，97：19-27.

[17] Goh P Y，Tan S C，Cheah W P，et al. Adaptive rough radial basis function neural network with prototype outlier removal［J］. Information Science，2019，505：127-143.

[18] 周芳，韩立岩．多传感器信息融合技术综述［J］．遥测遥控，2006，27（3）：1-7.

[19] 韩崇昭，朱洪艳，段战胜，等．多源信息融合［M］．北京：清华大学出版社，2006.

[20] Klein L A. 多传感器数据融合及应用［M］．第二版．戴亚平，刘征，郁光辉，译．北京．北京理工大学出版社．2004.

[21] 潘泉，于昕，程咏梅，等．信息融合理论的基本方法与进展［J］．自动化学报，2002，29（4）：599-615.

[22] 徐毅，金德琨，敬忠良．数据融合研究的回顾与展望［J］．信息与控制，2002，31（3）：250-255.

[23] 王耀南，李树涛．多传感器信息融合及其应用综述［J］．控制与决策，2001，16（5）：518-522.

[24] 何友，关欣，王国宏．多传感器信息融合研究进展与展望［J］．宇航学报，2005，26（1）：324-329.

[25] 许德章，何去非．多传感器集成与信息融合原理［J］．安徽工程科技学院学报，2006，21（1）：84-88.

[26] Basir O，Yuan Xiaohong. Engine fault diagnosis based on multi-sensor information fusion using Dempster-Shafer evidence theory［J］. Information Fusion，2007，8：379-386.

[27] Fan Xianfeng，Zuo M J. Fault diagnosis of machines based on D-S evidence theory. Part 1：D-S evidence theory and its improvement［J］. Pattern Recognition Letters，2006，27：366-376.

[28] 罗自来．基于信息融合的气缸套磨损故障诊断方法研究［D］．武汉：海军工程大学，2007.

[29] Zhou Gang，Wang Xinye，Peng Wei，et al. Status monitoring for nuclear power plant using integrated neural networks［C］//Editorial Board. Toward Innovative Nuclear Safety and Simulation—Joint International Symposium of ISSNP2008/CSEPC2008/ ISOFIS2008（2）. Harbin：Harbin Engineering University Press，2008：195-201.

[30] 周刚．核动力装置智能控制与故障诊断控制［M］．北京：中国原子能出版社，2013.

[31] 郭戈，罗志刚．多传感器数据融合方法的研究与进展［J］．机电一体化，2003（5）：12-17.

[32] Zhang J. Improved on-line process fault diagnosis through information fusion in multiple neural networks［J］. Computers and Chemical Engineering，2006，30：558-571.

[33] Pirjanian P，Christensen H I，Fayman J A. Application of voting to fusion of purposive modules：An experimental investigation［J］. Robotics and Autonomous Systems Safety，1998，23：253-266.

[34] Ruta D，Gabrys B. Classifier selection for majority voting［J］. Information Fusion，2005，6：63-81.

[35] 段凤阳，张庆国，常丽敏，等．综合表决的传感器故障检测方法及其应用［J］．电光与控制，2006，13（5）：65-68.

[36] 周刚，葛盛奇，杨立．基于神经网络与表决融合的核动力装置故障诊断方法［J］．原子能科学技术，2010，44（S1）：387-372.

[37] Baraldi P，Far R R，Zio E. Bagged ensemble of Fuzzy C-Means classifiers for nuclear transient identification［J］. Annals of Nuclear Energy，2011（38）：1161-1171.

[38] 李彬，何昱．基于泛布尔代数的多传感器数据融合方法［J］．电子元器件应用，2008，10（8）：63-69.

[39] Zhou Gang，Han Long，YNG Li. A fault diagnosis method for nuclear power plants based on integrated neural networks and logical fusion［C］//Proceedings of 11th International Conference on Electronic Measurement and Instruments（II）. EEE Press，2013：830-834.

第6章

核动力设备老化故障监测与管理

6.1 概述

设备老化是核电厂及其他核动力装置从设计到退役过程中设备发展变化的基本规律。核动力装置从设计、建造、调试、使用到退役之前，其设备要经历过一个从初始设计（鉴定）状态到老化的过程。核动力设备由于一个或几个老化机理的综合影响，随着服役时间和使用周期的延长，其物理特性会产生一定的变化。由于老化的影响，核动力装置中几乎所有使用的材料都会经历不同程度的劣化过程。而材料的劣化最终将导致核动力装置设备功能降级甚至失效，从而对核动力装置的使用寿命和核安全造成影响。设备老化不仅造成设备的故障，而且会大大降低核动力装置的核安全水平，削弱由纵深防御体系所提供的一重或多重保护，造成大范围的实体屏蔽和设备功能降级（Degradation），导致共模故障概率增大，这样可能造成设备的安全裕度低于设计安全裕度限值或核安全法规要求，降低核安全系统的功能。老化管理是核电厂全寿命管理中的一项重要内容，也是核安全管理中难以回避的问题。为确保核动力装置设备的安全裕度在整个服役期间都能够满足要求，对于设备老化及其故障必须进行有效地监测和管理。本章首先介绍国内外核电厂设备老化管理的基本情况，然后介绍核动力装置设备老化管理的基本概念和基本方法，最后介绍核动力装置典型设备老化故障特点及其监测与管理方法。

6.2 核电厂老化管理及发展

6.2.1 老化相关术语与定义

（1）老化（Ageing）

在我国制定的国家标准《核电厂老化与寿命管理术语》中，对于老化（Aging）的定义是[1]："构筑物、系统和部件的物理特性随时间或使用逐渐变化的过程"。

（2）老化降质（Ageing degradation）

与描述设备老化相关的概念是老化降质，其定义是[1]：

"构筑物、系统和部件的物理特性因老化机理的作用，在贮存或运行条件下随时间或使用而产生的逐渐降质，结果可能削弱了它们实施预期功能的能力"。

（3）老化机理（Ageing mechanism）

在实际确定的运行条件下，元件或设备的物理、化学或电气特性随时间而变化，这种变化可能导致规定性能的退化，从而削弱了它们实施预期功能的能力[2]。

（4）老化管理（Ageing management）

为使构筑物、系统和部件的老化降质可接受范围内的建造、运行和维修活动[1]。

（5）使用寿命（Service life）

一个构筑物、系统或部件从初始运行到最终退役的时间[2]。

（6）鉴定寿命（Qualified life）

系统、构筑物和部件通过试验、分析或经验已证明其能够在特定运行工况下和验收准则范围内运行，同时能够保持在设计基准事故或地震条件下履行其安全功能的时间[2]。

6.2.2 设备老化对安全的影响

在核动力装置全寿命期间，其设备会先后经历/发生不同程度的老化。如果不设法延缓设备的老化，有些设备的安全裕度将较快地降低并达到安全要求的最低限值，从而对核动力装置的运行安全形成威胁，并缩短了设备的使用寿命。图 6.1 表示了设备安全状态和安全裕度与使用时间的关系。为了确保核动力装置运行的安全性，核动力装置各设备的安全裕度必须维持在规定的限值内。因此，对核动力装置设备老化必须有效的进行管理，以确保核动力装置设备在整个服役期间能够满足安全裕度要求并提高设备的可靠性。

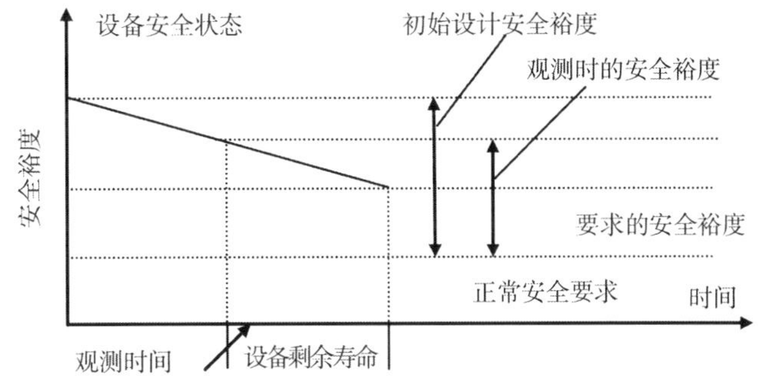

图 6.1　设备安全状态和安全裕度与使用时间的关系[3]

核动力装置设备使用寿命与老化管理有着密切的关系。对设备老化进行有效的管理，可以延长设备的使用寿命，提高核动力装置的可靠性、安全性和经济性。图 6.2 表示了设备使用寿命与老化管理之间的关系。

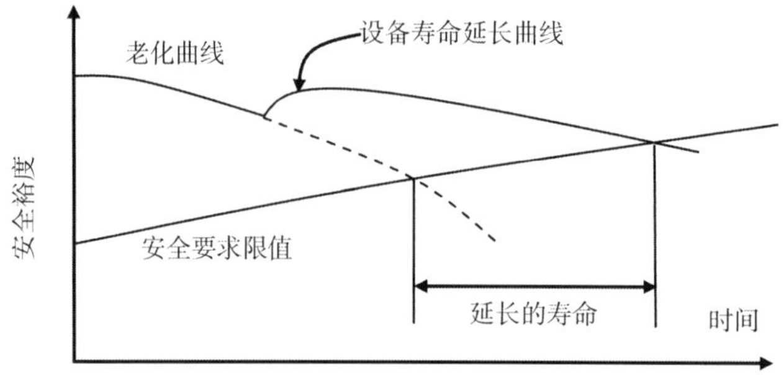

图 6.2　设备使用寿命与老化管理的一般关系[4]

6.2.3　影响设备老化的主要因素

根据核电厂老化管理经验和相关研究结果，设备老化是涉及到设备全寿命的问题。设备老化管理要考虑到设备全寿命中各种因素。具体地说，影响设备老化的因素可以分为设计因素、制造因素、建造/安装因素、使用因素、环境因素以及维修因素等。对核电厂设备老化能够产生影响的主要因素如图 6.3 所示。

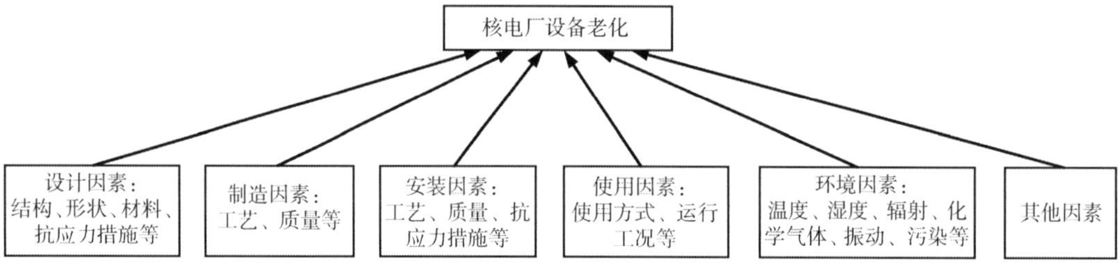

图 6.3　影响核电厂设备老化的主要因素

6.2.4　设备老化的基本特点

根据核动力装置设备老化的认识和相关研究、实践和经验的分析，设备老化基本特点可以归纳为以下几个方面：

（1）设备老化是一个逐渐发展的过程。对于大多数设备来说，设备老化不是设备物理特性突然的变化，而是随时间或是使用运行逐渐变化的一个过程。这个过程可能是较快地，也可能是缓慢的甚至是多年的时间。

（2）设备老化可能是一个机理也可能是多个机理作用的结果，但多数设备的老化是多个机理综合作用的结果。在多个机理共同作用的老化中，有的机理对于设备的老化起着主要作用。

(3) 设备老化情况与设备（部件）的类型、设备材料、运行条件、环境条件以及维修保养等因素有关。首先，不同类型的设备其老化情况是不相同的。例如，电气设备与机械设备在老化机理、老化现象以及老化的后果方面存在着很大的差别。

(4) 在同一设备中，因部件的不同其老化情况也存在着差别。例如，在立式 U 形管自然循环蒸汽发生器中，U 形管与支撑板在老化机理、老化故障及其影响等方面都存在着一定的不同。

(5) 老化控制可以缓解老化，但不能消除老化。核电厂设备老化管理经验表明，根据设备老化的机理采取相应的控制措施可以缓解设备的老化，延长设备的使用寿命，但是老化是设备使用特性随时间和使用发展变化的必然规律，老化控制是不能消除设备老化的。

6.2.5　国内外老化管理研究概况

在核电发展较早和核电工业比较发达的西方国家也较早地遭遇了设备老化问题。在核电发展初期，西方国家对于核电厂设备老化问题并未引起足够的重视，只是在遭受到设备老化引起的巨大经济损失和意识到设备老化引起的核安全问题之后，才认识到核电厂设备老化管理及其控制的重要性，并由此投入大量的人力和物力开展核电厂设备老化研究、管理与控制工作[3]。

国外在核电厂设备老化及其管理和控制方面开展研究是从 20 世纪 80 年代开始的。1982 年，美国提出了核电厂老化研究相关计划。1992 年，美国核管理委员会（NRC）颁布了有关核电厂执照更新的法规 10 CFR Part 54[5]。此后，出于对核电厂结构与设备老化和延寿的考虑，于 1995 年对上述法规进行了修改。日本在 1996 年发布了有关老化核电厂策略的报告，要求对核电厂老化相关问题进行评价[5]。1994 年，加拿大安大略电力公司制定了关于核电厂寿命周期管理的研究计划，以研究核电厂寿命优化管理的方法和技术[5]。1989 年，国际原子能机构（IAEA）成立了专门的技术小组，组织各国开展核电厂老化机理、老化管理和电厂延寿等方面的研究，编写核电厂老化管理导则[5]。国外在核电厂结构和设备老化机理与管理方面的研究不断深入，在核电厂老化管理方面取得了丰富的经验。21 世纪以来，国外在核电厂老化及其管理方面的研究逐渐趋于成熟。2002 年，国际原子能机构发布了关于核电厂老化管理导则的文集，随后发布了有关核电厂老化管理的指南和标准。

与西方发达国家相比，我国在核电方面的起步较晚，在核电厂结构和设备老化机理、老化管理以及寿命管理等方面研究起步也相对滞后，在 20 世纪 90 年代末在该方面才有少量的研究。进入 21 世纪以来，国内核电领域逐步认识到核电厂老化管理研究的重要性，关于核电厂老化管理的研究也得到不断发展。国家核安全局先后组织制定了核电厂设备老化相关指南和标准。

核电厂老化与管理研究的主要目的包括以下方面：

（1）分析、理解和掌握核电厂系统、结构和设备（SSCS）老化机理，分析和掌握核电厂系统、结构和设备（SSCS）老化的影响因素。

（2）评价、明确和阐述核电厂系统、结构和设备（SSCS）老化对核动力装置运行及安全的影响。

（3）研究和选择核电厂系统、结构和设备老化检查、检测、监督和监控的方法与技术，或通过评估其剩余寿命等方法以确保设备在安全性能丧失前及时发现其不利影响。

（4）研究核电厂系统、结构和设备剩余寿命预测和评估方法，以利于核电厂系统、结构和设备的老化管理。

（5）研究和确立核电厂系统、结构和设备老化控制或缓解方法，确定核电厂系统、结构和设备维修策略。

（6）建立核电厂系统、结构和设备老化信息库和数据库，方便核电厂老化管理。

（7）为核电厂老化管理和控制提供技术指导和技术支持。

（8）为核动力装置运行与核安全管理的改进提供指导。

6.3 核电厂设备老化管理的组织与技术基础

关于核电厂老化管理问题，美国和法国等西方相关国家在该方面开展的研究和实践比较早，国际原子能机构提出或制定了相关要求、导则或标准。在核电厂老化管理方面，我国也提出和制定了核电厂老化管理相关指南和标准，规定了核电厂相关设备老化管理的要求。核电厂老化管理的导则、标准或指南作为核电厂老化管理的依据，是宏观上的指导性文件，核电厂设备老化管理具体实施是在导则、标准或指南所要求的框架下根据实际设备的类型采取相应的方法和步骤。

核动力装置设备老化管理方法因设备类型的不同而有所不同。核动力装置设备老化管理基本方法和步骤可以归纳为设备选择与分组、老化管理大纲的制定、老化分析、老化控制、老化经验反馈等几个关键环节和步骤。

6.3.1 老化管理组织机构

老化管理是一项涉及设备全寿命的复杂活动，与设备设计、安装、试验、使用、维修以及环境等活动和因素密切相关。设备老化管理是一项具有延续性、持久性且涉及多个部门和多项行动的活动。为对设备实施有效的老化管理，在对一个核动力装置实施老化管理之前，应建立相应的组织机构。同时，为使老化管理工作与核动力装置的寿命相适应，应在老化管理组织机构的基础上建立老化管理工作的长效机制，以保证老化管理工作的延续性和持久性。

为使老化管理工作顺利实施，老化管理组织机构应履行相关法规文件赋予的相关职责和要求。在此基础上，应重点做好以下工作：

（1）建立老化管理的长效工作机制；

（2）制定设备老化全寿命管理的长期策略；

（3）研发设备老化管理相关技术手段。如研发老化管理信息系统；建立系统、设备和部件的老化评估、设备健康状态分析和设备寿命预测等模型；研发相关评估、分析和预测软件；

（4）确定老化管理设备；

（5）制定老化管理大纲；

（6）收集和管理设备老化管理的相关信息；

（7）组织开展设备老化机理的分析以及设备老化状态、健康状态和剩余使用寿命的预测等工作；

（8）提出老化管理和控制的相关技术措施；

（9）根据老化管理的需要，协调与老化管理和控制相关的设计、运行、维修等活动；

（10）监督设备老化管理与控制工作的实施；

（11）建立设备老化管理相关报告和文件；

（12）实施老化管理相关经验反馈。

6.3.2　老化管理支持技术手段研发

核动力装置设备老化管理活动涉及面广且工作繁杂。在核动力装置设备老化管理工作中，利用先进的技术开发老化管理支持系统和支持工具，建设老化管理平台，以提高老化管理活动的效率和质量。老化管理所需要的基本的支持系统和支持工具主要包括核动力装置老化管理信息系统、老化评估与分析模型、老化评估与分析软件。这些支持系统和支持工具通过老化管理平台统一管理，以支持各种管理和应用服务。

（1）老化管理信息系统

核动力装置设备老化管理活动涉及到大量的信息且时间跨度长，对于老化管理中近于“海量”般的信息，必须要有一个功能强大的信息管理系统对其进行管理。核动力装置老化管理信息系统的设计应根据老化管理的需求和特点，设计成为功能符合现实与发展需求和开放型的系统。首先，老化管理信息系统应具有强大的信息管理和处理功能，该系统不仅能够管理包括多维数据、模型、多媒体音像以及视频制品等多种类型的数据，而且能够具有相关评估、分析和信息服务功能。其次，老化管理信息系统应设计为分布式和开放型的系统，它不仅能够提供就地信息、评估、分析等服务，而且能够支持分布式信息管理和远程服务，能够实现云计算和云服务，以方便不同部门之间的协作、信息管理和信息支持。此外，老化管理信息系统的设计应充分考虑技术的发展，要能够方便的进行升级和维护。

（2）老化评估和相关分析模型

在设备老化管理活动中，为了能够对设备老化状态有一个正确的认识，就需要建立设备相关评估和分析模型。利用设备评估、分析模型以及设备状态监测数据和相关数据，可以对设备状态进行评估和分析，为设备老化管理提供依据或技术支持。

设备状态分析和评估模型包括可靠性模型、风险评估模型、设备老化评估模型、设备寿命预测模型以及设备健康状态分析等模型。目前设备老化管理中普遍重视的模型主要有设备老化评估模型和设备寿命预测模型。设备老化评估模型用于评价设备的老化状况，设备寿命预测模型用于预测设备的剩余使用寿命。掌握了设备的老化状况和剩余使用寿命就可以采取相应的老化管理和核安全管理措施。因此，设备老化评估模型和设备寿命预测模型的建立对于设备老化管理和核安全管理具有重要意义。除设备老化评估模型和设备寿命预测模型外，设备健康状态分析模型对于设备老化管理也具有重要的作用。设备健康状态分析模型用于分析设备的健康状态。在设备健康状态分析中，设备老化状态实际上可视为设备健康状态的一个特例。掌握了设备的健康状态就可以确定设备的可用性，以此作出设备维修、更换等相关管理决策，能够为设备使用管理和核安全管理决策提供支持。

尽管老化评估和分析模型对于设备老化管理和核安全管理具有重要意义，但是由于核动力装置设备众多且设备老化又与诸多因素有关，因此建立这些模型实际上是很困难的。解决老化评估和分析模型问题往往需要不断地积累和广泛的研究。

（3）老化评估、分析和管理软件

设备老化评估和相关软件是设备老化评估、分析和管理的基本工具。这些软件是开展设备老化评估、分析和管理工作基础性的技术手段。对于一个核动力装置来说，在设备老化管理活动启动之后，就应将设备老化管理相关软件的研发作为一项基础性的工作而加以重视和建设。

6.4　设备老化管理基本方法

6.4.1　设备老化系统化管理模式

关于核电厂设备老化管理，国外在多年研究和实践的基础上，提出了系统化的管理方法并被广泛接受。国际原子能机构 IAEA 推荐的老化管理模式是计划—实施—检查—行动（Plan-Do-Check-Act，PDCA）循环管理模式。PDCA 管理模式是一种基于德氏图的系统化管理方法。德氏图在有些文献中称为戴明环（Deming cycle）或称 PDCA 循环。PDCA 循环包括计划（Plan）、执行（Do）、检查（Check）和处理（Act）等 4 个关键环节（PDCA 即为上述 4 个英文的简写）。戴明环先由著名统计学家 Walter A. Shewhart 提出计划-执行-检查（Plan-Do-See）”基本思路，然后由 Deming 将 Shewhart 提出方法进一步完善，从而发展成为 PDCA 循环。IAEA 提出的德氏图如图 6.4 所示[6]。

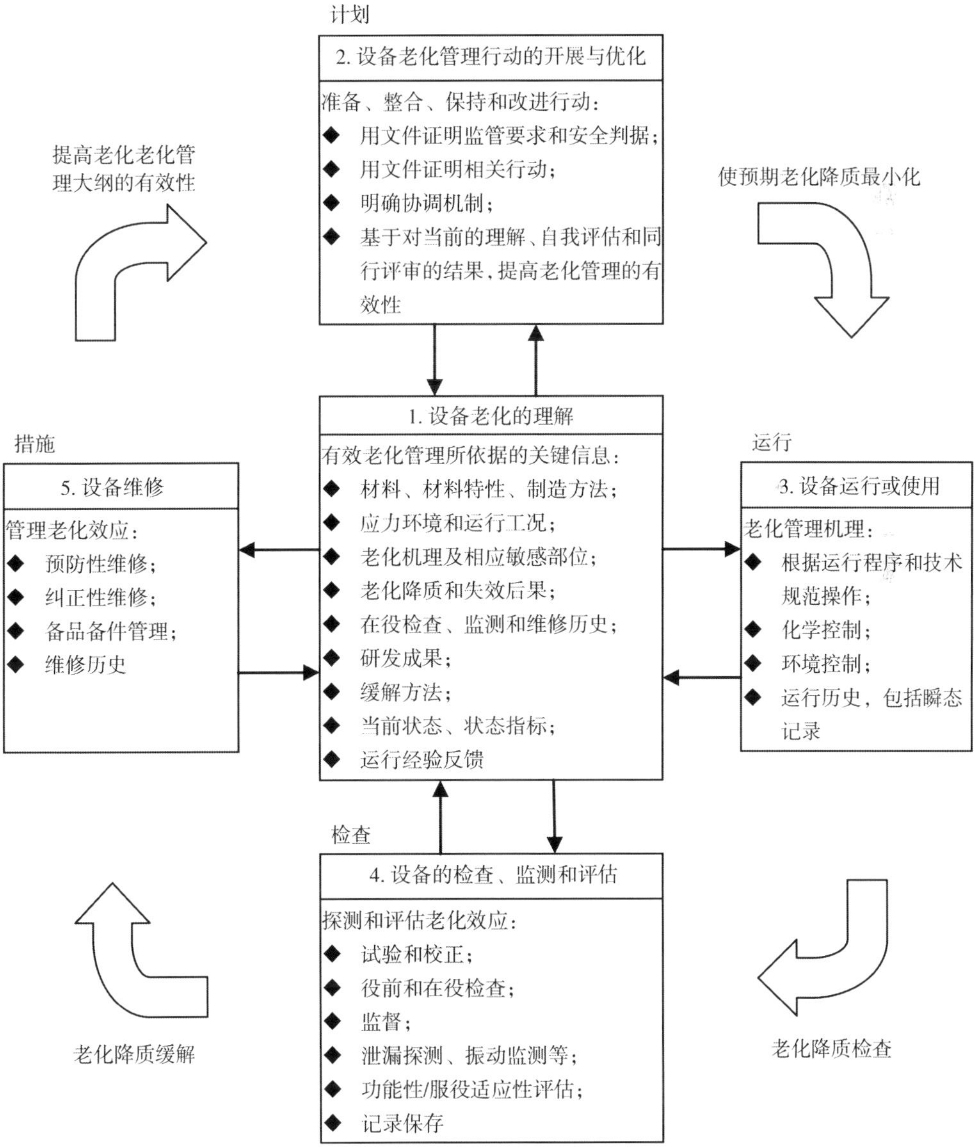

图 6.4　设备老化管理的系统化方法（德氏图）[6]

6.4.2 老化管理设备的分组与选择

在整个核动力装置中，其设备有上万套/台，不可能也没有必要对每台设备都进行老化管理。事实上，有些设备只需要按照其使用、管理、维修和维护保养等要求进行规定的或例行的的检修、保养和维护，就能够满足核动力装置运行使用所规定的技术性能。因此，从老化管理的有效性、精确性、针对性和经济性出发，合理地选择那些对核安全、核动力装置运行可靠性或经济性以及对核动力装置寿命有较大影响的重要设备优先进行老化管理是十分必要的。

由于不同类型的设备、部件的老化机理不同，而且发生老化的时间也存在差别，因此对不同类型的设备、部件的老化管理应根据设备的特点采用相应的方法。为了能够对设备及其部件老化进行有效和精确地管理，在核电厂设备老化管理的总体思路上可对设备采用分类和分级管理方法。

设备分组是设备选择和分类老化管理的前提，在选择需要进行老化管理的设备之前，先对核动力装置的设备进行分组。

对设备进行分组的方法很多，可以采用不同的标准对核动力装置设备进行分组。在核动力装置设备老化管理分组中，一般按照设备的功能从总体上将核动力装置的所有设备划分为以下三大类[3]：

（1）影响核动力装置使用寿命的重要设备；

（2）与核安全相关的重要设备；

（3）其他设备。

上述各种设备之间的关系可以用图 6.5 表示[3]。

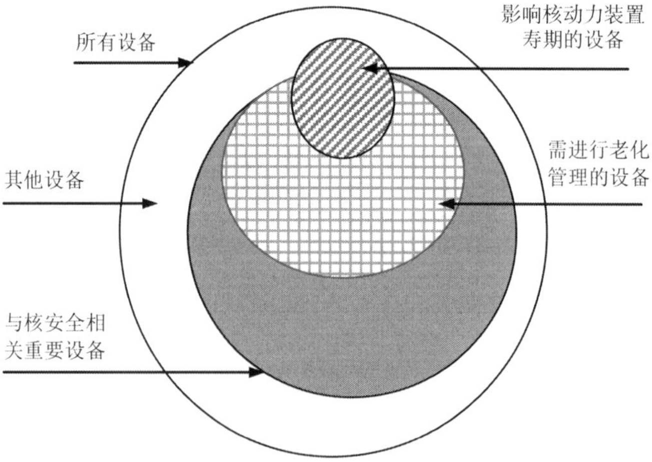

图 6.5 核动力装置老化管理设备分组及设备分组关系[3]

从图 6.4 可以看出，需进行老化管理的设备均是从与核安全相关的重要设备中筛选出来的。与核安全相关的重要设备中，有些设备是影响核动力装置使用寿命的重要设备。对于影响核动力装置使用寿命的重要设备，还应从核动力装置寿命管理的角度对其进行寿命管理。为了避免不必要的重复，对于这类既是影响核动力装置使用寿命的重要设备又是与核安全相关的重要设备，核动力装置寿命管理工作应与设备老化管理工作结合在一起进行。一般来说，影响核动力装置寿命的重要设备是指那些价格昂贵或不易更换的设备（比如反应堆压力容器），而与核安全相关的重要设备既包括了价格昂贵或不易更换的设备还包括日常可更换的设备，如管道、阀门、电动机或仪表与控制设备等。

有些老化管理文件要求，凡是核安全功能相关的设备，均应关注其老化状态。如，在《核电厂管道老化管理指南》（NB/T 20152—2012）有关老化管理对象中，将核电厂管道分为核安全级和非核安全级管道。该指南指出，对于承担核电厂反应堆停堆、反应堆堆芯冷却或对执行安全功能的其他系统冷却、事故后防止放射性物质扩散等 3 大功能的管道的老化状态都应当重点关注。从上述思路出发，在实际核动力装置设备老化管理中，应尽可能多的对安全相关设备进行关注和管理。

从老化管理角度，对核电厂系统、结构和设备的分类，按核安全重要性、经济重要性和可维修性或可更换性等方面考虑，分类如下：

（1）非常重要的，没有冗余的，不容易维修或更换的设备；

（2）非常重要的，但是有冗余或能够监测、检查或维修的设备；

（3）不是非常重要的设备，但是不容易监测、检查或维修；

（4）其他设备。

根据国内外核动力装置的运行经验[3]，影响核动力装置使用寿期的设备或部件如表 6.1 所示。

表 6.1　影响核动力装置使用寿期的主要设备或部件

设备名称	影响使用寿期的因素
反应堆容器	非常重要、没有冗余、不容易维护、不易维修和更换
堆内构件	非常重要、不易监测、检查或维修
一回路管道	非常重要、不易维护、维修和更换
稳压器及波动管	非常重要、无冗余、不容易维护、维修和更换
二回路管道	非常重要、无冗余、不容易维护、维修和更换
蒸汽发生器	非常重要、不易监测、检查或维修
安全相关辅助管道	非常重要、不容易监测、检查或维修
汽轮机	非常重要、不易更换
发电机	非常重要、不易更换

6.4.3 制定设备老化管理大纲

设备老化管理大纲是设备老化管理工作的指导性和依据性文件。在开展设备老化管理具体工作之前，应根据老化管理设备的特点编制相应的管理大纲，将其作为设备实施老化管理的基本依据。

设备老化管理大纲的编制方法，可以根据老化管理大纲相关编制要求进行编制。例如，在《核电厂机械设备老化管理大纲编制导则》（GB/T 28536—2012）中对老化管理大纲进行了定义，即老化管理大纲是“针对核电厂系统、结构或部件老化问题制定的电厂管理程序”[6]。该定义说明了老化管理大纲是一种管理程序。老化管理大纲分全核电厂老化管理大纲和设备老化管理大纲等不同层次的管理大纲。设备老化管理大纲内容应包括对设备老化机理的认识、老化管理的要素、老化管理工作内容、老化管理中的质量管理以及其他要求等方面。设备老化管理大纲的制定应考虑设备全寿命的质量管理。

6.4.4 设备老化管理信息采集

设备老化管理信息是设备老化分析、识别、评估和管理的基础。在选定某设备作为老化管理的对象之后，应确定设备需要采集的信息，在此基础上开展设备信息采集。设备老化管理信息包括设备原始信息、使用信息、维修信息、环境信息、老化信息以及其他相关信息。

（1）设备原始信息

设备原始信息是指设备投入使用前最初的信息，主要包括设备功能、原理、结构、组成、相关参数、技术指标、使用材料、设备安装以及试验记录等数据和相关信息。

（2）设备使用信息

设备使用信息是指反映设备使用的相关信息，主要包括各种工况下设备的运行监测信息、状态监测信息、使用方式以及设备故障等数据和相关信息。

（3）设备维修信息

设备维修信息是指设备检修、更换以及故障处置等相关信息，主要包括维修时间、维修原因、维修方式、设备现状、设备测试、设备故障、部件状态、部件更换、设备改装情况等信息。

（4）设备环境信息

设备环境信息是指设备全寿命中相关环境方面的信息，主要包括温度、湿度、振动、辐射、化学气体以及电磁干扰等信息。

（5）设备老化信息

设备老化信息主要包括以下个方面：设备老化监测信息、设备老化分析信息、设备寿命预测信息、设备老化管理信息以及设备老化管理反馈信息。

（6）设备故障信息

设备老化信息主要包括设备所发生的各种故障及故障分析和处理信息。

（7）法规信息

法规信息主要包括国际原子能机构和国内外有关设备老化管理指南、要求和标准等相关法规文件。

（8）其他信息

其他信息是指未包括在上述几种信息范围之类而又对设备老化管理有意义或老化管理需要的相关信息。如，以下信息也应列入采集计划：

1）定期安全检查；

2）核动力装置寿命管理技术；

3）设备技术发展；

4）老化支持技术研发，等。

在设备全寿命过程中，设备老化及其相关信息需要不断采集，并通过老化管理信息系统的数据库进行分类管理和长期保存。

6.4.5　设备老化监测

设备老化监测是监视老化、获取设备老化信息的主要途径，是设备老化管理的基本环节。从设备本身来说，设备状态监测的目的是监视设备特性的发展变化，获取表征设备特性及发展变化的参数数据。设备老化监测的主要目的是获取设备老化相关参数信息，为设备老化评估、老化趋势预测和设备寿命预测提供所需要的数据。在设备老化监测中，应特别注意采集那些可能导致设备老化和劣化的诱因数据。

在进行设备老化监测的同时，还需要监测和采集与设备老化有关的其他信息，如设备使用方式、维修情况以及环境条件及其变化等信息。

为掌握各设备老化的关键因素和规律，应在设备开展老化监测之前对其进行精确地分类。对不同类型和功能的设备应根据各自的特点采取相应的监测方式。各设备的监测参数、数据采集时机和周期应符合设备本身特点和使用特点。

6.4.6　设备老化机理分析

设备老化机理分析是设备老化问题上升到理论认识的研究，也是设备老化管理和控制的基础和依据。设备老化管理的一个关键问题就是识别设备的老化机理。设备老化机理分析是在设备老化监测的基础上，针对设备老化的状态、趋势、设备环境、运行方式、使用方式等因素，从物理、化学规律和运行、使用、维修、环境等因素方面对设备的老化机理进行研究。研究的主要目的在于识别设备的老化机理，找出导致设备老化的诱因，如辐照脆化、热老化、热疲劳、蠕变、疲劳、应力腐蚀、化学腐蚀、应力冲击、振动、磨损、退化、设计、安装、异物磨损等因素[3]。表 6.2 给出了核动力装置部分设备主要老化机理。

在核动力装置中，对设备老化有重要影响的因素包括：

（1）辐照

在反应堆压力容器中，压力容器及堆内构件受到中子辐照作用是必然的。中子辐照会对材料产生作用，其主要影响是增加材料的屈服强度和极限强度，并降低材料的韧性。此外，金属材料内产生的氦气和裂变气体会使材料产生肿胀，并导致材料特性的发生变化。

（2）温度

高温会对设备产生热应力和热疲劳作用。高温还会导致聚合物变硬，或者使其失去张力和弹性。

（3）振动和循环作用

振动和压力、流量或温度等应力的循环作用，会导致材料承受的强度增大，可使材料产生裂纹并最终导致设备部件发生疲劳断裂等现象。振动也会造成电气设备和测量仪表等部件的性能下降。机械设备部件结合处和密封处的振动可能成为影响其整体性能的重要因素。设备相连部件的重复相关运动会导致部件侵蚀或磨损。

（4）腐蚀

腐蚀主要表现在金属材料和周围环境物质发生的反应。腐蚀会导致材料发生化学等变化，使表面脱落或失去强度。腐蚀的其他影响表现在设备的某些部位有颗粒的沉淀物（腐蚀产物），影响该设备的功能。在有些情况下，腐蚀产物占据的空间可能比金属材料本身还大，腐蚀产物填塞裂缝或部件狭窄的空隙是可能发生的。

表 6.2　核动力装置部分设备主要老化机理

老化现象	辐照脆化	热老化	疲劳	应力腐蚀	热疲劳	腐蚀	振动	磨损	退化
反应堆容器	√			√					
一回路管道		√				√			
二回路管道		√				√			
稳压器波动管					√				
蒸汽发生器		√		√	√	√			
辅助管道					√				
小管道							√		
电动泵		√	√				√	√	

续表

老化现象	辐照脆化	热老化	疲劳	应力腐蚀	热疲劳	腐蚀	振动	磨损	退化
电动阀		√						√	
传感器						√			√
I&C 设备		√	√						√
电缆	√	√				√			

6.4.7　设备老化状态评价

设备老化状态评价是通过对设备老化相关数据和信息的分析和评估，得出设备老化状况的结论性评价。通过设备老化评价，可将设备老化状态分为几个级别。例如，可将设备老化状况分为未发生老化、轻度老化、可接受的老化、影响设备功能的老化和严重老化等几个级别。这些设备老化评价结论将作为设备老化管理的依据。根据设备老化的级别，结合设备老化的机理，可对设备采取针对性的老化管理、控制或缓解措施。

设备老化状态评价的关键问题包括两个方面：

(1) 获取设备老化数据

设备老化是一个长期的和渐变的过程，获取能够表征设备老化的相关数据通常是一项比较困难的工作。为解决这个问题，除了采集实际设备的老化监测数据外，还应注意尽可能地收集外部数据（其他核动力装置同类设备的相关数据）或设备的试验数据。

(2) 建立设备老化状态评价模型

设备老化状态评价模型是指描述设备老化状态的数学模型。该模型是设备老化状态评估的基础和依据。在设备老化管理中，如果能够建立设备老化状态精确评价模型，就可以比较准确地评价和掌握设备的老化状态。但是，在工程实际中，多数设备的老化状态评精确价模型还是难以建立的，在设备老化状态评价中一般采用设备老化近似模型。这些模型主要有基于经验的评价模型和基于概率分析的评价模型。

6.4.8　设备剩余使用寿命预测

设备剩余寿命预测对于设备使用管理和核动力装置的安全运行具有重要意义。根据设备剩余寿命预测信息，可以指导设备老化的管理与控制工作，确定设备是否需要修理、更换或需要采取老化缓解与控制措施。世界上有些国家对设备剩余寿命预测的研究比较关注，对某些系统和设备剩余寿命预测开展了研究，提出了设备剩余寿命分析或预测模型。目前所提出的有关设备剩余寿命分析和预测的主要方法有基于运行数据和机理知识的设备剩余寿命预测方法（Lee B S et al）[7]、模糊数据驱动系统剩余使用寿命预测（Zio E S et al)[8] 等方法。

基于运行数据和机理知识的设备剩余寿命预测方法是 Lee B S 等在研究核电厂结构和设备剩余寿命预测时提出的方法。Lee B S 等认为，设备设计时实验室的测试数据对于理解设备的老化是有用的；核动力装置运行可看作是实际条件下的试验，其运行数据看作是实时（而非加速）试验数据。核动力装置运行数据丰富且具真实性。因此，可以将核动力装置运行数据作为实验室试验的补充数据，利用其中关于设备故障的有用信息。设备实际运行数据为分析其退化过程、发展趋势、故障模式、故障原因和故障机理等提供了有用的信息。

（1）蒸汽发生器剩余寿命预测[7]

蒸汽发生器传热管退化是影响蒸汽发生器寿命的重要因素，因此，可以通过对蒸汽发生器传热管故障发展的分析来预测蒸汽发生器剩余寿命预测。

蒸汽发生器传热管退化可以用统计学的方法进行分析。在蒸汽发生器中，有几千个处于相同环境下的相同的传热管道。从统计学的角度来说，对于每个管道某一类型的退化可以看作一个随机变量，因此可以用蒸汽发生器故障检测数据做统计分析。蒸汽发生器传热管统计分析可采用威布尔概率函数。威布尔概率分布函数是概率分布函数中分析蒸汽发生器管道故障发展趋势的比较合适分析方法。其函数表达式如下

$$f(t)=\left[\frac{k}{T'-t_0}\left(\frac{t-t_0}{T'-t_0}\right)^{k-1}\right]\cdot\exp\left[-\left(\frac{t-t_0}{T'-t_0}\right)^{k}\right] \tag{6.4.1}$$

式（6.4.1）中，t 为运行时间；t_0 为初始缺陷时间；k 为威布尔斜率；T' 为特征时间。

威布尔累积函数 $F(t)=\int_{t_0}^{t}f(x)\mathrm{d}x$ 可以表示如下

$$\ln\quad\ln\frac{1}{1-F(t)}=A+k\ln(t-t_0) \tag{6.4.2}$$

式（6.4.2）中，$A=-k\ln(T'-t_0)$ 。

式（6.4.1）与式（6.4.2）代表一个具有 3 参数的威布尔函数。如果假定 t_0 为零，也就是说退化在运行开始后的任何时候都可以出现，式（6.4.2）就可以改为 2 参数的威布尔函数。

（2）机械学方法[7]

运用统计方法，并且根据现有数据进行简单的推理，可以评估事件发生的概率（例如蒸汽发生器管道破裂的数量）。机械学方法可以估算影响事件的主要参数（如蒸汽发生器管道破裂增长速率），从而建立更好的模型。运用此模型，把实际工作条件作为输入值，就可以对事件发生的可能性进行评估。

运用机械方法的一个很典型的例子是压水堆中合金 600 的应力腐蚀破裂增长速率的预测。以下三种机械方法被广泛应用：（1）薄膜破裂/分离机理；（2）薄膜诱发开裂；（3）

氢脆现象。在合金（环境）系统中的不同机理起作用，也许归因于材料、环境和压力等条件的细小差别。

根据薄膜破裂/分离的机理，可以认为它是最合适解释压水堆蒸汽发生器的应力腐蚀裂化现象，可以通过破裂点上氧化率和张力/应力条件的关系来评估破裂增长率。在大量的系统中证实了氧化流密度（例如通过应力面获得）与破裂增长率之间具有密切的相互关系。

也可认为裂缝增长是由随时间变化的氧化负荷密度、给定破裂点环境下在张力破裂点的薄膜破裂频率、潜在腐蚀和材料条件所控制的。随着裂缝的增长，裸露的新表面基本都被钝化（氧化）。只有在破裂点的钝化层遭到破裂后，才会有新的裂缝增长。所以，裂缝平均增长速度 V_t，主要影响因素是薄膜破损中的氧化饱和密度 O_f 和裂缝点的应变比率 η_{cr}。如下式所示

$$V_t = \frac{W_a}{vC_dK_F} \cdot \frac{O_f}{\eta_f}\eta_{cr} \tag{6.4.3}$$

式（6.4.3）中，M 为原子量；C_d 为破损点金属密度；K_F 为法拉第常数；v 为一个金属原子的原子价；f 为薄膜破裂应力。

氧化分裂流强度可以用下式表示

$$I_t = I_0\left(\frac{t}{t_0}\right)^{-n} \tag{6.4.4}$$

式（6.4.4）中，I_t 为在 t 时刻的氧化分裂流强度；n 是氧化分裂流强度对数和时间对数的比值。

根据式（6.4.4），式（6.4.3）也可以用公式（6.4.5）来表示。这个公式说明裂缝增长度可以由 n 确定

$$V_t = f(n)(\eta_{cr})^n \tag{6.4.5}$$

另一个运用机械学方法的例子是评估蒸汽发生器防爆裂的管路堵露标准。这个标准可由最大允许裂缝长度确定，而最大允许裂缝长度可由下面公式计算出：

$$L_0 = L_c - \Delta L_1 - \Delta L_2 \tag{6.4.6}$$

式（6.4.6）中，L_c 为在意外事故时压力变化为 ΔP 时导致爆裂的最小临界尺寸；ΔL_1 为最大不确定度；ΔL_2 为两次连续检查的裂缝增长率。应用这个标准，并通过一回路和二回路泄露的连续在役检查，允许的最大在役泄露标准也是能确定的。

正如以上所讨论的，机械学方法对阐明运行假设是成功的。由于运行参数的多样性以及它们之间未知的相互影响，影响了机械方法的效果。

试验数据和核动力装置运行数据是进行设备寿命预测的两个主要信息来源。并且，从长远的角度来看，运行数据可以看作核动力装置实时的试验数据。从上面利用两类数据来预测设备剩余寿命的讨论来看，可以得出以下结论：

1）对于具有许多子部件的设备，当又不能独立使用子部件的运行数据时，其剩余寿

命是很难预测的。但通过对运行数据的分析，可以为我们决定何时和如何进行预防性维修以防范事故提供了重要的信息。

2）只要可以假设设备的故障机理相同的，威布尔统计法是利用运行数据进行寿命预测的一个实用的方法。

3）在确定运行的假设的条件下，机械学方法也是必需的。这些假设可以通过试验和利用运行数据来验证。机械学观察方法是区分和评估存在于 SCC 内部的复杂相互关系的方法。利用该方法，通过已有数据取得插值和推断可以获得更多的数据，从而可以确定有效地减缓老化的途径。

4）更多的研究应该集中在利用运行数据对设备进行剩余寿命预测的方法的改进上，因为可以获得和利用的运行数据很多，并且随着核动力装置的运行时间的推移，新的数据也在不断产生。

6.4.9 设备老化管理与控制

（1）基本思路与方法

设备老化管理与控制的基本思路是：对核安全关键设备及核安全相关设备实施全寿期管理与控制；以设备老化机理识别为基础，通过控制设备老化的诱因控制或延缓设备的老化；通过优化维修策略对设备老化故障进行管理。

根据设备老化管理与控制的基本思路，可以将设备老化管理与控制方法归纳为以下几个主要方面：

1）基于设备老化控制的设计管理；

2）基于设备老化控制的安装管理；

3）设备存贮管理；

4）设备使用运行管理；

5）设备运行条件控制；

6）设备环境条件控制；

7）基于设备老化控制的维修策略优化。

（2）基于设备老化控制的设计管理

基于设备老化控制的设计管理，是从设计方面考虑设备老化的管理与控制，主要考虑以下方面：

1）设备材料、元器件的选择

在各种条件相同的情况下，不同类型材料的老化机理一般是不同的，其老化特性也存在着差别。有的材料抗老化性强，有的材料则易发生老化。为使设备能够具有良好的抗老化性能，在设备设计环节，应将材料的选择作为设计的一个重要指标。在设备设计中，可以根据综合考虑设备功能、运行方式、环境条件与设备老化研究结果和老化反馈经验等因素，选择或研发合适的设备材料。

2）元器件的选择

设备的元器件是构成设备的基本单元。各种元器件的老化快慢是存在着差别的。一个设备核心元器件的老化容易使整个设备失效。在设备设计中，除了注意选择抗老化能力强的元器件外，对核心部件的选择或研发应保证具有足够的抗老化能力。

3）设备结构设计

设备结构是影响设备老化的一种不可忽视的重要因素。对于机械设备来说，设备结构与其工作原理或使用方式是密切相关的，这就不可避免的使设备结构与设备老化具有一定的联系。对于电气设备来说，散热、冷却、防潮等结构上的设计是延缓设备老化的重要方法。此外，设备的结构形状也会对其安装形成一定的影响。

（3）设备运输与存贮管理

在设备老化管理与控制中，设备运输与存贮的管理也是应给予考虑的。设备运输管理主要考虑防止设备运输过程中的振动等对设备造成的损害。设备存贮管理主要考虑防止不良的环境条件如腐蚀、潮湿、尘埃等对设备造成的危害。在设备存贮管理中，应控制存贮过程中的不良因素，确保设备存贮场地的环境条件符合要求。

（4）基于设备老化控制的安装管理

从设备老化管理与控制考虑，设备安装应注意以下要素：

1）设备安装位置

在不影响核动力装置整体布局和设备本身功能的情况下，设备安装位置应尽可能远离老化应力源。这些应力源包括热应力、机械应力、化学环境、电磁干扰以及通风等。此外，设备安装位置应力求易于检测和维护保养。

2）设备安装质量

设备在安装质量上存在问题，如存在设备焊接不牢固、密封不严或部件松动等问题，可能引起设备振动和泄漏形象，会加速设备的老化。

（5）设备使用和运行管理

不正确的操作使用方式和运行方式，会加速设备的老化。因此，在设备使用和运行管理上，应严格遵从设备使用和运行的技术要求，最大限度地减少误操作和错误的运行。

（6）设备运行与环境条件控制

设备安装完成投入使用后，会受到本身工作条件和周围环境条件的影响，而不良的条件会加速设备的老化。不利的工作条件和环境条件会通过某些物理或化学过程的作用，导致设备材料老化，使材料的性能或功能下降。

核动力装置运行条件可以分为 3 种主要类型：

1）正常运行条件

在设备正常运行条件中，辐射、温度、压力或工质的物理、化学特性等因素将影响材料的物理特性。辐射影响堆芯内和堆芯外的设备。

2）预期运行工况

预期运行工况如过热或功率偏差等因素会加速老化的发生。

3）环境条件

环境条件包括温度、湿度、有害气体、灰尘或化学媒介物等。这些条件的影响会产生腐蚀、侵蚀或其他不希望的化学反应。

从控制和延缓老化的本质来说，设备老化控制应从老化机理出发控制老化的诱因。设备运行与环境条件因素是设备老化重要的诱因。运行与环境条件的控制是控制设备老化诱因的重要方法。例如，根据U形管蒸汽发生器传热管的老化机理分析，传热管老化主要是由于腐蚀和热应力因素引起的。因此，对蒸汽发生器传热管老化控制的主要方法是严格控制传热管内外工质的流体参数、热工参数和化学参数，使其保持在规定的范围内。

（7）基于设备老化控制的维修策略优化

通过维修活动，可以使老化设备在性能降低或失效以前进行维护、修理或更换，从而缓解设备的老化和故障。从维修角度来说，为了使设备的老化问题得到有效的管理，就需要根据各设备的特点采取合适的维修策略。在我国核电厂老化管理相关标准中，指出了设备老化控制中的预测性维修和预防性维修措施。

在这里介绍一种主动性维修为主、其他运行维修策略相结合的方法对设备进行老化控制方法。

根据主动性维修的理论，设备之所以发生故障，主要是因为导致设备产生故障的诱因或根源存在。如果消除了这些导致设备产生故障的诱因或根源，那么从理论上说设备就不会发生故障；如果能把导致设备产生故障的不利因素限制在最小的范围（或可接受的范围）之内，那么就可最大限度的延长设备的无故障工作时间以及延长设备的使用寿命。主动性维修的主要方法是消除（或控制）导致设备（或部件）产生故障的根源（或不利因素），以减少故障发生的几率，提高可靠性。主动性维修的本质特点就在于找出并消除或控制诱发设备发生故障的根源。

从主动性维修的角度来看，设备故障主要诱因为：

1）物理与化学因素；

2）设计原因；

3）制造原因；

4）工作与环境条件；

5）运行与维修操作；

6）其他原因。

设备主动性维修与设备老化控制的基本思路在一定程度上具有一致性。主动性维修理论应用于设备老化控制中，就是根据设备的老化机理或导致设备老化的诱因，从设计、制造、安装、运行、维修操作、工作与环境条件等方面制定设备老化管理与控制计划，加深对不同老化的了解，确定出控制老化过程的关键因子，从控制引起设备老化的诱因出发，使设备老化得到有效控制。

6.5 电气设备老化监测与管理

在核动力装置设备管理中，通常将仪表与控制系统（I&C）和电力系统的设备统称为电气设备。仪表与控制系统设备可分为传感器、信号处理设备、控制器、信号放大及驱动设备、控制器件、显示仪表、接线箱、数据采集设备、数据存贮设备、显示与控制台屏、电动泵、电动阀、电机、电缆以及电源设备等。电力系统设备可分为发电机、电动机、变压器、变流器、配电板、控制台屏等。由于核动力装置设备众多，因而对于各设备的老化监测与管理的阐述难以面面俱到。在核动力装置设备老化监测与管理相关内容阐述中，仅选择其中典型的设备或具有代表性的设备进行介绍。

6.5.1 传感器老化故障监测与管理

传感器属于敏感元件，用于变量检测。核动力装置变量可分为核变量、过程变量、化学变量和设备变量等几种类型。核变量主要有核反应堆周期、反应堆核功率和核辐射监测变量，过程变量主要有温度、压力/压差、流量、液位和转速等变量，化学变量主要有水质等变量，设备变量主要有设备温度、振动等变量。核变量和一些过程变量是与核反应堆功率控制和核安全相关的，是核动力装置运行和核安全管理中重点监测和关注的变量。测量核变量的传感器为核探测器，测量温度、压力/压差、流量、液位和转速的传感器分别为温度、压力/压差、流量、液位和转速传感器。

（1）核探测器老化故障监测与管理

1）核探测器

核反应堆在发生核裂变反应时会从原子核中释放出粒子和射线，如中子、α 粒子、β 射线和γ射线等。通过对这些粒子和射线的测量可以掌握核反应堆功率的变化和辐射剂量的水平。核探测器就是测量这些粒子和射线的传感器。在核动力系统中，核探测器可分为两大类：一类是测量核反应堆功率（中子）水平的核探测器，另一类是测量辐射剂量水平的核探测器。核反应堆中子水平（中子注量率）反映了反应堆的功率水平，是核反应堆功率控制和核安全保护重要的物理量。在这里仅讨论核反应堆功率（中子）水平的核探测器老化故障监测与管理问题。

在核反应堆核测量系统中，通过对中子注量率的测量来实现反应堆周期、反应堆功率和反应堆内功率分布的测量。核反应堆从启动到满功率运行，其中子注量率可变化 10 个数量级以上，为实现反应堆中子注量率全范围快速和准确的测量，一般采用三种不同的测量量程，即源量程、中间量程和功率量程。除上述核反应堆功率外，在核反应堆测量系统中还有堆芯中子注量率测量系统。堆芯中子注量率测量一般采用裂变室。

源量程是反应堆功率测量的最低量程，是中子源启动量程。源量程所对应的反应堆功率区段中子注量率和γ射线本底都很小。源量程中子注量率测量采用的探测器通常为 BF_3 正比计数管或涂硼正比计数管。涂硼正比计数管的结构如图 6.6 所示[9-10]，由圆筒形阴极、中心阳极、绝缘体以及接头等部分组成。涂硼正比计数管的中心阳极由不锈钢制成，筒形阴极由高纯度铝制成，阴极内表面涂以 ^{10}B。计数管内充 Ar 和 CO_2，阴极和阳极间是绝缘的。

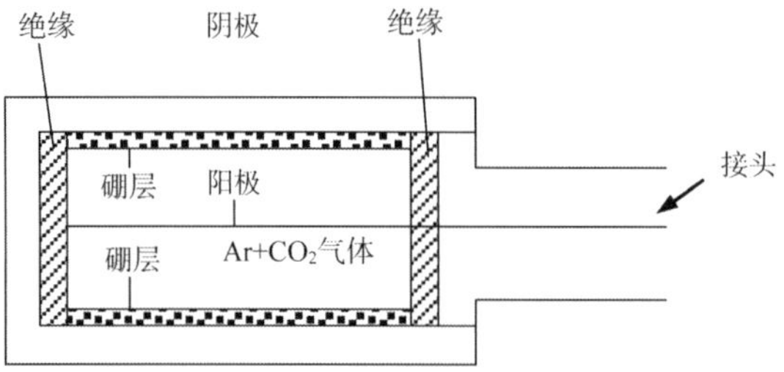

图 6.6　涂硼正比计数管的结构示意图[9-10]

中间量程所对应测量区间中子注量率较大，测量得到的是平均电离电流，探测器采用γ补偿电离室。γ补偿电离室是一种涂硼电流电离室，其结构如图 6.7 所示[9-10]。图 6.7 所示的是同轴圆筒形 γ 补偿电离室的结构，三个同轴的圆柱形电极构成了两个电离室。涂硼层的外电极为正高压电极，内电极为负高压电极，外电极与内电极之间的电极为收集电极。收集电极的外表面涂硼，内表面不涂硼。内电极与收集电极的内表面构成仅对γ射线敏感的内电离室。外电极与收集电极的外表面构成对中子和γ射线都敏感的外电离室。这两个电离室充相同的气体且共用同一个收集电极。涂硼电离室在中子和γ射线照射下，在收集电极上产生电流（$I_n+I_{\gamma1}$）。不涂硼的内电离室只输出γ射线照射下产生的电流（$-I_{\gamma2}$）。若外电路采用差动连接方式，则整个γ补偿电离室的输出为其两个电离室输出电流的差，而由γ射线产生的电流即被补偿掉，即

$$I=I_n+I_{\gamma1}-I_{\gamma2}=I_n$$

由于制造工艺以及辐照上的差异等因素，γ射线照射下产生的电流不可能完全实现补偿，一般尽可能减小其影响。

功率量程采用涂硼非γ补偿电离室。涂硼非γ补偿电离室是由多个短中子电离室组成的，又称为长电离室。短中子电离室由高压电极、收集电极、筒形容器以及筒形容器内充

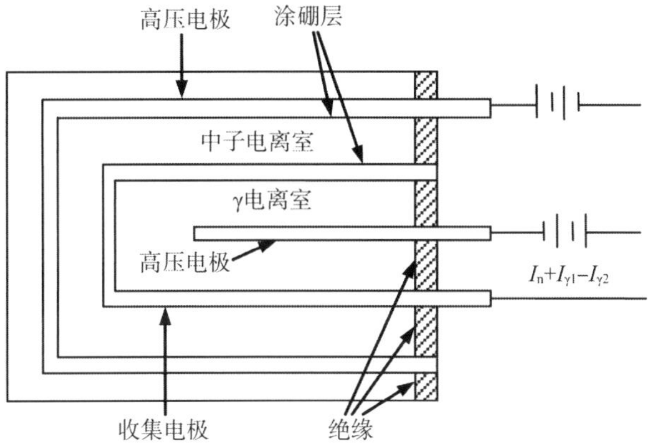

图 6.7　γ补偿电离室原理结构示意图[9-10]

装的氦、氮、氩（氦 1%＋氮 6%＋氩 93%）混合气体组成。高压电极内表面和收集电极外表面涂硼。硼电离室利用^{10}B（n，α）^{7}Li 反应产生次级带电粒子，从而在电离室中产生电流。

裂变室的结构与硼电流电离室的结构相似，裂变室是在电离室的一个电极上涂上可裂变物质^{235}U，电极有平行板式和同轴圆筒式两种结构形式，而没有补偿极。裂变室输出脉冲计数率正比于热中子注量率的大小。裂变室比硼电离室的灵敏度高，受γ射线影响小，适用于γ射线强度高的部位的中子注量率测量。

2）老化故障

在核变量测量中，对于不同变量和不同的测量目的，所采用的核探测器也不相同。在核反应堆功率测量中，所采用的核探测器则是相似的，一般采用从涂硼正比计数管、γ补偿电离室和长电离室，而堆芯中子注量率的测量一般采用裂变室。从涂硼正比计数管、γ补偿电离室和裂变室的结构可以发现，这些核探测器在结构上都具有类似的特点，如具有电离室等腔室、电离室有气体、电极有涂层以及腔室有引出接头和有绝缘密封等。

核探测器的结构特点，对核探测器老化具有一定的影响，也在一定程度上影响着核探测器的故障特点。根据核探测器使用过程中所发生故障的分析，核探测器的故障尤其是老化故障主要表现在以下方面：

①核探测器泄漏

一些核探测器如涂硼正比计数管是利用特定气体进行工作的，对工作气体的质量比较敏感。当核探测器密封性下降或损坏时，易使探测器发生泄漏，导致外界空气、水或水蒸汽等其他物质进入核探测器电离室而与工作气体发生混合。核探测器一旦发生泄漏，不但会降低探测器的性能，而且还会加速核探测器是老化，严重时会使核探测器失效。

②绝缘老化

核探测器电极间安装有绝缘体，使各不同的电极之间保持绝缘。当核探测器绝缘体发生老化使绝缘电阻下降时，会造成漏电现象，使探测器灵敏度降低、性能下降。

③接头老化或腐蚀

核探测器在应用过程中，由于长期受环境的温度、辐射、化学气体、潮湿等因素的影响，其接头会发生老化或腐蚀，使信号线接触不良，从而降低了探测器的性能。核探测器通过电离所探测的有用信号本身十分微弱，接头老化或腐蚀会给探测器的性能造成较大影响。

（2）过程变量传感器老化故障监测与管理

1）过程变量传感器

在整个核动力装置中，需要监测的过程变量比较多，用于过程变量检测的传感器也很多。其中有些传感器是用于核动力装置重要参数保护或过程变量控制的测量传感器，在设备老化管理中是需要重点监测和管理的。这些传感器包括温度、压力（压差）、流量和液位传感器。常见的温度传感器有热电偶和热电阻，压力（压差）传感器为压力（压差）变送器。用于流量和液位测量的传感器一般采用测量压差的方法，然后经过换算得到流量和液位。例如，在压水堆核动力装置稳压器和蒸汽发生器水位测量中，通常采用双参考管测量方法，该测量方法就是通过测量双参考管不同的压差后，经过运算而获得水位测量值。

2）老化故障

对于温度传感器来说，由于热电阻的材料具有不同的热膨胀系数，因此，温度效应是传感器老化的重要因素[11]。此外，传感器敏感材料的电阻在不同应力作用会发生变化，使传感器产生测量误差。温度传感器的发生老化和材料退化后，会发生刻度漂移、响应时间滞后、绝缘电阻降低、输出不规律、连线虚断等问题。

对于压力变送器来说，由于受使用和环境等因素的影响，压力变送器会发生老化，其典型的老化形式包括机械老化、电气元件疲劳与漂移、敏感元件变形与损坏、部件腐蚀以及接点腐蚀老化等故障。压力变送器老化会使其测量精度和响应时间下降，使测量结果发生偏差。

（3）传感器老化故障监测与管理

传感器类型不同，其原理、结构、材料、制造工艺等方面都存在着差别。由于这些差别的存在，使不同类型传感器的老化机理也不相同。因此，对于传感器的老化监测与管理，应根据各类传感器的特点和老化规律进行分类管理。

虽然不同类型传感器的老化机理不同，但在传感器故障方面也表现出一定的共性，如各类传感器常见的老化故障有敏感元件性能下降、变形或损坏；传感器密封损坏；传感器电路漂移或电路元件、腐蚀失效；传感器接线接触老化、腐蚀、接触不良；传感器接线对地绝缘降低以及传感器接线屏蔽失效等故障。

对于传感器老化故障监测与管理，可以采用以下方法：

1）日常例行检查、检测与维护

日常例行检查与检测是传感器老化故障监测的有效方法。例行检查与检测是一种日常性的、间隔时间比较短的老化故障监测方法。其优点一是可以在传感器发生故障前后及时发现存在的问题，或在传感器发生故障之后能够及时发现故障，以便能够及时处理；二是通过日常例行检查和检测，可以掌握传感器性能的发展变化，为其老化管理提供依据。

2）定期全面检查和检测

定期全面检查和检测一般是在核动力装置试验、换料或大修期间而开展的设备全面检查、检测和检修。定期全面检查和检测的优点在于可以对包括传感器在内的整个测量系统进行全面、彻底的检查、检测和检修，对于存在问题的传感器可以及时检修和更换。

3）传感器性能在线监测

①利用传感器现有信号进行在线监测

传感器出现退化或其性能发生变化时，其输出信号也随之出现不同于正常输出的变化。传感器输出的非正常变化开始可能很小，甚至可以忽略不计。但随着传感器不断老化和退化，其性能不断下降，其输出信号偏离正常值的偏差也会越来越大。通过直接采集传感器的输出信号并对其进行分析，就可以掌握传感器性能变化和传感器老化和退化情况。

②安装在线监测系统

在线监测系统的作用是可以对传感器进行主动测试，即通过在线监测系统对传感器进行激励，并对激励结果进行处理和分析，以获得老化、退化或故障信息。在线监测系统比较复杂，通常仅用于非常重要的传感器的监测或故障诊断。

4）对检查和维护相关信息，应及时记录并做好管理。

6.5.2　信号处理设备老化监测与管理

（1）信号处理设备

信号处理设备是仪表与控制系统的中间设备，通常称为二次仪表。在核动力装置仪表与控制系统中，信号处理设备常见于各种测量系统、控制系统以及信号显示、报警和数据采集等系统。在不同的系统中，信号处理设备的作用、原理和结构一般是不同的，有的信号处理设备甚至是某些系统特有的。核动力装置仪表与控制系统信号处理设备具有多样性的特点。为便于分析，根据信号处理设备的作用，可以将信号处理设备简单地分为输入信号处理设备、输出信号处理设备和输入/输出信号共用处理设备。输入信号处理设备用于测量、控制、数据采集与显示等系统。输出信号处理设备多用于控制系统的输出信号处理。输入/输出信号共用处理设备一般用于数据采集、报警、显示等系统。

在测量系统中，除智能传感器外，多数传感器测量的信号是非标准信号甚至是非电量信号，因此要经过信号处理而将其转换为标准的电压或电流信号。有一些变量是通过传感器间接测量其他变量，然后通过信号处理设备转换而得到其信号的；另有一些变量，传感器测量获得的是微弱的信号，需要经过放大和整形处理才能得到所需要的信号。例如，采用铂电阻温度计测量温度，实际上直接测量得到的是铂电阻温度计的电阻值，然后根据电阻值与温度之间的关系，通过信号转换处理获得相应的温度量；采用双参考管方式测量液位时，需要经过将几个压差信号的运算才能获得液位值；核探测器检测得到的中子注量率信号为脉冲或微弱的电流信号，需经过整形或放大处理才能得到实际应用所要求的信号。总的来说，输入信号处理设备的主要特点是：一般用于完成物理量的转换、信号放大、补偿、标度变换、标准化转换以及运算等功能；多数输入信号处理设备属于弱电设备（某些核参数信号处理设备除外）。

输出信号处理设备是控制系统常见的设备，主要用于控制器输出信号的转换和放大。不同功能的控制系统，其输出信号处理设备也不相同。在一些简单的控制系统中，仅需要对控制器输出信号进行一般性的转换和放大处理，而在一些复杂的或特别的控制系统中，往往需要对控制器的输出信号进行多步处理，以满足控制的需要。例如，在压水堆核动力装置稳压器水位控制系统中，控制器输出信号只需经过简单地转换就能实现对喷雾阀和电加热器等执行机构的控制；而在核反应堆功率控制系统中，核反应堆功率调节器输出的信号需要经过逻辑处理与功率放大后才能控制控制棒的升降。输出信号处理设备的主要特点是：一般用于完成控制器等设备输出信号的转换和放大；根据信号输出环节的不同，一些输出信号处理设备用于弱电信号处理，还有一些输出信号处理设备涉及到强电处理。

（2）信号处理设备老化故障特点

信号处理设备老化可以分为整体老化和元器件老化两个方面。整体老化是指整个设备在整体上发生或趋于老化，元器件老化是指设备单个或少数元器件发生老化。设备整体老化主要出现在设备使用寿命后期。设备元器件老化故障除了与设备环境、使用方式和维护保养等因素有关外，还随着元器件类型的不同而有所不同。

信号处理设备属于电子类设备，其设备老化故障具有一般电子设备老化故障特点。信号处理设备老化故障可以归纳为以下两个方面：

1）电路漂移

信号处理设备一般由各种分立的电子元器件和集成电路等组成。由于老化的作用使设备元器件性能下降，导致电路漂移，这是信号处理设备老化的一个重要特点。设备元器件性能下降一开始并不明显，但是会随着时间的推移其影响会逐渐显现出来。

2）元器件损坏

元器件损坏是信号处理设备老化的另一个重要特点。随着老化的加重，长期的累积作用会使设备元器件由性能下降到损坏，如元器件烧毁、击穿等。

3）程序乱码

有些信号处理设备包含单片机等数字电路和编程的设备，设备老化亦可能引起程序乱码。

（3）信号处理设备老化监测与管理

信号处理设备属于电子类设备，电子设备的老化具有一定的规律性，可以根据其特点采用以下监测与管理方法：做好日常例行检查、检测与维护工作；定期对设备及其电路进行全面检查和检测；根据电子产品老化退化规律，在设备寿期末加强设备检查和检测，发现电路老化及时处理或采取更换措施。对检查和维护相关信息，应及时记录并做好管理。

6.5.3　控制器老化监测与管理

（1）控制器分类

控制器是仪表与控制系统中常见的设备，是控制系统的核心设备（或部件），控制器性能的优劣直接决定着控制系统的功能能否实现。在现实世界中，控制的对象多种多样，控制器也具有多样化的特点。根据不同的分类方式，可以将控制器分为不同的类型。例如，根据控制变量分类，可以分为压力控制器、温度控制器、液位控制器等；根据输入输出变量的数量分类，可以单输入单输出控制器和多输入多输出控制器；根据控制器所采用的控制规律分类，可分为 PID 型控制器、自适应控制器、最优控制器、模糊控制器等。在这里，为了便于阐述控制器老化故障监测与管理问题，根据目前控制技术发展状况，可以将控制器分为数字控制器和模拟两大类型。

随着数字技术和计算机技术的发展，数字控制技术被逐渐应用到核动力装置控制系统中。目前在控制系统设计中，基本上采用数字控制技术，而对于那些简单地或不需要采用数字控制技术的控制问题仍采用模拟控制器。数字控制技术以计算机技术为基础，包括单片机、可编程控制器、工控机以及微机控制等。

（2）模拟控制器老化监测与管理

在核电发展初期，核动力装置控制系统普遍采用模拟控制系统，其控制器也为模拟控制器。模拟控制器以模拟元器件为基础构成控制器，常见的模拟控制器有采用模拟元器件设计的完成 PID 控制规律的 PID 型模拟控制器、采用模拟电路设计的定值器（定值控制）、由继电器和接触器等构成的控制器（开、关控制或启、停控制；逻辑控制）以及气动控制器等类型。

模拟控制器老化故障主要有电路漂移和元器件损坏，与一般模拟电路老化故障类似，这里不再赘述。

（3）数字控制器老化监测与管理

数字控制器属于数字电路，其老化规律与一般数字电路的老化规律类似。对于数字控制器老化监测与管理，可以根据其特点采用以下方法：

1）做好日常例行检查、检测与维护工作；

2）定期对设备及其电路进行全面检查和检测；

3）根据数字电路老化退化规律，在设备寿期末加强设备检查和检测，当发现电路微处理器等核心部件老化，或出现程序乱码时及时更换微处理器或更换整个电路；

4）对检查和维护相关信息，应及时记录并做好管理。

6.5.4 控制元器件老化监测与管理

控制元器件广泛应用于仪表与控制系统中，其种类比较多，包括各种开关、按钮、指示灯、断路器、熔断器、继电器、接触器、端子排、连接器、伺服系统以及其他执行器件等。控制元器件虽然不像控制器和信号处理设备那样复杂，但它却是控制系统的重要部分。关键环节的控制元器件的性能对于控制系统功能的实现具有重要影响。控制元器件是仪表与控制系统中易老化且故障率较高的器件，其老化与故障管理对于保证仪表与控制系统的可靠性具有重要作用。在各种控制元器件中，开关、按钮、指示灯、断路器和熔断器等器件的故障易于发现和管理，这里不具体介绍，下面主要介绍连接器、继电器和接触器的老化故障监测与管理。

（1）连接器老化故障

长期老化、腐蚀等作用会使信号处理设备输入输出接线连接器接触不良，导致设备不能正常工作。接线连接器接触不良也是信号处理设备一种比较典型的故障。

（2）继电器与接触器老化故障

继电器有多种类型，在控制系统中常用的有电磁继电器、时间继电器和热继电器等种类。接触器与继电器原理类似，老化故障亦类似。这里以继电器为例，介绍其老化故障。

继电器常见的老化故障有以下几种：

1）触点老化

触点老化是继电器比较常见的故障。继电器工作的实质是在控制信号的作用下实现其触点的吸合或断开。在继电器触点闭合的过程中，有时会产生电弧，使触点受到损伤。除电弧作用外，长期反复的吸合和断开作用，也会使继电器的触点产生机械损伤。另外，环境因素对继电器触点也会产生不良作用，如潮湿的环境、有害的化学气体会使继电器的触点产生老化和腐蚀作用。以上这些因素都会使继电器的触点发生老化和接触不良。

2）线圈老化

继电器线圈长期通电或频繁通电和断开会使其线圈发生老化，使线圈的绝缘降低，可造成线圈短路或断路等故障。

3）定值漂移

定值漂移故障主要是指热继电器故障。热继电器一般在控制系统中用作保护继电器。当热继电器的保护定值发生漂移时，有可能出现没有达到保护定值就给出保护动作，或超过保护定值而不能给出保护动作，从而使控制对象失去保护作用。

（3）控制元器件老化监测与管理

连接器、继电器和接触器属于模拟电路器件，其老化监测与管理可以采用以下方法：

1）做好日常例行检查、检测与维护工作；

2）定期对进行检查和测试；

3）连接器、继电器和接触器容易产生触点老化腐蚀或线圈老化等故障。对于触点老化腐蚀问题，应做好经常性的检测工作，注意维护保养；对触点接触不良且难以修复的连接器、继电器和接触器，可采取更换措施。对于线圈老化问题，应注意检查和检测，一旦发现继电器和接触器线圈老化应及时更换。

4）对检查和维护相关信息，应及时记录并做好管理。

6.5.5　接线箱老化监测与管理

（1）接线箱设备

接线箱是仪表与控制系统和电力系统中常见的设备，其主要作用是为仪表与控制系统的信号线、电源线和电力系统的电缆提供转接或分接设备。接线箱虽然比较简单，但是却是仪表与控制系统和电力系统中的关键环节，也是容易出现问题的环节。如果接线箱出现问题，就会导致信号传输错误或电源传输故障，会进一步引发一系列问题，如造成系统或设备运行故障、给运行管理人员提供错误的信息以及导致设备失电或供电异常等。在一般系统中，由于接线箱出现问题而引发各种故障的现象是比较常见的。接线箱故障是仪表与控制系统和电力系统中一种典型的故障，需要引起足够的重视。

（2）接线箱设备老化故障

接线箱常见的故障主要有接线松动、对地绝缘降低以及接线老化、腐蚀。接线松动主要是由于接线不牢固或振动等原因导致接线端子接触不良。

对地绝缘降低主要是由于绝缘破损或其他原因引起信号线、电源线接线存在对地电阻。对地绝缘降低会引起电信号传输失真，也容易受到干扰信号影响。

接线老化和腐蚀主要由于高温、高湿和化学气体等环境因素的作用，接线箱接线发生氧化或腐蚀，使接线接触不良。与接线松动、对地绝缘降低故障相比，接线老化和腐蚀是仪表与控制系统和电力系统寿命后期更为普遍的问题，更应该引起重视。

（3）监测与管理

在仪表与控制系统和电力系统中，各接线箱所处环境存在着差别，接线箱老化故障往往是难以在线监测。但是，接线箱老化故障还是有一定的规律可循的。对于接线箱老化故障的监测与管理，主要是通过日常检查、维护和定期检查来实现。在接线箱检查和维护中，应重点注意以下几个方面：

1）注意做好日常检查和维护工作，确保日常检查和维护工作能够得到彻底的落实；

2）在接线箱检查和维护中，应注意环境的影响。对于处于高温、高湿、振动和化学气体等环境的接线箱，应加大检查和维护力度；

3）对检查和维护相关信息，应及时记录并做好管理。

6.5.6　数据采集设备老化监测与管理

在核动力系统中，数据采集设备是不可或缺的，其作用是对核动力装置相关参数进行数据采集和处理。数据采集设备是仪表与控制系统和电力系统的重要设备。目前数据采集设备一般都是以计算机为基础，数据采集设备的性能随着时间的变化与一般计算机性能发展变化具有一些相似之处。

数据采集设备老化故障主要表现在电路老化、电路板插槽老化、连接器接触不良和元器件老化等方面。对于数据采集设备老化监测与管理，可以根据其特点采用以下方法：

1）做好日常例行检查、检测与维护工作。

2）定期对设备及其电路进行全面检查和检测。

3）根据数字电路老化退化规律，在设备寿命中后期对加强设备检查和检测。当发现电路微处理器等核心部件老化，或出现程序乱码时及时更换微处理器或更换整个电路。

4）对检查和维护相关信息，应及时记录并做好管理。

6.5.7　显示与控制台屏老化监测与管理

（1）显示与控制台屏

显示与控制台屏是核动力装置重要参数和信息集中显示与控制设备。在核动力装置显示与控制台屏上直观的位置主要安装显示仪表、显示屏、灯光及音响报警设备、控制开关与按钮等设备，在显示与控制台屏上非直观位置一般安装电源设备、与显示和控制相关的信号处理设备、电源线及信号线接线排、接线架等设备。

显示与控制台屏器件及相关设备故障直接影响核动力装置信息正常显示、操作动作的完成和控制信号的正确传输。因此，当显示与控制台屏器件及相关设备发生故障时需要立即排除。

在核动力装置仪表与控制系统和电力系统中，往往有多个不同功能的控制台屏。其中，主要的显示与控制台屏安装在主控室。与主控室外其他电气设备相比，主控室的显示与控制台屏所处环境相对较好，因此其故障率也相对较低。显示与控制台屏所包含的器件和设备具有多种类型。不同类型的器件和设备的使用寿命和故障规律是不相同的。

（2）台屏老化故障

显示与控制台屏常见老化故障主要有显示仪表损坏、控制开关与按钮磨损、电源故障以及电缆老化等。

（3）监测与管理

显示与控制台屏老化故障监测与管理的主要方法如下：

1）对显示与控制台屏的器件和设备进行分类，分析和掌握各类器件和设备的故障规律；

2）根据显示与控制台屏各器件和设备的故障规律，制定相应的检查和维护周期；

3）通过日常检查和定期全面检测的方法监测显示与控制台屏各器件和设备老化状况；

4）对显示与控制台屏故障的器件和设备进行及时维修或更换；

5）对检查和维护相关信息进行记录和管理。

6.5.8　电缆老化监测与管理

电缆是核动力装置仪表与控制系统和电力系统重要的物件。从监测、控制与信息显示方面来说，电缆是核动力装置仪表与控制系统和电力系统各设备之间信号传输的桥梁；从电力系统供电方面来说，是电源装置与配电、用电设备之间电源传输的通道。电缆发生故障就会使与其相关的设备功能失效或使与其相关的系统瘫痪。因此，对于核动力装置电缆性能应予以监测和管理，及时发现和处理电缆出现的问题，以确保相关系统的正常运行。

（1）电缆分类

电缆的品种很多，根据不同的分类方式可以将其分为不同的类型。在这里将核动力装置所用电缆分为以下两大类型：

1）信号电缆

信号电缆用于各种信号的传输，如测量信号、控制信号、显示信号、报警信号等信号传输电缆。信号电缆又可分为一般信号传输电缆和控制信号传输电缆。信号电缆的主要特点是电缆载荷小，其电缆传输的电流或电压一般比较小。信号传输电缆一般需要屏蔽和抗干扰措施。

2）电力电缆

电力电缆用于电力系统和各种供电设备电源的传输。电力电缆根据其传输电压或电流的不同，具有不同的型号。

（2）电缆老化因素

影响电缆老化的因素很多，归纳起来可以分为以下几个主要方面：

1）材料与结构

电缆材料与结构不同，其环境适应性也不相同，抗老化能力自然也不相同。电缆材料与结构是影响电缆老化的基本因素。

2）环境因素

环境因素包括温度、湿度、辐照、光照射、振动、化学气体、通风以及各种应力作用等环境条件因素。电缆所处环境条件是影响电缆老化的关键性因素。例如，高温的长期作用会使电缆材料产生热老化，而过高的温度则会使某些电缆的外护套或绝缘护套熔化；辐照会使材料脆化和劣化；化学气体容易使电缆材料老化和腐蚀。

3）使用因素

使用因素是指电缆的工作方式，一些电缆长时间通电工作，有些电缆是反复间歇性通电。电缆长期通电容易使发热和产生热老化，尤其是当电缆转接处接触不良而存在接触电阻时更容易发热。电缆反复间歇性通电容易使电缆遭受不同应力的影响，也会加速电缆转接点的老化或产生放电火花。

(3）电缆老化故障

电缆常见的老化故障有以下几种：

1）绝缘降低

由于老化的作用，使电缆的外包绝缘材料发生破损，使电缆绝缘降低，可引起漏电现象。电缆还有一种绝缘降低情况，是电缆转接点对地绝缘降低，这种情况也会引起漏电现象。当多路电缆紧挨在一起敷设时，电缆绝缘降低则容易导致短路故障发生。

2）电缆接点老化腐蚀或接线松动

电缆接点老化腐蚀是一种比较多见的故障。电缆接点老化腐蚀会造成电缆接触不良，也可能造成电缆短路。电缆接线松动一方面导致电缆线接触不良，另一方面当电缆通电电压较高时容易造成放电现象，通电电流较大时容易使节点发热甚至烧损。

3）电缆屏蔽不良

电缆屏蔽损坏或屏蔽不良，容易使电缆易串入干扰信号，使工作信号失真或使工作信号的传输受到干扰信号影响。

(4）监测与管理

在核动力系统中，电缆的数量和种类都比较多，而且不同电缆的用途、性能指标以及工作环境等也不相同，因此，对电缆老化故障的监测与管理应根据各电缆的特点采用相应的方法。针对核动力装置所用电缆品种的多样性、所完成功能的多样性以及工作环境的多样性，对核动力装置所用电缆可采用分类与分级相结合的监测与管理方法[12]。

电缆分类管理是根据核动力装置各电缆的作用和类型将其分为不同的类别。电缆分级管理是根据电缆的核安全级别将核动力装置各电缆分为不同的类别。在电缆分类管理的基础上，针对各电缆的实际情况采取相应的监测与管理措施，突出重要电缆和电缆重点部位的监测力度，以提高电缆监测与管理的针对性和精确性。

对于电缆老化管理问题，在电缆设计和安装敷设时就应当给予考虑。在设计时，应根据电缆所完成的功能、工作方式和环境条件，采用合适的材料、合理的结构和有效地屏蔽设计，以满足电缆工作要求和抗干扰、老化和腐蚀要求。电缆安装敷设时，应注意电缆与发热和高温设备保持安全距离，避免电缆与发热和高温设备的接触；应尽可能避开存在高温、潮湿、化学气体、辐照、光照射、振动以及通风不良的位置。当电缆安装敷设无法避开环境不利的位置时，应采取必要的防护措施以减少环境不利因素的影响。此外，在电缆安装敷设时，应注意在不同的位置尤其是关键位置或环境条件恶劣的位置预留预留一定长度的电缆，以供电缆老化监测和老化研究用。

对于电缆老化监测，可以采用以下方法：

1）做好电缆日常例行检查、检测与维护工作；

2）定期对电缆进行全面检查和检测；

3）突出重点系统、重点部位电缆的检查和检测。重点系统包括重要的测量、控制、保护和供电等系统，重点部位包括高温、高湿、有害气体、振动以及辐照等易导致电缆老化的部位；

4）对电缆检查和维护相关信息，应及时记录并做好管理。

6.5.9　电源设备老化监测与管理

在核动力装置仪表与控制系统中，除了传感器、控制器、信号处理及放大电路外，还有大量的电源设备。这些电源设备为仪表与控制系统的传感器、信号处理电路、控制器、放大电路等提供工作电源，使仪表与控制系统实现变量检测、信号处理、控制与显示等功能。常用的电源设备有交流稳压电源、直流稳压电源和 UPS 电源设备。

（1）电源设备老化故障

电源设备老化故障主要有电路故障和元器件故障（电容、变压器、熔断器等）。

（2）电源设备老化监测与管理

对于电源设备老化监测与管理，可以采用以下方法：

1）做好电源设备日常例行检查、检测与维护工作；

2）定期对电源设备进行全面检查和检测；

3）注意对电源设备电路和元器件故障（电容、变压器、熔断器等）的检查和检测；

4）对检查和维护等相关信息，应及时记录并做好管理。

6.6　机械设备老化监测与管理

核动力装置机械设备的数量和种类都比较多，主要有蒸汽发生器、稳压器、热交换器、离子交换器、冷凝器、管道、管道支撑件以及机械贯穿件等。在这里主要介绍蒸汽发生器、稳压器和管道等设备和部件的老化监测与管理。

6.6.1 蒸汽发生器老化监测与管理

（1）蒸汽发生器

蒸汽发生器是压水堆核动力装置一回路与二回路之间进行热量交换的设备，是压水堆核动力装置的关键设备。从反应堆出口出来的一回路冷却剂将其从堆芯带出的热量通过蒸汽发生器的传热管壁传递给二回路水，使之产生蒸汽。在蒸汽发生器内，高温蒸汽通过汽水分离器进行汽水分离和干燥，成为干燥饱和蒸汽，用来驱动汽轮发电机组发电。蒸汽发生器除产生蒸汽外，还作为一回路冷却剂的承压边界和放射性物质第二道防护屏障，防止放射性物质外泄。

蒸汽发生器有几种不同的类型，按照蒸汽发生器内工质流动的方式可以将蒸汽发生器分为强迫循环式和自然循环式；按照蒸汽发生器内传热管的形状，可以将蒸汽发生器分为U形管式、螺旋管式和直管式；按照设备安装方式，可以将蒸汽发生器分为卧式和立式U形管式。

在压水堆核动力装置中广泛采用的蒸汽发生器有立式U形管自然循环、卧式自然循环和直流蒸汽发生器三种。下面介绍立式U形管自然循环蒸汽发生器老化监测与管理。

（2）蒸汽发生器故障

U形管破裂是蒸汽发生器最为典型的故障。U形管破裂的直接后果是使一回路冷却剂泄漏到二回路，造成一回路冷却剂的丧失；破坏一回路承压边界的完整性；容易导致放射性物质的外逸；影响核动力装置的正常运行。

导致U形管破裂的因素是多方面的，其主要因素包括：

1）材料腐蚀。核动力装置一回路冷却剂和二回路水的水质都会对蒸汽发生器U形管产生影响。水质不合格，容易使蒸汽发生器U形管发生化学腐蚀。

2）热应力作用。反应堆一回路冷却剂温度较高，长期的热应力作用会使蒸汽发生器U形管产生热老化效应。此外，在核动力装置运行过程中，一回路冷却剂和二回路水的温度是有差别的，温差也会对U形管产生热应力作用。

3）机械振动。反应堆一回路冷却剂在蒸汽发生器U形管中高速流动引起的振动，使U形管产生机械疲劳。

4）流体冲刷。冷却剂高速流动会对蒸汽发生器U形管产生冲蚀作用。

（3）蒸汽发生器老化监测与管理

对于蒸汽发生器老化监测与管理，可以采用以下方法：

1）定期检测

定期检测是利用核反应堆换料、停堆检修等时机，对蒸汽发生器U形管等内部物件进行实际检测。蒸汽发生器 U 形管故障检测通常采用无损探测方法。通过无损探测，找出破损和有缺陷的 U 形管，然后采取相应措施。

2）二回路水质监测

二回路水质监测包括两个方面：检测二回路水质是否满足运行指标要求；检测是否存在一回路冷却剂泄漏，以掌握蒸汽发生器 U 形管是否发生破裂。

3）在蒸汽发生器使用过程中，注意水质管理，防止二回路水质超标。

4）对检查和维护等相关信息，应及时记录并做好管理。

6.6.2　稳压器老化监测与管理

（1）稳压器

稳压器是核动力装置一回路冷却剂系统的重要设备。其主要作用是，在核反应堆启动、功率运行、停堆以及各种事故工况下，调节反应堆冷却剂的压力；当冷却剂系统压力超过设计规定的限值时，提供超压保护功能。

（2）稳压器老化故障

稳压器老化故障可分为本体结构老化和组件老化。本体结构是指稳压器筒体、上封头和下封头等部分。稳压器组件包括喷雾阀、隔板、波动管以及电加热器元件等部件。在稳压器组成中，喷雾阀可以归总为阀门类别之中，电加热器元件可以归总到电气设备类别之中（即控制系统的执行元件）。关于稳压器老化故障，在这里仅讨论人孔盖配件老化和稳压器波动管老化。

1）人孔盖配件老化

稳压器球形上封头有一人孔，作为技术人员在稳压器内安装部件和部件检修的通道。稳压器人孔采用人孔盖和〇形环等配件进行密封。

稳压器长期在高温、高压的条件下运行。在反应堆启堆、功率变化和停堆等反复间歇性、周期性的工况变化情况下，稳压器的温度和压力也会相应随之发生变化。高温、高压以及温度和压力的变化，都会对稳压器人孔盖及其配件产生应力冲击作用。长期的热冲击和压力冲击使稳压器人孔盖及其配件发生老化。人孔盖配件老化会人孔盖密封不严，使稳压器发生泄漏。

2）波动管老化

稳压器波动管与反应堆一回路热管段相连。波动管发生老化时，可导致波动管发生破裂或断裂，造成冷却剂失水事故。因此，对稳压器波动管老化进行监测和管理是非常必要的。

（3）稳压器老化监测与管理

稳压器安装在安全壳中，在核动力装置运行时维修人员难以在现场检查。对于稳压器老化监测与管理，一般采用定期检查的方法：

1）定期对稳压器人孔盖配件检查和检测，若发现存在老化或老化引起的松动、泄漏问题时，及时采取相应的处理措施。

2）定期对稳压器波动管进行检查和检测，若发现存在裂纹或缺陷问题时，及时采取相应的处理措施。

3）对检查和维护等相关信息，应及时记录并做好管理。

6.6.3 管道老化监测与管理

（1）管道

管道是核动力系统中广泛存在的物件，是工质流动和传输的通道，是热能传输和交换的桥梁，也是相关设备之间连接的纽带。在核动力装置系统结构上，管道是核动力装置关键组成部分，对于核动力装置的运行起着至关重要的作用。核动力装置中的管道众多，各管道的作用、结构、材质和工艺都存在着差别。根据管道的重要性，可以将核动力装置的管道分为主管道和辅助管道。主管道包括核动力装置一回路主管道和二回路主管道。辅助管道包括核动力装置一回路和二回路辅助系统、滑油系统以及其他系统的管道。在这些管道中，最重要的是一回路主冷却剂管道。一回路主冷却剂管道是连接核反应堆与蒸汽发生器的管道，它将核反应堆、蒸汽发生器以及主冷却剂泵连接起来组成冷却剂循环的闭合回路。一回路主冷却剂管道既是核反应堆热能传输的通道，也是核动力装置承压边界的重要组成部分。主冷却剂管道发生故障不但危及到核动力装置的安全运行，而且对核动力装置的使用寿命也存在着重要影响。在核动力装置设备老化监测与管理中，一回路主冷却剂管道是应重点监测和管理的管道。这里仅讨论冷却剂管道老化管理问题。

（2）冷却剂管道故障

管道故障主要有管道腐蚀和管道破裂故障。

1）管道腐蚀

主冷却剂管道腐蚀包括管道硼酸溶液腐蚀和冲刷腐蚀。在压水堆核电厂中，主冷却剂为含有硼酸的液体，硼酸溶液对主冷却剂管道和蒸汽发生器传热管具有腐蚀作用。在主冷却剂管道中，高速流动的含硼酸冷却剂会对管道内表面造成损伤，对管道的腐蚀产生加速作用。

2）管道破裂

管道受到辐照、热应力、热疲劳、应力冲击、机械振动以及温度循环等作用，当这些作用达到一定程度后，可能造成管道发生裂纹，使管道有破裂或断裂的危险。

（3）冷却剂管道老化监测与管理

冷却剂管道安装在安全壳中，难以进行日常现场检查。对于冷却剂管道的老化监测一般采用定期检查的方法：

1）冷却剂管道检测可采用无损探伤的方法；

2）定期对冷却剂管道检查和检测，若发现存在裂纹或缺陷问题时，及时采取相应的处理措施；

3）对检查和维护等相关信息，应及时记录并做好管理。

6.7　机电一体化设备老化监测与管理

6.7.1　电动泵老化监测与管理

电动泵用于输送流体工质和保持工质在密闭回路中循环。在核动力装置中，电动泵是广泛存在的，而且对于能量的传输和工质的输送起着不可替代的作用。其中，一些重要电动泵的性能好坏影响到核动力装置是否能够正常运行以及核反应堆的安全性。电动泵老化监测与管理是不容忽视的问题。

（1）电动泵老化故障

核动力装置电动泵故障与常见工业用泵故障类似。电动泵是使用频繁的设备，其故障种类比较多。在老化方面来说，电动泵老化故障主要有轴承磨损、泵轴与电机轴中心线不对中、叶轮损坏、密封环磨损、轴弯曲、密封泄漏、管道堵塞、泵汽蚀以及定子绝缘降低等。

（2）电动泵老化监测与管理

对于电动泵老化监测与管理，可以采用以下方法：

1）按照检查和维护保养要求，认真做好电动泵日常例行检查、检测与维护工作；

2）日常注意观察电动泵的相关监测参数，对监测结果进行认真分析，掌握泵的技术状态，发现问题及时处理；

3）定期对电动泵进行全面检查和检测，对检查和检测结果进行认真分析和处理；

4）对检查和维护等相关信息，应及时记录并做好管理。

6.7.2　阀门老化监测与管理

（1）阀门分类

阀门是流体工质输送系统中的基本控制部件。工程系统中常见的阀门有闸阀、截止阀、止回阀、减压阀、疏水阀、球阀、蝶阀、旋塞阀、针型阀、三通阀、调节阀等。按照使用功能对阀门进行分类，可将阀门分为截断阀、调节阀、止回阀、安全阀、分流阀以及多功能阀等类型。按照驱动方式分类，可分为自动阀、动力驱动阀（电能驱动阀、气动阀、液动阀）和手动阀等类型。

在核动力装置中，阀门是一类比与电动泵的使用更为广泛的机电一体设备，是核动力装置各功能系统中的重要部件。在核动力装置一回路系统、二回路系统以及工程安全系统中，使用较多的是电能驱动的阀门。核动力装置各系统的重要控制和调节阀门一般都采用电能驱动阀门。电能驱动阀门通常分为电动阀和电磁阀。其中，电动阀的使用更为广泛。

（2）阀门老化故障

阀门常见的故障有阀门泄漏、阀杆变形以及阀门线圈老化。泄漏是阀门使用过程中最为常见的故障现象。导致阀门泄漏的主要原因有填料老化、阀体部件损坏、密封面磨损以及密封圈故障等因素。线圈老化是阀门使用到一定时间后所产生的退化现象，线圈老化可导致阀门控制性能下降，影响系统功能的实现。

（3）阀门老化监测与管理

阀门老化监测与管理可采用下述方法：

1）按照阀门维护保养技术要求，认真做好阀门设备的日常例行检查、检测与维护工作，发现问题及时按照相关规定进行处理；

2）定期对阀门进行全面检查和检测，若发现存在填料老化、阀体部件损坏以及密封面磨损等问题，及时采取相应的处理措施；

3）对检查和维护等相关信息，应及时记录并做好管理。

6.8 小结

本章介绍了核动力装置设备老化的基本概念、设备老化对核安全的影响以及影响设备老化的主要因素，阐述了核动力装置设备老化管理的组织与技术基础，以及设备老化管理与控制的基本方法。在此基础上，对核动力装置典型的电气设备、机械设备以及机电一体化设备常见老化故障及其监测管理进行了讨论。设备老化及其控制是核动力装置设备状态监测与管理中不可忽视的问题。目前对于许多设备的老化监测还缺乏有效的方法和技术手段，在该方面还有待进一步深入研究。

参考文献

[1] 中华人民共和国国家质量监督检验检疫总局/中国国家标准化管理委员会．核电厂安全重要仪表和控制系统老化管理要求（GB/T 20308—2012）[S]．北京：中国标准出版社，2013.

[2] 国家能源局/中国国家标准化管理委员会．核电厂安全级电气设备老化管理（GB/T

20155-2012）［S］．北京：核工业标准化研究所，2013.
［3］王录帅，周刚．核电站设备老化管理方法研究［J］．核动力工程，2004，25（1）：79-82.
［4］戴忠华，刘鹏，卢文跃，等．大亚湾核电站的老化和寿命管理［J］．核动力工程，2005（S1）：87-89，115.
［5］申森．核电厂老化管理和延寿的现状［J］．核安全，2003（2）：45-47，61.
［6］中华人民共和国国家质量监督检验检疫总局/中国国家标准化管理委员会核电厂机械设备老化管理大纲编制导则（GB/T 28536-2012）［S］．北京：核工业标准化研究所，2012.
［7］Lee B S，Chung H S，Kim K T，et al. Andersen. Remaining life prediction methods using operating data and knowledge on mechanisms［J］. Nuclear Engineering and Design，1999，191：157 - 165.
［8］Zio E，Maio F D. A data—driven fuzzy approach for predicting the remaining useful life in dynamic failure scenarios of a nuclear system［J］. Reliability Engineering and System Safety，2010，95：49 - 57.
［9］凌球，郭兰英，李冬余．核电站辐射测量技术［M］．北京：原子能出版社，1998.
［10］钱承耀，赵福宇，顾兆林．核反应堆仪表［M］．西安：西安交通大学出版社，1999.
［11］Hashemian H M. Aging management of instrumentation & control sensors in nuclear power plants［J］. Nuclear Engineering and Design，2010，240：3781-3790.
［12］魏华，陈淼，陈涛．舰船核动力装置电缆老化管理研究［C］//中国核学会主编．中国核科学技术进展报告（第 2 卷）—核能动力分卷（下）．北京：原子能出版社，2011：725-729.

第7章

核动力设备故障全寿命监控与管理

7.1 概述

核动力装置设备故障监控与管理不仅是核动力装置运行中一直关注的问题，而且也是核安全管理工作难以回避的问题。设备故障不仅会使其功能丧失，而且可能导致相关系统的功能失效。核动力装置实际运行经验表明，核动力设备故障是引发事故的重要因素，核动力设备尤其是核安全关键设备发生故障时，可引发危及核安全的事件或直接导致核安全事故的发生。预防和消除设备故障是提高核动力装置运行安全的重要途径。在核动力装置运行和核安全管理中，如果能够掌握核动力设备故障的特点和规律，把握设备故障的关键因素、关键环节，做好设备故障预测和预防工作，及时采取相应的处理措施，就可以防止因设备故障而引发的核动力装置运行事故，大幅度降低核安全风险，提高核动力装置运行的可靠性和安全性[1]。本章从设备全寿命管理角度出发，阐述核动力设备故障全寿命监控与管理问题。

7.2 核动力设备故障全寿命监控管理方法[1]

7.2.1 设备故障全寿命监控管理基本思路

核动力设备保持规定的可靠性是保证核动力装置安全运行的前提。但是，从设备性能全寿命发展的趋势来说，随着使用时间的延长，设备性能逐渐降低甚至失效是设备状态发展变化的一般规律。在设备全寿命过程中，完全不出现性能降低或故障的设备几乎是不存在的。从核动力装置运行管理和核安全管理的角度，关键问题在于如何监控、预防故障，以及如何消除设备故障对核动力装置运行安全带来的不利影响。

根据设备全寿命发展规律，要消除设备故障对核动力装置运行安全的不利影响，需要从设备全寿命监控管理的思路出发，掌握全寿命过程中设备状态发展变化的每一个关键环节，针对出现的问题采取相应的技术措施，防止设备故障的发生。根据核动力装置从设计、制造、安装、试验、调试、启堆、运行使用、换料、维修、维护保养到退役全寿期中各阶段核动力设备的状况，应从系统科学和全寿命管理的角度[2]，对于核动力设备故障采取全寿命监控与分阶段管理的方案。

核动力设备故障全寿命监控与管理的基本思路如下：

(1) 从核动力设备设计、制造和安装的源头上消除设备设计、制造和安装方面的缺陷和不足，从而达到消除设备设计、制造和安装方面的潜在故障、减少设备故障概率的目的。

(2) 把握核动力设备全寿期各阶段故障的特点、规律和关键问题。根据设备全寿期各阶段故障的特点、规律和关键问题，采取针对性的监控和管理措施。

(3) 对于在役核动力设备故障的监控与管理，以设备状态分析为基础，做好在役设备故障预测、预报和预防工作，对在役核动力装置设备故障实施精准监监控和管理，发现问题及时采取纠偏措施。监督纠偏措施的实施和落实，尽量防止和减少设备故障的发生。

(4) 将设备运行使用过程中的突发故障作为重点防范的故障模式。对于事先无法预知和防止的设备故障尤其是偶发性和突发性故障，应建立健全设备故障处置预案库，保证对于关键设备故障有处置预案和对策，指导设备故障处置。

(5) 对于在役核动力装置那些已经发生的设备故障要做到及时排除，不遗留后患。

(6) 完善各全寿命阶段设备故障及其监控管理相关信息的管理和反馈机制，为核动力装置全寿命核安全管理和核安全分析工作提供基础。

在设备全寿命故障监控和管理研究中，“故障”是一个广义的概念，既包括设备功能失效、损毁，也包括设备及器件性能下降、设计缺陷、安装缺陷等问题。

7.2.2　设备全寿命分阶段监控与管理方案

在核动力设备全寿命过程中，要经历从设计、制造、试验、安装、调试、启堆、运行使用、换料、维修到退役等不同的阶段。在各阶段，设备的形态、责任单位、监管人员、监管内容等方面都具有较大的差异或变化。为实现对核动力设备故障进行有效地监控和管理，应根据设备全寿期各阶段的形态和特点，分别采取针对性的监控方法和管理措施，对全寿命不同时期的故障采取分阶段管理的方法。

为便于掌握各阶段设备监控管理的重点和关键问题，提高核动力设备监控和管理的针对性、精确性和有效性，根据核动力设备从设计到退役各阶段的特点和设备所经历各阶段的时序性，可依次将核动力设备全寿命故障管理分为设计、制造、试验、安装、调试、反应堆物理启动、使用运行（前期、中期、后期）、维修以及维护保养等阶段的故障管理，采取全寿命分阶段监控与管理的方案，如图 7.1 所示[1]。其中，设备制造阶段故障管理又可进一步划分为设备制造故障管理和设备调试故障管理两个部分；安装阶段故障监督管理又可分为设备安装前、安装过程和安装后故障监督管理。运行使用阶段故障管理进一步细分为设备使用前期、中期和后期故障管理。上述设备全寿命各阶段的划分不是绝对的，在设备实际管理中，可根据设备种类的不同或管理的需要进行必要的取舍或进一步细分。

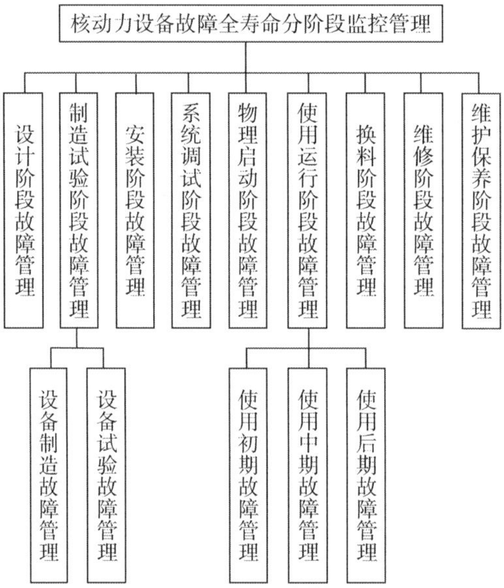

图 7.1　核动力设备故障全寿命分阶段监控管理基本方案[1]

7.2.3　设备各阶段故障监控管理的要素

在核动力设备全寿命过程中，设备各阶段的形态和故障特点是不同的，因此，各阶段监督管理的内容也不尽相同，有些阶段甚至具有较大的差别。例如，在设计阶段，最重要的问题是找出设备设计上的缺陷。而在设备安装阶段，除确保安装质量、发现和防止安装缺陷外，还必须确认设备安装前、后都是完好的，以及该设备安装对其他设备的影响。通过对核动力设备全寿命各阶段形态和特点的深入分析以及各阶段故障统计规律，可得出设备各阶段故障监控管理的主要内容及主要监管方式，如表 7.1 所示[1]。核动力装置设备故障全寿命各阶段监控管理的重点如图 7.2 所示。

表 7.1　设备各阶段故障监督管理主要内容[1]

阶段	监控管理要素	主要监管方式
设计	设计论证的充分性；技术成熟性、可靠性与适应性；可靠性设计；设备薄弱环节设计措施；结构、功能、材料等设计缺陷	设计方案评审、试验验证、设计文件检查
制造与试验	材料、器件、制造工艺或管理问题；制造缺陷；设备抗干扰措施；试验的充分性	方案审查、质量管理、工艺审查、过程监管、试验验证
安装调试	安装前测试、检查；设备安装布局，抗干扰措施，对其他设备影响；安装缺陷、损伤；安装后测试与检查	方案及工艺审查、质量管理、过程监管、设备测试检查
试验调试	设备功能缺陷、技术缺陷、安装缺陷	方案审查、试验结果审查
使用运行	前期：预防故障、发现故障、突发故障处置与故障规律分析；中期：规律性故障监测、偶发或突发故障预防；后期：设备老化故障预防及处理，设备突发故障	故障预测预防管理、规律分析、设备状态评价、故障处理监督
物理启动	设备测试调试或校准完成情况；故障是否全部清零；故障处置预案	设备测试调试检查
维修	检查、测试或标校完成情况；故障是否全部排除；改换装设备测试和试验	设备测试调试检查、故障处理监督
换料	换料后设备检查、测试或标校；故障是否全部清零；故障处置预案	设备调试、故障处理检查
维护保养	故障排查；故障发现；设备维护保养实施；设备状态评价	维护检查、设备状态评价

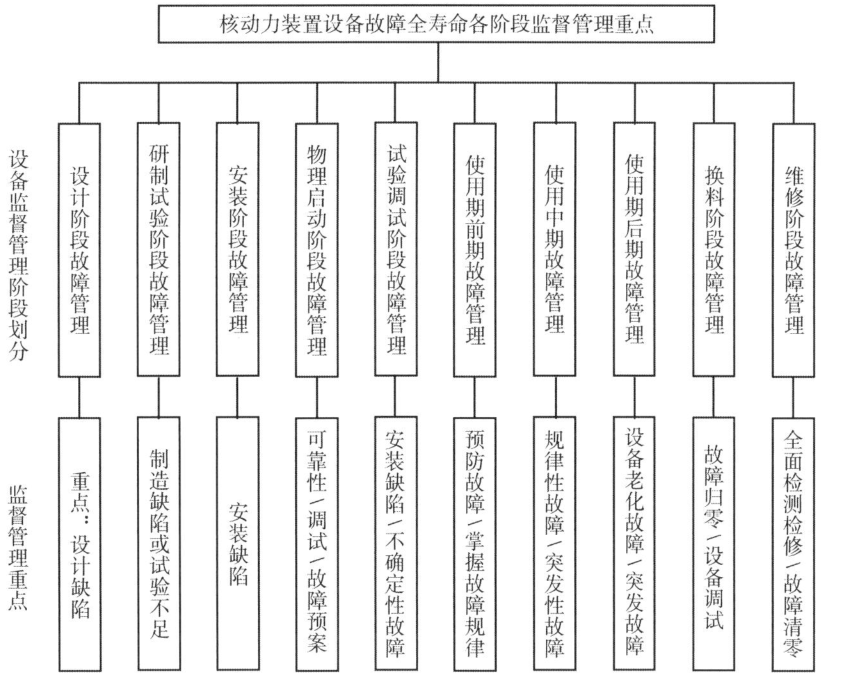

图 7.2　核动力装置设备故障全寿命各阶段监控管理重点

7.3 设备全寿命各阶段故障监控管理方法

7.3.1 设备设计阶段故障监控管理

核动力设备在设计上需要注意的问题主要是设计考虑不足而可能导致的设备固有缺陷。设备固有缺陷不但会形成设备潜在的故障，影响设备正常功能的完成，对核安全构成潜在的威胁，而且这种缺陷在设备投入使用后往往难以消除。设备设计阶段故障监控管理的重点是通过核安全审查、审评和试验验证等方式发现设备设计上的缺陷和不足，从源头上消除由于设计不足而形成的潜在故障或缺陷。在设计中除满足设备功能要求、技术指标和可靠性等要求外，还应对设备易出故障的环节和部件进行重点监控和管理。核动力装置设备众多，这里难以一一讨论各类设备设计阶段故障监控管理问题。下面仅以核动力装置电气设备为例阐述设备设计阶段故障监控管理的要素（其他阶段也以电气设备为例，特殊情况除外，不再特别说明）。表 7.2 给出了核动力装置部分电气设备设计阶段故障监控管理要素和主要监管方式。

表 7.2 电气设备设计阶段监管要素与方式

设备或部件	监管要素	主要监管方式
核动力装置控制台屏	显示仪表、屏幕、操作控制部件布局的合理性； 显示仪表、屏幕、操作控制部件的可靠性； 显示仪表、控制部件的抗干扰能力； 显示仪表、屏幕、操作控制部件环境适应性。	设计评审、设计文件检查、设计试验验证； 设计信息管理。
传感器	传感器检测功能、原理； 传感器检测精度； 传感器校正或补偿措施； 传感器环境适应性； 传感器、转换电路信号漂移问题； 抗干扰措施； 信号传输、转接可靠性设计。	设计评审、设计文件检查、试验验证； 设计信息管理。
信号转换设备	信号转换方式； 信号转换设备可靠性设计； 信号转换电路漂移解决措施； 信号转换设备环境适应性； 信号转换设备抗干扰设计。	设计评审、设计文件检查、试验验证； 设计信息管理。

续表

设备或部件	监管要素	主要监管方式
数据传输设备	硬件设备： 数据传输方式； 数据传输体系结构的合理性； 数据传输设备可靠性设计； 数据传输电路漂移解决措施； 数据传输设备环境适应性； 数据传输设备抗干扰设计。 软件： 软件功能结构的合理性； 软件可靠性及抗干扰问题； 数据传输方式的效率及可靠性。	设计评审、设计文件检查、设计试验验证； 设计信息管理。
数据采集设备	硬件设备： 数据采集方式； 数据采集体系结构的合理性； 数据采集设备可靠性设计； 数据采集电路漂移解决措施； 数据采集设备环境适应性； 数据采集设备抗干扰设计。 软件： 软件功能结构的合理性； 软件可靠性及抗干扰问题； 软件冗余设计； 环境适应性设计。	设计评审、设计文件检查、设计试验验证； 设计信息管理。
信号报警设备	报警逻辑的合理性； 报警信息的充分必要性； 报警方式的合理性； 报警显示布置的合理性； 报警设备抗干扰设计； 报警设备环境适应性设计。	设计评审、设计文件检查、设计试验验证； 设计信息管理。
反应堆保护逻辑装置	保护系统设计准则的符合性； 系统功能结构设计的合理性； 硬件结构设计的合理性； 硬件可靠性设计； 软件可靠性设计（共因故障、死机、程序乱码等）； 抗干扰设计的合理性； 环境适应性设计。	设计评审、设计文件检查、设计试验验证； 设计信息管理。
阀门控制设备	接触器、继电器、开关、按钮等控制器件的可靠性； 控制器的控制精度和可靠性； 供电电源设计合理性； 供电电源可靠性设计； 抗干扰设计的合理性； 环境适应性设计。	设计评审、设计文件检查、设计试验验证； 设计信息管理。

续表

设备或部件	监管要素	主要监管方式
一、二回路阀门	电动阀阀位控制精度设计； 阀门功能设计； 阀门结构设计； 阀门可靠性设计（防泄漏、抗振动、抗腐蚀等设计）； 阀门环境适应性设计。	设计评审、设计文件检查、设计试验验证； 设计信息管理。
电缆、信号线、接线箱	电缆、信号线功能、结构、材料等设计； 接线箱功能、结构设计的合理性； 电缆、信号线布线独立性、合理性设计； 电缆、信号线、接线箱、连接器、接线器可靠性设计； 电缆、信号线、接线箱、连接器、接线器抗干扰设计； 电缆、信号线、接线箱环境适应性设计。	设计评审、设计文件检查、设计试验验证； 设计信息管理。
电源设备	电源设备性能指标； 电源设备结构设计的合理性； 电源可靠性设计； 抗干扰设计的合理性； 环境适应性设计。	设计评审、设计文件检查、设计试验验证； 设计信息管理。
核探测器组件	测量精度及测量范围的合理性； 核探测器结构设计的合理性； 抗干扰设计的合理性； 环境适应性设计； 核探测器组件可靠性设计； 核探测器组件抗干扰设计。	设计评审、设计文件检查、设计试验验证； 设计信息管理。
核测量信号处理装置	信号处理功能、原理设计的合理性； 测量通道独立性设计； 供电设计的合理性； 信号处理装置及供电可靠性设计； 抗干扰设计的合理性； 环境适应性设计。	设计评审、设计文件检查、设计试验验证； 设计信息管理。
控制棒棒位测量设备	棒位测量功能及原理设计的合理性； 棒位测量设备结构设计的合理性； 棒位测量设备供电设计的合理性； 棒位测量设备可靠性设计； 抗干扰设计的合理性； 环境适应性设计。	设计评审、设计文件检查、设计试验验证； 设计信息管理。
控制棒驱动机构	驱动机构功能及原理设计的合理性； 驱动机构结构设计的合理性； 防卡棒、掉棒、滑棒、落棒不畅设计； 驱动机构可靠性设计； 驱动机构供电及其可靠性设计； 抗干扰设计的合理性； 环境适应性设计。	设计评审、设计文件检查、设计试验验证； 设计信息管理。

续表

设备或部件	监管要素	主要监管方式
电动泵	电动泵性能及可靠性； 接线及绝缘设计； 电动泵性能指标设计； 电动泵功能和原理设计的合理性； 电动泵结构设计的合理性； 电动泵可靠性设计（防泄漏、抗振动、抗腐蚀等设计）； 抗干扰设计的合理性； 环境适应性设计。	设计评审、设计文件检查、设计试验验证； 设计信息管理。
电动泵控制设备	接触器、继电器、开关、按钮等控制器件的可靠性设计； 控制器原理与可靠性设计； 供电设计的合理性； 供电可靠性设计； 抗干扰设计的合理性； 环境适应性设计。	设计评审、设计文件检查、设计试验验证； 设计信息管理。
控制器	控制器硬件： 控制器性能指标设计； 控制方案的合理性； 控制器结构设计的合理性； 控制器可靠性设计； 抗干扰设计的合理性； 环境适应性设计。 控制器软件： 软件功能结构设计的合理性； 软件可靠性设计； 软件编程方式。	设计评审、设计文件检查、设计试验验证； 设计信息管理。

7.3.2　设备制造及试验阶段故障监控管理

设备制造阶段故障是指设备在制造阶段由于材料、器件、制造工艺、工序或管理不善等因素形成的设备结构、可靠性和技术性能上存在缺陷或其他潜在的问题。从核安全的角度，设备制造阶段监控管理的重点应放在发现设备设计和制造中的缺陷或试验不充分形成的潜在问题等方面。

设备设计和制造缺陷都属于设备固有缺陷。如果不能在设备制造之前发现其缺陷并采取纠正措施，就会使制造出来的设备成为具有缺陷或隐患的设备，而且这种缺陷或隐患在设备使用中一般难以发现和消除，就会形成核动力装置系统和设备的隐患或导致核安全事故。设备固有缺陷会造成其功能的失效，是导致设备故障的重要原因，而且设备的固有缺陷会随着时间的推移其危险性也越来越大。在设备设计、制造及其试验阶段，应尽可能发现设备设计、制造上的缺陷和不足，防止试验验证不充分造成的设备潜在问题。设备制造试验阶段监控管理要素与主要监管方式如表 7.3 所示。

表 7.3 设备制造试验阶段要素与方式

主要内容	监管要素	主要监管方式
设备结构	设备是否存在功能结构上的缺陷； 设备是否满足技术要求； 设备制造工艺管理； 设备制造工程管理。	设备制造评审； 制造文件检查； 制造信息管理检查。
设备材料	是否满足设备技术要求和复杂环境要求。	现场检查、检测； 材料信息管理检查。
半成品、元器件	是否满足可靠性、抗干扰、环境适应性等要求。	现场检查、检测； 试验检查； 元器件信息管理检查。
制造工艺	制造单位是否具备设备制造资质； 设备制造工艺是否符合设备制造要求； 制造工序是否符合设备制造要求； 设备制造是否存在外包活动，等。	制造工具、场地审查； 制造工艺审查、文件审查； 制造工艺信息管理检查。
设备试验	是否开展全工况试验； 是否开展环境适应性试验； 是否开展综合试验，等。	现场检查、检测； 试验信息检查； 试验信息管理。
设备制造管理	质量管理体系是否完善； 设备制造是否进行全程监测； 设备试验检验是否充分。	设备制造质量管理审查； 制造过程检查； 试验现场检查； 制造信息管理检查。
设备抗干扰措施	设备是否符合抗干扰技术要求。	制造文件检查； 试验检查； 制造信息管理检查。

7.3.3 设备安装调试阶段故障监控管理

核动力设备安装及其调试是核动力装置建造的关键环节。设备安装质量直接关系到设备运行的可靠性，也进而关系到核动力装置运行的安全性。

核动力设备安装调试阶段故障监控管理可分为安装前设备调试监控管理、设备安装过程监控管理以及安装后设备调试监控管理。设备安装不当也会导致故障或形成隐患。设备安装调试阶段监控管理要素与主要监管方式如表 7.4 所示。

表7.4 设备安装调试阶段监督管理要素与方式

主要内容	监管要素	主要监管方式
安装前设备调试	联调试验是否全部完成，技术指标是否符合要求； 联调试验发现问题是否全部解决等。	安装前调试项目检查、审查； 安装前调试文件检查； 安装前调试现场检查； 安装前调试信息及其管理检查。
安装位置	安装位置是否合理，是否易受其他设备和环境影响。	设备安装位置审查； 设备安装位置现场检查； 设备安装信息及其管理检查。
电缆线、信号线、接线箱布置及接线	信号线、电源线和接线箱布置是否合理，易受环境干扰或损伤； 接线是否存在虚焊、接触不良等问题。	信号线等布置审查； 信号线等布置现场检查； 信号线等布置信息及其管理检查。
设备安装工艺	是否满足设备安装工艺技术要求； 是否存在减少工序问题； 是否存在外包活动，等。	设备安装工艺审评； 设备安装工艺文件检查； 设备安装责任单位审查； 设备安装工艺信息及其管理检查。
设备安装管理	质量管理体系是否完善； 设备安装是否全程监控； 设备检验是否充分。	质量管理大纲、相关文件及责任者资格等审查； 安装监控计划审查； 安装现场检查； 安装信息及其管理检查。
设备安装影响	是否造成本设备电路、损伤或元器件损伤； 是否造成其他设备电路、损伤或元器件损伤等问题。	设备安装影响分析； 安装现场检查、监督、监控； 安装完工检查； 安装影响信息及其管理检查。
设备抗干扰及其他	设备是否符合抗干扰、抗冲击等技术要求。	抗干扰、抗冲击等技术审查； 抗干扰、抗冲击等实施技术现场检查； 信息及其管理检查。
安装后设备调试	安装后单台设备试验存在问题； 系统联调试验设备存在问题等。	安装后问题处理检查； 安装后设备调试、联调项目审查； 安装后设备调试、联调文件检查； 安装后设备调试、联调现场检查； 设备调试、联调问题处理审查、检查； 安装后调试、联调信息及其管理检查。

7.3.4 设备使用阶段故障监控管理

7.3.4.1 设备使用前期故障监控管理要素与方式

核动力装置设备使用前期（初期）是设备故障的高发期。由于设备处于初期使用阶段，对于这一时期设备的故障模式、故障特点和故障规律都掌握不够，因此，这一时期对设备故障监控管理的重点应放在预防故障、发现故障、突发故障处置与故障规律分析方面。在核动力设备使用前期或初期，故障监控管理要素与主要监管方式如表 7.5 所示。

表 7.5　控制设备使用前期监控管理要素与方式

<table>
<tr><th>设备或部件</th><th>监管要素</th><th>主要监管方式</th></tr>
<tr><td>控制台屏</td><td>开关、按钮等控制器件及控制线路故障；
电连接器、接线箱及接线故障；
显示仪表故障。</td><td rowspan="11">日常例行检查和检测监督；
定期检查、检测监督；
故障处置检查；
故障特点和规律分析；
设备检修与纠正检查；
故障监控管理策略运用检查；
故障信息采集及管理检查。</td></tr>
<tr><td>过程测量设备</td><td>测量系统薄弱环节；
测量系统故障模式；
测量传感器故障模式；
测量系统信号传输问题；
抗干扰问题。</td></tr>
<tr><td>数据采集设备</td><td>信号传输问题；
信号转换、处理问题；
软件故障；
信号输入/输出问题。</td></tr>
<tr><td>数据传输设备</td><td>数据传输线路及接线问题；
数据传输设备本身故障；
数据传输的可靠性及效率。</td></tr>
<tr><td>信号报警设备</td><td>报警灯光、音响部件故障模式；
报警信号处理设备故障模式；
误报警、拒报警问题。</td></tr>
<tr><td>电源设备</td><td>电源设备故障模式。</td></tr>
<tr><td>核探测器组件及
核测量信号处理设备</td><td>核探测器组件故障模式；
核测量系统电磁干扰故障；
电连接器、接线箱及接线故障；
电路漂移、损坏引起的故障；
显示仪表故障；
电源故障。</td></tr>
<tr><td>控制器设备</td><td>控制器硬件故障；
控制器软件故障。</td></tr>
<tr><td>反应堆保护逻辑装置</td><td>测量系统故障；
保护装置定值漂移、符合电路等引起的误动、拒动故障；
电磁干扰故障；
保护信号报警故障。</td></tr>
<tr><td>过程控制设备</td><td>接触器、继电器接触不良等故障；
保险丝、指示灯、开关、按钮等故障；
电缆、信号线、短路、断路、绝缘降低问题；
控制器电路漂移；
电源故障；
软件故障。</td></tr>
</table>

续表

设备或部件	监管要素	主要监管方式
电动泵	电动泵电机定子绝缘问题； 电动泵轴承损坏。	日常例行检查和检测监督； 定期检查、检测监督； 故障处置检查； 故障特点和规律分析； 设备检修与纠正检查； 故障监控管理策略运用检查； 故障信息采集及管理检查。
电动阀	阀门泄漏； 阀门部件磨损。	
电缆、信号线、接线箱、电连接器部件	接线松动、接触不良问题； 连接器接触不良问题； 电缆、信号线、短路、断路、绝缘降低等问题； 接线箱接线问题。	

7.3.4.2　设备使用中期故障监控管理要素与方式

核动力设备使用中期通常被认为是设备运行的平稳期。一般来说，通过设备使用初期的磨合、维护和纠正，这一时期设备的故障在总体统计上是有一定规律可循的。从全寿命的角度看，设备使用中期可以认为是设备寿命中期。由于各设备的材料、元器件、工作环节以及承受的载荷不同，从而导致这一时期各设备的状态将存在着一些区别。一些设备或部件处于良好的技术状态，有的设备技术性能会下降，而有的设备可能已经趋于老化。设备技术性能下降会引起相关系统功能降低或失效，设备老化则可导致发生偶发性或突发性故障。因此，在设备使用中期，其故障监控与管理的重点应放在监测规律性故障、预防偶发性或突发性故障等方面。核动力设备使用中期故障监控管理要素与方式如表 7.6 所示。

表 7.6　控制设备使用中期故障监督管理内容与重点

设备或部件	监管要素	主要监管方式
传感器性能	敏感元件性能下降或老化； 电路漂移； 部件损伤。	日常例行检查和检测监督； 定期检查、检测监督； 故障处置检查； 故障特点和规律分析； 设备检修与纠正检查； 故障监控管理策略运用检查； 故障信息采集及管理检查。
信号转换电路	电路漂移； 电路老化； 某些元器件高故障率。	
定值器	定值漂移。	
控制器设备	性能下降问题； 电路漂移； 软件故障。	
驱动电路及执行机构	性能下降问题。	
保险丝、断路器、接触器、继电器等	保险丝、断路器老化问题； 接触器、继电器吸合与断开性能下降问题； 接触器、继电器触点接触不良问题。	

续表

设备或部件	监管要素	主要监管方式
电缆、信号线、接线箱、电连接器等	接线松动、锈蚀、虚焊、接触不良等问题； 是否有重新布线，新布线是否符合要求。	日常例行检查和检测监督； 定期检查、检测监督； 故障处置检查； 故障特点和规律分析； 设备检修与纠正检查； 故障监控管理策略运用检查； 故障信息采集及管理检查。
设备绝缘	控制棒驱动机构、泵、阀等是否存在绝缘降低问题。	
保护逻辑装置	误动或拒动问题； 误报警问题。	
显示设备	性能下降或老化问题。	
报警设备	误报警或拒报警问题； 电路漂移、元器件损坏问题。	
电动阀	泄漏等问题； 部件磨损。	
电动泵	短路、断路、绝缘降低等问题； 轴承故障。	
改换装设备	设备技术性能是否存在问题； 设备安装是否存在问题； 设备环境适应性是否存在问题； 是否影响其他设备。	
显示设备	指示不准确问题； 老化、失效问题。	
设备突发故障处置预案	是否制定设备突发故障处置预案； 是否进行设备突发故障处置预案演练。	

7.3.4.3　设备使用后期故障监控管理要素与方式

根据设备性能发展变化规律，在核动力装置寿命后期，其设备故障与此前时期的故障存在明显的不同。设备故障的第一个特点是故障率高，第二个特点是突发故障、不确定性故障明显增加。其主要原因与设备老化和劣化有关。因此，核动力设备使用后期故障监控与管理重点应放在监视和预防设备老化和劣化引起的设备性能降低和突发故障方面。核动力设备使用后期故障监控管理要素与方式如表 7.7 所示。

表 7.7　控制设备使用后期故障监控管理要素与方式

设备或部件	监管要素	主要监管方式
传感器	漂移问题； 老化故障。	日常检查和检测； 定期检查、检测； 设备老化监测、控制与管理； 故障处置检查； 故障特点和规律分析； 设备检修与纠正方法； 故障监控管理策略运用； 故障信息采集及管理。
信号转换装置（或电路）	电路漂移； 元器件烧毁、击穿、老化、性能下降等； 电路老化。	
控制器	电路漂移故障； 元器件烧毁、击穿、老化、性能下降； 电路老化； 软件故障。	

续表

<table>
<tr><th>设备或部件</th><th>监管要素</th><th>主要监管方式</th></tr>
<tr><td>定值器</td><td>定值漂移；
元器件烧毁、老化、性能下降等；
电路老化。</td><td rowspan="12">日常检查和检测；
定期检查、检测；
设备老化监测、控制与管理；
故障处置检查；
故障特点和规律分析；
设备检修与纠正方法；
故障监控管理策略运用；
故障信息采集及管理。</td></tr>
<tr><td>控制系统驱动电路</td><td>电路漂移；
元器件烧毁、击穿、老化、性能下降等；
电路老化。</td></tr>
<tr><td>反应堆保护逻辑装置</td><td>定值漂移；
元器件烧毁、老化、性能下降等；
电路老化；
保护装置电缆连接器接触故障；
误动、拒动故障；
电磁干扰故障；
电源故障。</td></tr>
<tr><td>电缆、信号线、电连接器、接线箱等物件</td><td>信号线接线松动、锈蚀问题；
接线箱接线松动、锈蚀、对地绝缘问题；
电缆、信号线老化、断路、短路、绝缘降低问题；
电连接器接触不良。</td></tr>
<tr><td>断路器、接触器、继电器等器件</td><td>断路器、接触器、继电器触点接触不良；
断路器、接触器、继电器老化问题。</td></tr>
<tr><td>设备绝缘</td><td>控制屏、接线箱、电机定子等绝缘降低问题。</td></tr>
<tr><td>显示设备</td><td>老化、性能下降或失效等问题。</td></tr>
<tr><td>报警设备</td><td>老化、误报警或拒报警问题。</td></tr>
<tr><td>电动阀</td><td>阀门泄漏；
阀门部件磨损；
阀门整体老化；
电路短路、断路、绝缘降低等问题。</td></tr>
<tr><td>电动泵</td><td>定子短路、断路、绝缘降低等问题；
轴承故障；
整体老化。</td></tr>
<tr><td>过程控制设备</td><td>接触器、继电器接触不良、老化等故障；
开关、按钮接触不良、老化等故障；
电缆、信号线、短路、断路、绝缘降低问题；
控制器部件或整体老化；
电源故障。</td></tr>
<tr><td>设备突发故障预防与处置</td><td>设备突发故障处置预案；
设备突发故障处置预案演练。</td></tr>
</table>

7.3.5　反应堆物理启动时期设备故障监控与管理

在核反应堆物理启动中，由于存在中子探测的盲区以及其他不确定因素，从而使核反应堆物理启动成为核反应堆运行和核安全管理中重点关注的活动。从核动力装置运行管理和核安全管理的角度，在核反应堆物理启动之前，必须保证核动力装置系统和设备具有稳定可靠的技术性能。此外，对于核动力装置系统和设备故障还应该有处置预案。反应堆物理启动时期设备故障监控管理要素与方式如表 7.8 所示。

表 7.8　反应堆物理启动时期设备故障监控管理要素与方式

<table>
<tr><th>主要内容</th><th>监管要素</th><th>主要监管方式</th></tr>
<tr><td>传感器标校</td><td>标校是否全部完成；
指标是否符合要求。</td><td rowspan="11">检修、调试、标校方案检查；
检修、调试、标校工艺检查；
检修、调试、标校文件检查；
检修、调试、标校现场检查；
设备故障处置预案及演练实施检查等。</td></tr>
<tr><td>信号采集/转换/传输设备（或电路）检测</td><td>调试是否全部完成；
指标是否符合要求。</td></tr>
<tr><td>定值器检测</td><td>调试是否全部完成；
指标是否符合要求。</td></tr>
<tr><td>控制器调试</td><td>调试是否全部完成；
指标是否符合要求。</td></tr>
<tr><td>控制系统驱动电路及执行机构检测</td><td>是否全部完成；
指标是否符合要求；
是否存在卡棒、落棒不畅、掉棒等问题。</td></tr>
<tr><td>电动泵、阀等器件</td><td>是否存在误动作、拒动、泄漏等问题。</td></tr>
<tr><td>反应堆保护逻辑装置</td><td>是否完成全性能综合检验；
全部电路插件是否完成测试和校验；
保护装置电缆连接器是否可靠；
保护装置电源是否可靠。</td></tr>
<tr><td>电缆、信号线、电连接器、接线箱等检查</td><td>电缆、信号线、接线箱接线等是否可靠；
电连接器接触是否可靠。</td></tr>
<tr><td>报警与显示设备、仪表检查</td><td>是否全部完成；
指标是否符合要求。</td></tr>
<tr><td>抗电磁干扰情况检查</td><td>是否全部完成；
指标是否符合要求。</td></tr>
<tr><td>设备故障处置预案</td><td>是否制定设备故障处置预案；
是否进行设备故障处置预案演练。</td></tr>
</table>

7.3.6　维修阶段设备故障监督管理

设备维修的方式有多种，如纠正性维修、预防性维修以及定期维修等。在核动力装置设备维修中，各种维修方式通常是灵活运用的。在这里将维修方式分为两类，一类为临时性的随机维修或临抢修，另一类为计划类的维修。随机维修或临抢修一般是针对特定设备的偶发性和突发性故障而开展的维修活动，计划性维修是对核动力装置各设备的全面检修。本节所讨论的维修阶段设备故障监控管理，就是指上述两种维修活动中设备故障的监控和管理。临抢修和计划性维修两种维修活动各自所关注的对象不同，因此两者设备故障监控管理的方法和要素也不相同。

(1) 随机维修故障监控管理

在实际维修活动中，随机维修是对于设备运行过程中发生的随机故障或异常现象而临时开展的维修活动。随机维修活动中，设备故障有三个重要特点，即时间的不确定性、设备的不确定性和故障的不确定性。从设备故障监控和管理的角度来说，随机维修中设备的故障特点增加了故障监控与管理的复杂性。

针对随机维修中设备的故障特点，随机维修故障监控管理的要素包括：

1) 确认设备故障是否彻底排除；

2) 检查设备维修活动是否对其他设备产生影响；

3) 检查同类设备是否存在类似的故障；

4) 对设备故障信息是否进行管理。

(2) 计划性维修故障监控管理

核动力装置计划性维修阶段，包括小修和大修。在核动力装置维修阶段，反应堆处于停堆状态。在核动力装置设备维修后，应全面检查核动力装置设备状态恢复情况。

设备监控管理要素与方式如表 7.9 所示。

表 7.9　核动力装置维修阶段设备故障监控管理要素与方式

主要内容	监管要素	主要监管方式
故障设备	检查维修记录故障是否归零； 维修后设备是否试验测试。	维修方案检查； 维修工艺检查； 维修文件检查； 维修记录检查； 维修现场检查，等。
无故障设备	是否完成测试或校准； 是否存在老化电路或元器件； 是否存在电路漂移、定值不准确问题。	
改换装设备	设备安装质量控制； 设备改换装的影响； 设备安装后试验测试； 设备环境适应性。	
电缆、信号线	电缆、信号线是否有更改；更改后电缆、信号线性能是否符合要求；更改后布线是否合理； 电缆、信号线是否存在老化、绝缘下降等问题； 电缆、信号线接线是否存在接触不良等问题。	

续表

主要内容	监管要素	主要监管方式
主泵定子、磁阻电机定子设备绝缘检查	主泵、磁阻电机绝缘问题； 冷却水泄漏问题； 短路、断路、绝缘降低问题。	维修方案检查； 维修工艺检查； 维修文件检查； 维修记录检查； 维修现场检查，等。
接线松动等检查	接线松动问题； 短路、断路、绝缘降低问题。	

7.3.7 数字设备及其软件故障监控管理

随着数字技术的发展，越来越多的数字化设备和器件被用于核动力装置监测、控制与管理系统之中。数字化技术的重要特点之一是软件的核心作用。数字化技术在核动力系统中的应用不可避免的带来一个问题，即软件可靠性问题。为保证核动力装置运行的安全性，要求应用于核动力系统的技术必须是十分成熟且经过充分验证的。软件的可靠性对于核动力装置设备故障监控和管理来说，是一个比较复杂的问题。一般来说，硬件设备的故障相对比较容易检测，软件的故障则难以确认。但是，在核动力装置设备全寿命管理中，对于软件故障的监控和管理是一个不可忽视的问题。

从核动力设备故障全寿命监控和管理来说，需要把握以下关键问题：

（1）数字化设备定期测试

数字化设备一般用于核动力装置仪表与控制系统中，主要包括一些控制器、某些物理量或某些变量运算设备、数据采集设备、数据传输设备以及数据存储等设备。对于这些设备每经过一定的时间段，应对设备及其软件进行检测和确认。尤其是在核动力装置经过停堆换料或停堆检修一段比较长的时间后，应对各数字化设备进行全面的功能检测和软硬件测试。

（2）数字设备和部件使用前测试

新的数字设备和部件或经过一定时间储存的数字设备和部件，在投入使用前应对其进行全面的功能检测和软硬件测试，防止故障的发生。

7.3.8 设备故障预测与健康管理

（1）关键环节

在核动力装置设备全寿命各阶段中，各设备每个阶段监控管理的要素和重点不同。为精确掌握设备的状态，可以从设备健康状态管理出发，对核动力装置各设备进行故障预测与健康管理。

设备故障预测与健康管理技术是在设备监控、测试、故障预测、故障诊断以及维修的基础上发展起来的，是一种全面和主动性的设备监控与维护管理技术。在实际工程系统中，设备的类型多种多样，但是，从设备故障预测与健康管理的角度来说，基本包含设备状态监测、设备故障预测与健康状态分析模型以及维修措施等关键环节。

1）设备状态监测

状态监测是设备故障预测与健康状态分析的基础。设备状态监测涉及监测变量选择和传感器技术。

2）信号传输与处理

信号传输与处理也是设备故障预测与健康状态分析的基础环节。在设备故障预测与健康管理系统中，信号传输有有线传输和无线传输两种方式。信号处理是将设备状态监测信号转换为设备状态分析所需要的信息形式。

3）设备故障预测与健康状态分析模型

在设备故障预测与健康管理中，通过设备故障预测模型和设备健康状态分析模型掌握设备的状态。设备故障预测与状态分析模型是故障预测与健康管理的核心部分，一般分为设备故障预测模型和设备健康状态分析模型。这里的设备故障预测模型和设备健康状态分析模型是针对各具体设备或部件而建立的，一般不是通用的模型。

4）维护和维修措施

维护和维修措施是针对设备故障与健康情况所采取的相应工程纠正措施。

5）信息管理

对设备的基本信息、监测信息以及与故障预测与健康管理相关信息进行管理。

（2）设备故障预测与健康管理基本框架

根据设备故障预测与健康管理要素以及核动力装置设备分类管理方案，这里给出核动力装置设备健康管理基本框架，如图 7.3 所示[3]。

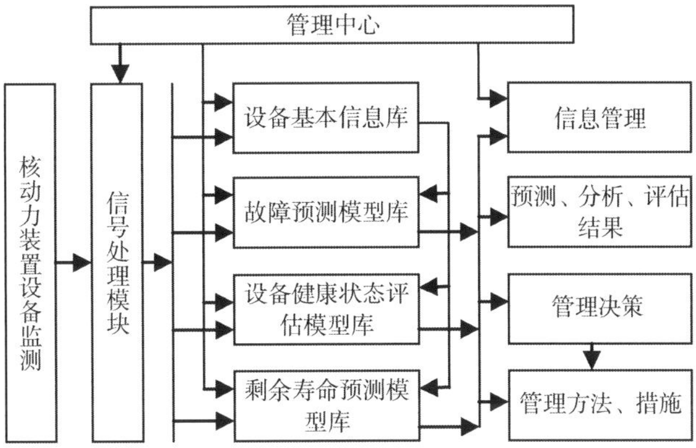

图 7.3　核动力装置设备故障预测与健康状态管理基本框架[3]

图 7.3 中各模块的功能如下：

1）信号处理模块

对核动力设备传感器检测信号进行转换和处理。

2）设备基本信息库

存放和管理核动力装置各设备的基本信息。

3）故障预测模型库

管理核动力装置各设备的故障预测模型。

4）设备状态评估模型库

管理核动力装置各设备状态评估模型。

5）剩余寿命预测模型库

存放和管理设备剩余寿命预测模型。

6）信息管理模块

对状态监测信息和预测、评价、决策等信息进行管理。

7）结果显示模块

对预测、评估、决策等结果信息进行显示。

8）管理决策模块

根据设备预测和评估结果进行管理决策。

9）管理措施模块

根据管理决策模块给出的决策信息，给出设备管理方案和维修等管理措施。

10）管理中心模块

对核动力设备故障预测与健康管理中各模块进行调度与管理，完成人机接口功能。

7.3.9　设备状态和故障信息管理

设备故障信息是分析和掌握设备故障特点、规律、原因、机理、关键环节以及要素的基础，也是核动力设备设计经验反馈的重要渠道。因此，在核动力装置设备故障全寿命监控和管理中，应特别对核动力装置设备故障信息的管理。设备故障信息管理的主要内容包括设备技术状态、设备故障清单及故障部位、现象、原因、频率、机理、影响及故障处理方法等内容。核动力装置设备故障信息管理主要内容如表 7.10 所示。

表 7.10　设备故障信息管理主要内容

主要内容	监督管理重点
无故障设备状态	设备基本信息； 设备技术状态。

续表

主要内容	监督管理重点
故障设备	故障设备清单； 设备故障现象、类型、原因、机理等； 故障处理状况（已处理、未处理、正在处理）； 故障处理责任单位； 故障频率； 故障处置方法、经验、预案等。

7.4　应用探索

本节分别以核动力装置控制设备设计阶段和保护逻辑装置维修阶段故障监控和管理为例，阐述设备故障管理的方法与步骤。

7.4.1　控制设备设计阶段故障监控管理

（1）基本思路

核动力装置控制设备设计阶段故障监控管理的关键问题是，通过监控和管理活动发现设备控制设计上的缺陷和不足，从源头上消除由于设计不足形成的固有缺陷、潜在故障因素或薄弱故障环节。

由于发现设备设计上的问题实现起来比较困难，因此在控制设备设计故障监控和管理中可从以下方面着手：

1）设备设计论证的充分性；

2）是否考虑了以前设备运行使用经验反馈，对缺陷或不足之处进行了改进；

3）设备是否应用了新技术；新技术的成熟性、可靠性；

4）设备可靠性设计；

5）关键环节可靠性设计。

（2）基本方法与步骤

根据设计阶段控制设备故障监控管理的关键问题和基本思路，可以将控制设备设计阶段故障监控管理方法分为制定监控管理计划、信息收集、设计过程监控管理以及设备设计监控结果及信息管理等几个主要环节。

1）制定监控管理计划

根据设备设计特点，制订详细的设备设计监控管理计划。

2）信息收集

为对控制设备设计阶段故障进行有效地监控和管理，首先应对控制设备设计活动及设计要素具有充分细致的了解，为开展设备监控和管理提供基础。信息收集工作应具有针对性，主要包括以下内容：

①控制设备功能；

②控制设备的类型、核安全级别；

③控制设备与其他设备之间的关系；

④反馈经验梳理。梳理反馈经验，找出此前该类设备故障情况以及设计存在的不足，列出此前该类设备的故障清单。

3）设计过程监控管理

设计过程监控管理可以分为两种情况：一是核安全监督管理人员直接参与设备设计评审；二是核安全监督管理人员不参与设备设计评审。为了保证核安全监督管理的效果，对于上述两种情况，需要采取不同的监控管理措施。

①管理人员直接参与设备设计评审

当管理人员直接参与设备设计评审时，应根据核安全要求，对设备的相关设计进行仔细审查：

a. 可靠性设计审查；

b. 新技术应用论证的充分性，新技术的成熟性、可靠性（针对有新技术应用的情形）；

c. 关键环节可靠性设计；

d. 抗干扰设计；

e. 根据同类设备使用反馈经验而开展的改进设计，等。

②管理人员不直接参与控制设备设计评审

当管理人员不能直接参与控制设备设计评审时，应根据核安全设计监管要求，对控制设备设计过程活动文件进行审查。通过对设备设计过程相关文件的审查，检查设计是否符合核安全要求，是否存在设计上的缺陷和不足，以确保对设备设计过程进行有效地监控和管理。

在审查控制设备设计过程活动文件时，应重点审查以下方面：

a. 可靠性设计审查；

b. 新技术应用论证的充分性，新技术的成熟性、可靠性（针对有新技术应用的情形）；

c. 关键环节可靠性设计；

d. 抗干扰设计；

e. 根据同类设备使用反馈经验而开展的改进设计；

f. 设计评审的规范性（是否存在搞形式、走过场问题），等。

4）设备设计评审结果监督管理

对于设备设计评审意见监督管理，应特别注意监督管理以下内容：

①设备设计评审意见中，应明确列出需要纠正、修改或需完善的设计问题；

②设备设计评审意见中，对于要求纠正、修改或需完善等问题的执行情况；

③进行纠正、修改或完善后的设计是否还存在不足之处。

5）设备设计监控信息管理

对设备设计中开展的核安全监督管理结果及相关信息进行管理，为设备全寿期核安全管理和追踪提供基础和依据。

核动力装置控制设备设计阶段故障监控管理方法可用图 7.4 表示。

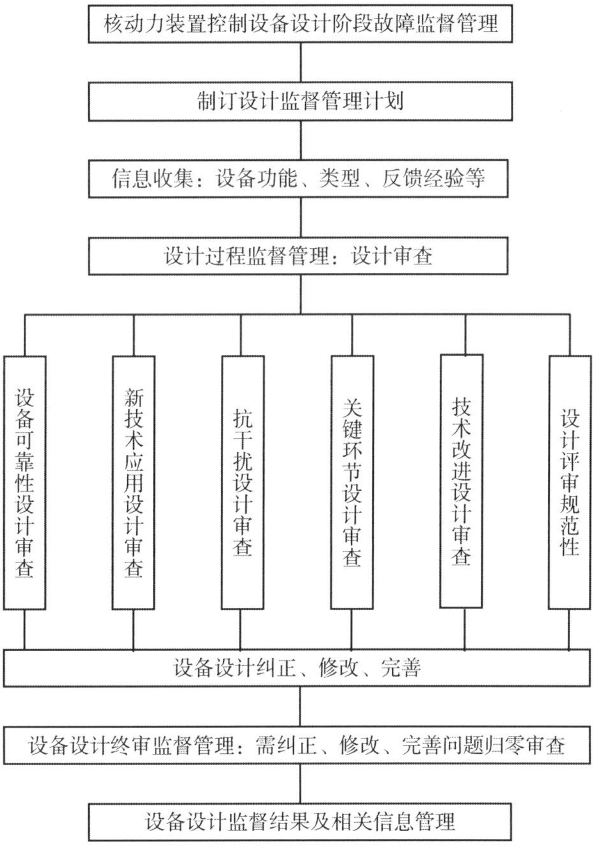

图 7.4　控制设备设计阶段故障监控管理方法示意图

7.4.2　保护装置维修阶段故障监控管理

本节以反应堆保护逻辑装置（简称保护装置）维修阶段故障监控管理为例，来探索核动力设备故障全寿命分阶段监控管理方案的应用方法。

（1）基本思路

保护装置是核反应堆保护系统的核心设备，是确保反应堆安全运行的重要设备。在保护装置维修阶段，要对其进行全面检修、调试和维护。该阶段故障监控管理的基本思路是：对保护装置维修实施全程监控管理，对各环节实施精确管理和控制，要确保装置在维修之后达到使用运行所要求的技术性能和可靠性。

（2）监控管理实施方法与关键环节

1）监控管理计划

根据保护装置维修阶段故障监控管理任务和要求，制订具体监控管理计划，主要内容如表 7.11 所示。根据监控管理计划将监控管理工作划分为维修前管理、维修过程管理、维修后管理等阶段。

表 7.11　保护装置维修阶段监控管理

序号	管理阶段	项目	项目内容
1	维修前管理	信息收集	基本信息：功能、组成、原理、技术指标、使用年限等。
			状态信息：老化状态、维修历史、当前技术状态等。
			故障信息：历史故障、当前故障及故障清单等。
			管理信息：维修调试要求、工艺、技术规范等管理依据信息。
		技术审查	装置勘查：维修前勘查，确认、评价当前装置状态。
			维修、调试、实验技术方案审查等。
2	维修过程管理	质量监督	装置维修质量监督方案、措施及实施检查。
		工艺监督	检查、监督装置维修工艺是否符合要求。
		项目实施监督	项目实施的规范性；项目完成情况；查找存在的问题。
		问题整改	对项目实施过程中发现的问题进行管理，监督改正。
3	维修后管理	故障清零确认	监督检查，确认故障全部清零。
		项目完成检查	完工确认：测试、标校、调试和系统联调等所有完成情况确认。
		技术性能确认	对装置维修后的技术性能和可靠性进行检查、检验和确认。
4	信息管理	信息处理	对装置监控管理相关、文件信息进行管理。

2）监督检查

保护装置维修阶段监控管理的重点是维修过程监控检查和管理。维修过程监控检查分为维修检查、测试检查和试验检查等关键环节。实际检查可根据实际具体情况采用现场检查、随机抽查、工作活动记录检查和现场见证等方式。

①故障检修环节

维修环节重点检查以下方面：

a. 质量管理是否是否得到严格执行；

b. 维修工艺是否符合技术规范要求；

c. 装置故障是否全面排查、维修项目是否全面等。

对于维修环节不符合质量要求和工艺要求的活动，应作好记录。同时，要求责任单位限期整改，直到符合要求。通过检查确保保护装置进行了全面检修，确认故障全部清零。

②装置标校与测试检查

a. 检查保护装置、保护分机及其单元电路标校、测试情况，将各电路标校、调试结果与规定的技术性能指标进行对比，确认校准、调试结果的正确性；

b. 检查装置所有定值电路、逻辑电路是否进行了严格标校；

c. 检查装置单元电路测试、通道测试、分机测试和整机测试等是否全面。

对于装置测试、标校存在的问题，应作好记录。同时，要求责任单位限期整改，直到符合要求。确保保护装置各通道及单元电路测试和标校工作全部高质量完成。

③试验环节

保护装置试验包括自检试验和全性能联调试验。本环节应重点检查试验的规范性、全面性和试验结果的准确性，确保保护装置技术性能和可靠性符合使用要求。

④信息管理

在保护装置维修监控管理工作完成后，对监控管理的相关信息进行管理。对保护装置维修后的技术状态进行评价，给出装置运行使用和维护保养的相关建议和注意事项。

7.5　本章小结

本章介绍了核动力装置设备故障全寿命监控管理方法。从设备全寿命管理的思想出发，阐述了核动力设备故障全寿命分阶段监控管理的方案。根据核动力设备从设计到退役各阶段的特点和设备所经历各阶段的时序性，依次将核动力设备全寿命故障管理分为设计、制造、试验、安装、调试、反应堆物理启动、使用（前期、中期、后期）以及维修等不同的故障监控管理阶段。对核动力装置设备故障进行全寿命分阶段监控管理，可以提高故障管理的针对性和精确性，防止因设备故障而引发的核动力装置运行事故，大幅度降低核安全风险，提高核动力装置运行的可靠性和安全性。

参考文献

[1] 周刚．核动力设备全寿命故障监督管理方法研究［C］//中国核学会主编．中国核科学技术进展报告（第 6 卷）—中国核学会 2019 年学术年会论文集（第 3 册）（核能动力分卷）［M］．北京：原子能出版社，2020，2（2）：318-325.

[2] 孙旭升，周刚，李凤宇，等．核动力装置故障预测与健康管理研究［J］．四川兵工学报，2015，36（8）：51-54.

[3] 周刚，殷虎，葛盛奇．核动力装置全寿期核安全管理若干问题研究［C］//中国核学

会主编．中国核科学技术进展报告（第 2 卷）—中国核学会 2011 年学术年会论文集（第 2 分册）．铀矿冶分卷、核能动力（上）分卷［M］．北京：原子能出版社，2012，2（2）：323-329.

［4］Zhou Gang，Liu Minghui. Research on classified prognostic and health management scheme for key components of nuclear power plant［C］//Proceedings of 2019 IEEE 14th International Conference on Electronic Measurement and Instruments，2019，Vol 2：1185-1191.

第8章

核动力装置全寿命核安全集成化管理与智能管理

8.1 概述

管理是人类社会普遍存在的一种活动，是通过计划、组织、指挥、协调、控制和决策等方法，以及通过对各种资源的优化和综合运用以达到某种目标的活动[1]。在人类社会和生产活动中，采用科学的管理方法和先进的管理技术，可以减少工作和生产的障碍，提高实现既定目标的效率和效益。管理方法不科学或管理技术落后，会导致工作和生产效率低下，阻碍、延缓甚至无法实现既定的目标。适应科学和技术的发展，应用新理论和新技术，不断改进管理方法和管理手段，提高管理技术水平，对于提高人类生产活动的效率和节约资源都具有重要的作用。

管理技术的发展是随着管理科学及相关理论和技术的发展而发展的。人工智能的发展给管理科学注入了新的活力，为管理提供了新方法和新技术，人工智能技术的应用将会使管理活动发生革命性的变化。人工智能能够模拟人类学习、感知、思考、理解、识别、判断、推理、证明、通信、设计、规划、行动和问题求解等行为，在有些方面可以代替人类所从事相关活动，在某些方面甚至具有远超人类的能力。将人工智能应用于管理活动，是人类智能的技术化体现，可以更好、更快捷地实现人类活动的目标。

在核动力领域，核动力技术是涉及多学科理论和实践活动的高度复杂的技术，核安全管理活动也是一种复杂的活动。在核安全管理中更需要先进的管理思维、理念和管理技术，研究人工智能在核安全管理中的应用，对于提高核安全管理的能力、水平以及核安全管理工作的效率具有重要的意义。全寿命、信息化、集成化和智能化管理是核动力装置管理主要发展方向和必然发展趋势。本章从核动力装置全寿命核安全管理出发，阐述核动力装置全寿命核安全智能化管理的基本问题。

8.2 核动力装置全寿命核安全管理[2]

8.2.1 全寿命核安全管理的作用

对核动力装置来说，无论是设计、建造、运行、维修还是退役，核安全始终是第一位的。在核安全问题上，不论事先考虑多么周到，意外事件发生的可能性总是存在的；极限事故也是可能发生的；核动力装置老化管理、寿命预测与管理是核安全管理的重要内容；核应急体系、应急能力与应急决策不可忽视；对核安全问题不能存在丝毫侥幸心理。尤其应引起重视的是，核动力装置的核安全管理是一个全寿命核安全管理问题，其中任何一个环节都不能疏忽。如何建立完善的全寿命核安全管理体系是需要引起重视和解决的问题。通过全寿命核安全管理，可以从全局的高度对核安全管理问题进行统筹兼顾，既照顾到核动力装置从设计到退役处理全寿命中各阶段核安全管理的特点、关键环节，又照顾到各阶段、过程和环节之间的关系，实现核动力装置全寿命核安全管理的连续性，堵住核安全管理上的漏洞，防止核安全管理各阶段、过程和环节出现脱节。同时，可以合理安排核安全管理人力、物力与技术资源，全面提高核安全管理的水平和实际效果。

8.2.2 全寿命核安全管理的主要特点

核动力装置全寿命核安全管理是指核动力装置从设计到退役处理整个寿期中，对核动力装置实施的全程核安全监督与系统化管理，它包括核动力装置设计、建造、试验、运行、换料、维修以及退役等所有阶段和过程的全方位的核安全管理活动。

从核动力装置全寿命核安全管理发展状况来看，在核电工业发展较早、核电技术比较发达的西方国家在该方面的研究起步也较早、研究也比较深入。国内在核动力装置全寿命核安全管理方面，比较注重和借鉴西方发达国家核电厂现有的技术和措施，结合自身的实际技术状况开展研究。

根据核动力装置全寿命核安全管理需求分析，全寿命核安全管理及其发展具有以下主要特点：

（1）是核动力装置从设计到退役处理整个寿期中，对核动力装置实施的全程核安全管理活动。

（2）是从法规、人员到设备的全方位核安全管理。

（3）考虑了核动力装置全寿命各阶段核安全管理的特点、内容及其区别与联系。

（4）确保核动力装置核安全管理的连续性。

(5) 考虑核动力装置运行过程中的维修管理、技术改造等涉及核安全的问题。

(6) 重视核动力装置设备老化管理。

(7) 重视核动力装置寿命预测与寿命管理。

(8) 注重新理论、新技术的应用。

(9) 向核动力装置全寿命核安全系统化、信息化、集成化和智能化管理方向发展。

8.2.3　全寿命核安全管理基础

(1) 核安全法规

核安全法规是核动力装置核安全管理的依据和核安全管理工作的基础。是否具有高质量的核安全法规和完善的核安全法规体系，体现了一个国家核安全管理的技术状况和先进程度，这也是一个国家核安全管理水平的重要标志之一[3]。全寿命核安全管理法规是核动力装置全寿命核安全管理的依据和法律保证。因此，实现核动力装置全寿命核安全管理的首要工作是构建完善的核安全法规体系。只有核安全法规健全了，核动力装置全寿命核安全管理工作才能有章可循、有据可依；才能做到核安全管理工作职责分明，核安全管理工作和活动才能从法律上获得根本性的保证。

(2) 核安全管理组织体系

建立健全了完善的核安全法规体系，并不等于实现了核动力装置全寿命核安全管理。要真正实现核动力装置全寿命核安全管理，还必须建立一个完善的核安全管理组织结构体系。通过核安全管理组织机构体系来贯彻和实施核安全法规，规范核动力装置全寿命中的各种活动，完成核动力装置全寿命核安全监督和管理。

核动力装置全寿命核安全管理组织体系包括以下几个方面的内容：

1) 核安全管理各级实体机构。

2) 核安全管理机构各部门分工与职责。

3) 核安全管理体系的运行机制。

核安全管理是一种严格和严肃的工作，同时又是一种具体而细致的工作。核动力装置全寿命核安全管理组织体系的建设，应以保证核动力装置全寿命核安全管理法规的贯彻和各项核安全监督与管理工作的落实为原则；必须避免核安全监督与管理工作中出现少管、漏管或监管工作不力、不细致和不到位的问题。

要保证核动力装置全寿命核安全管理法规的贯彻和各项核安全监督与管理工作的正确实施，全寿命核安全管理组织体系的建设应满足以下要求：

1) 核安全管理机构健全、完善，保证核动力装置全寿命各种核安全活动都能纳入监督与管理之中。

2) 具有足够数量的高素质、合格的核安全管理与技术人员。这些人员都具有相关核安全监督与管理资格，能够胜任职责。管理与技术人员的数量应确保不因人员的变动而影响核安全监督与管理工作。

3）高效的核安全管理运行机制。

4）充足的核安全监督与管理技术手段。

5）具有与世界各国畅通的信息获取与交流渠道。

8.2.4　全寿命核安全管理的关键环节

核动力装置全寿命核安全管理工作复杂，涉及面广，工作头绪纷繁复杂。对核动力装置全寿命中各阶段和各过程的核安全形势的精确掌控和正确核安全评估，及时提出改正或改进措施是提高核安全的重要措施。为研究核动力装置全寿命核安全管理问题，理清思路，根据核动力装置从设计到退役处理全寿命内各时期工作重点和性质，可将核动力装置全寿命核安全管理工作分为几个相互独立又相互联系的关键环节，即设计、建造、试验/调试、运行、换料、维修、技术改造、老化管理、寿命管理、退役、操作员培训、定期安全检查、国内外核安全管理与运行经验反馈以及核事故应急管理等关键环节，如图 8.1 所示。

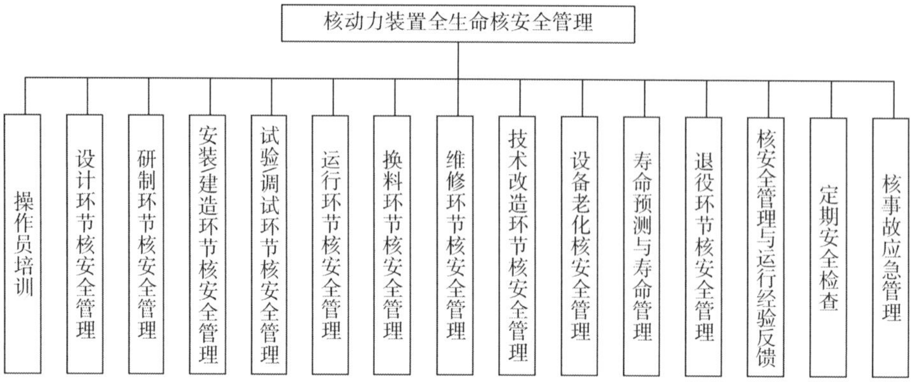

图 8.1　核动力装置全寿命核安全管理的关键环节框图

此外，极限事故分析、决策与应急处置问题也是核动力装置全寿命核安全管理中至关重要的和亟待解决的问题。

因全寿命核安全管理问题复杂、涉及面广，这里不可能面面俱到，下面仅对其部分环节进行重点分析。

（1）设计环节核安全管理

提高核动力装置安全性最重要的途径之一提高核动力装置设备的质量。有关研究结果表明[4]，核工业中约 50％事故的根源在于设计问题。国内外核动力装置运行实践和经验教训也表明，优良的设计和高可靠性的设备是实现核动力装置安全可靠运行前提和基础；提高核动力装置的固有安全性是提高核安全的主要途径[5]。通过优化设计提高核动力装置的固有安全性；通过优良的设计获得高质量和高可靠性的设备。

（2）建造环节核安全管理

没有质量就无法保证核安全，质量是核电工业发展的生命线。这就需要对于核动力装置的核安全管理必须从源头把关，从影响核安全的各个过程和环节着手，在安装建造中严格执行质量保证方面的相关规定和核安全管理规定，严把质量关，始终把设备质量放在第一位，从源头上杜绝核安全隐患。此外，通过全寿命核安全管理，对那些早期没有发现而在使用过程中发现问题的设备要坚决地进行改换装和技术改造。

（3）试验调试核安全管理

在试验和调试阶段要通过细致、周到和完美的试验方案保证核动力装置试验调试工作的顺利进行，确保不发生核安全问题。同时，通过试验和调试，充分掌握核动力装置各设备状况和技术性能，分析核动力装置设备设计、制造和安装建造中存在的问题和隐患，提出解决方案，及时纠正和解决。

（4）运行核安全管理

核动力装置运行核安全管理是研究最多和研究最深入的问题之一。在核动力装置运行阶段应重点做好操作员管理和核动力装置运行操作管理，避免误操作和运行决策失误等人因方面的失误。此外，应高度重视核动力装置运行异常和意外工况的处置与管理等问题。

（5）换料与维修核安全管理

换料过程中的核安全管理一般都会引起足够的重视。对于核动力装置维修中的核安全管理工作也需要给予足够的重视，需要加强核动力装置维修人员和维修工作资格管理以及完善相关法规和标准建设。

（6）技术改造核安全管理

核动力装置在役时间一般都在 30 年以上。在此期间，由于技术的发展，对核动力装置的某些技术改造工作不可避免。对于核动力装置的技术改造问题，应深入分析技术改造对核动力装置整体性能的影响，评价改造对核安全的影响，提出有效的解决办法和技术方案。

（7）核动力装置设备老化管理

核动力装置设备老化将导致核动力装置设备功能的降级甚至失效，严重影响核动力装置的寿期并危及核安全[6-7]。国外核电厂运行经验表明，设备、系统和结构老化是影响核动力装置运行安全性的关键性因素。因此，在核动力装置全寿命核安全管理中，必须将核动力装置设备老化问题纳入核安全监督与管理的范围之内。

（8）核动力装置寿命管理

核动力装置寿命预测与寿命管理是全寿命核安全管理最为关键的环节之一，是关系到核动力装置安全性与经济性的重大问题。每座核动力装置从设计开始就应从全寿命核安全管理层面出发，考虑其寿命预测与管理问题，使核动力装置安全性与经济性能够得到合理的优化。

根据国外核动力装置设计与运行经验，核动力装置的设计寿命一般为 40 年。由于核动力装置建造费用昂贵，从经济效益方面出发，近年来，一些国家的电力公司一直在考虑核电厂的延寿问题。有些国家的电力公司计划将核动力装置 40 年的使用寿命再延长一些，还有延长到 60 年的趋势。这种核动力装置延寿问题，更应加倍关注核安全管理问题。

当核动力装置接近或达到设计的使用年限时，是否需要延寿，这是一个需要慎重对待的问题。从核安全角度考虑，当核动力装置接近或达到设计的寿期时，首先考虑的问题应该不是延寿，而是应该认真地对核动力装置各系统、结构和设备的状况与技术性能进行全面安全检查和评估。根据核动力装置当前的实际状况和核安全裕度要求，对核动力装置的寿命进行科学预测，客观分析和研究核动力装置还能够安全地运行多少年，是否需要退役。世界各国核动力装置运行的实际经验表明，当核动力装置运行到 30 年左右，其系统、结构和设备就会出现不同程度的老化，有些甚至存在功能失效的潜在隐患。因此，对于那些系统、结构和设备技术性能严重降级或存在核安全隐患的核动力装置，应该尽早安排退役；对于那些可退役也可不退役的核动力装置，也要着重考虑其退役问题。福岛核电厂的教训表明，在核动力装置寿期管理问题上，与事故后的经济损失相比，通过核动力装置延寿而获得的暂时的经济效益是不可取的。

(9) 退役核安全管理

对于核动力装置退役处理，要充分采用成熟技术，尤其是成熟的高新技术，使退役核动力装置各设备、设施能够得到妥善处理、使核安全风险最小。在核动力装置退役中，应特别注意因思想麻痹和工作疏忽而造成的核安全问题。

8.2.5 操作员与涉核人员培训

操作员工作在核动力装置运行管理的第一线，执行从启堆、功率运行、负荷变化到停堆等各种工况下核动力装置的运行操作，处理核动力装置运行过程中的异常和突发事件，承担着核动力装置运行过程中核安全方面的主要责任[8]。操作员的运行管理能力、水平和操作技巧直接影响核动力装置运行的安全性和事故处置后果。虽然国内外在操作员培训方面已经有多年的历史，取得了丰富的培训经验，但是，随着科学技术的发展、社会的进步，操作员的培训也必须不断改进。操作员的培训是一个需要不断吸收国内外经验教训和研究成果而不断提高和改进的活动。

除操作员培训外，其他涉核人员培训的问题也应该引起高度重视。如果说三哩岛核电厂事故是因操作员失误造成的，那么切尔诺贝利和福岛核电厂事故则不能完全归咎于操作员的失误，这里面明显存在着上层管理和决策中直接、间接的或潜在的影响和失误问题。

因此，涉核人员培训也应包括各层次涉核人员的再学习、再培训、再认识问题。当世界上核安全形势好转的时候，由于经济利益的驱动，容易使人们对核安全管理工作的认识产生偏差，放松对核安全问题的警惕，这是在核安全管理中尤其应该引起警戒和深思的问题。

8.2.6　核应急体系与应急能力

三哩岛、切尔诺贝利和福岛核电厂事故都表明，有核国家必须具有完善的核应急体系和足够有效的核应急能力[5]，才能在发生核安全事故的第一时间迅速作出反应，有效抑制核安全事故后果，减轻核事故对公众造成的危害。在核动力装置全寿命核安全管理体系建设时，必须高度重视核应急体系与核应急能力建设。

核应急体系建设应主要包括以下方面：

（1）核应急法规建设

核应急法规应明确发生核事故时，国家相关部门、地方政府和核动力装置运营单位的权力、职责和义务。

（2）核应急管理机构建设

核应急管理机构具体负责核应急计划的制定，处理核应急管理各项事务。发生核事故时及时作出反应，组织核应急救援和相关工作的实施。

（3）核应急运行机制建设

核应急运行机制应能充分保证核应急管理与执行体系运行良好、高效、畅通。

（4）核应急手段建设

核应急手段主要包括核应急救援和处理的装备、设备、设施以及各种工具。核应急手段是实施核应急救援和处理核事故的物理和技术手段，是核应急管理活动的基础。

核应急能力建设的关键性问题之一是应保证核应急力量和核应急技术保障的有效性。核应急决策能力建设要保证对各具体的核动力装置和具体的核事故都有详细、切实可行的预案。当核事故发生时，能够在第一时间提出合理的应急处置方案，不错过和不延误最佳处置时机。因此，核应急能力建设要着重体现以下方面的内容：

（1）核应急决策能力；

（2）核事故控制与缓解能力；

（3）核事故处置能力；

（4）信息保障能力；

（5）核应急技术保障能力；

（6）核应急人员力量保障能力；

（7）核应急装备工具保障能力；

（8）公众疏散与救援能力；

(9) 辐射防护与医疗保障能力等。

8.2.7 全寿命核安全监督与管理

从全寿命的角度对核动力装置进行核安全监督与管理，首先需要对核动力装置从设计到退役整个寿期内的核安全管理工作进行全局谋划、统筹兼顾和合理安排，制定完善的全寿命核安全管理法规。应认真分析和研究核动力装置从设计到退役整个寿期中各阶段、各环节核安全管理的主要内容和特点，掌握各阶段、各环节核安全管理工作的重点和要素；应将核动力装置全寿命核安全监督与管理工作与定期安全检查工作有机结合起来，要充分保证核动力装置整个寿期核安全监督与管理工作的持续性、连贯性和有效性。

其次，在核动力装置整个寿期中，核安全监督与管理工作的重点是要确保核安全法规的贯彻和落实；要使核动力装置从设计到退役全程中的各项活动都置于核安全监督与管理之下；要确保核动力装置全寿命中各阶段、各环节核安全监督工作能够落实、管理能够到位；对核安全监督与管理工作中遇到的问题应及时解决；要确保核安全监督与管理工作的力度。只有认真贯彻核安全法规，并对核动力装置全寿命内各项活动实施强有力的监督和管理，才能保证核动力装置整个寿期内的安全性和可靠性。

此外，在核动力装置全寿命核安全监督与管理工作中，要不断分析核动力装置及其相关活动出现的新形势和新问题；要及时了解和掌握核动力装置当前核安全形势和存在的问题；对核动力装置及其相关活动要具有质疑的工作方式，鼓励质疑和发现问题；防止核动力装置全寿命各种活动出现隐瞒事实真相行为；要及时了解和掌握国外核安全监督与管理的经验教训，审视和修改核安全监督与管理工作的问题和不足。

全寿命核安全管理问题是每个核动力装置管理工作中都需要引起重视的问题。通过全寿命核安全管理，可以从全局的高度对核安全管理问题进行统筹兼顾，照顾到核动力装置全寿命中各阶段核安全管理的特点、关系和关键环节。通过核动力装置全寿命核安全管理几个重要问题分析可知：完善的全寿命核安全管理体系是核动力装置全寿命核安全管理的基础；从设计到退役各阶段核安全法规的贯彻实施和强有力的核安全监管是实现核动力装置安全性的可靠保证；核动力装置设计、建造、运行、维修与退役等过程过渡阶段的核安全管理是全寿命核安全管理的关键环节；核动力装置设备质量/建造质量、操作员培训水平、运行经验反馈等仍然是影响核安全的根本性问题；设备老化管理是核动力装置全寿命核安全管理的极其重要的环节；对核动力装置全寿命中各阶段和各过程的核安全形势的掌控和核安全评估，及时提出整改措施是提高核安全的重要措施；极限事故分析、决策与应急处置是核安全管理工作中需要高度重视的问题。

8.3　核动力装置全寿命核安全集成化管理[9]

核动力装置全寿命核安全管理是非常复杂的问题，它涉及到核动力装置的设计、建造、运行以及退役等多个方面。为确保核电厂稳定、高效、经济地运行，充分利用核电厂的人力、物力和信息资源，构建科学、高效的核安全管理体系是非常必要的。本节阐述以“集成”思想为基础的核动力装置全寿命核安全集成化管理问题。

8.3.1　核动力装置信息集成

核电厂的安全目标、安全管理与安全措施的重点是核安全。为构建科学、高效和完善的核电厂核安全管理体系，提高管理水平和管理效率，可充分利用现代科学技术对核安全活动实施集成化管理。集成化管理的核心是“集成”[10]；集成管理的基本指导思想是对资源尤其是信息资源的充分利用，避免做没有效果或浪费性的重复工作[11]。在进行核安全集成管理之前，首先要构建集成化的核安全管理体系，设计核安全集成化管理系统。在进行核安全集成管理系统设计时，针对核安全管理的特殊性以及核安全管理的目的，充分利用先进的集成技术、计算机技术、信息技术以及系统工程技术，建立完善、高效而透明的信息获取、传输、访问与分析机制，实现核安全管理中各种资源的优化配置与充分利用，确保核安全管理工作高效、协调而有序地进行。

信息集成是实施集成化管理的基础。构建核安全集成管理系统，首要工作是实现核电厂异构环境下的信息集成。所谓异构是指系统中包含了不同的操作系统、控制系统、数据库及应用软件[10]。实施信息集成最基本的支持环境是数据库技术和工程数据管理技术（PDM）。

数据库技术为数据管理提供了一种有效手段，为实现数据共享、保证系统的一致性和信息集成提供基础。在核安全集成化管理系统中，为了保证数据的一致性，必须对共享数据统一设计共享信息的数据库结构。数据库系统采用分布式数据库体系结构，系统中的数据分布在多个数据库服务器上，在逻辑上构成一个整体。

在核动力装置的信息集成和过程集成中可以采用 PDM 技术，以便在并行的基础上将集成思想应用到核动力装置管理的各个环节，实现多部门、多学科领域专家群体协调工作，将核动力装置的数据信息、运行信息和过程信息有机集成起来。做到将正确的信息在正确的时间以正确的方式传递给正确的人，使核安全管理工作高效、协调而有序地进行，从根本上确保核动力装置安全、可靠、稳定地运行。

PDM 系统以网络环境下分布数据处理技术为支撑，可以采用客户、服务器体系结构和面向对象的数据方法，以实现核动力装置及其设备全寿命的信息管理，协调控制核安全管理中工作流和各项工作进展，在全核电厂范围内建立一个并行的工作环境。电子仓库（data vault）是 PDM 协调的核心，它建立在关系数据库的基础上，具有方便、直观地实现文档的分布或管理及全面共享。该系统由用户接口层、功能模块层以及数据处理层组成。

为了充分利用数据库中已存储的信息，帮助管理者进行决策，在核电厂信息集成中采用数据仓库技术（data warehouse）。数据仓库由数据仓库系统进行管理，为决策支持提供了工具和应用程序，组成数据仓库的决策支持平台。数据仓库系统由数据仓库管理、数据仓库及分析工具组成，如图 8.2 所示。在数据仓库的基础上，利用数据挖掘技术建立核安全管理决策支持系统（DSS）。

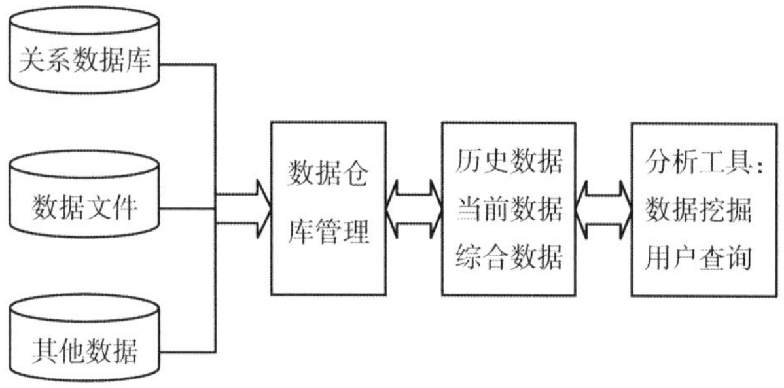

图 8.2　数据仓库系统结构图

8.3.2　核安全集成化管理系统的基本体系结构

为了充分考虑核电厂安全管理的特殊性，在构建核安全集成化管理系统时，先将核电厂与安全相关的工作按性质分为不同的类型，然后在总系统下设计若干个分系统，每个分系统完成一种类型的核安全管理工作。核安全管理有时会涉及多个分系统，需要设置各分系统之间的管理，包括各系统信息间的共享及其关联。在集成环境下，各系统之间既相对独立又相互联系，通过全局信息共享系统实现信息共享。核电厂集成管理系统由以下几个分系统组成。

1）基于 Internet/Interanet 的核电厂原型系统。该系统实现核电厂集成平台的信息访问与控制。

2）核电厂设计信息系统。该系统完成核电厂所有设计信息的管理。包括核电厂各系统设计信息、设备设计信息、系统与设备的试验（调试）信息以及整个核电厂运行调试信息，为核安全管理提供完整的原始数据。

3）核电厂 MIS 系统。该系统完成核电厂所有人员及其事务管理。包括人员、核安全法规、信息管理、与安全有关的培训管理、核电厂执照考核及其发放、核电厂人因工程管理以及外来人员管理等几个子系统。

4）CAX/PDM 集成系统（CAX/PDM）。指计算机辅助系统如 CAD、CAQ（计算机辅助质量管理）、CAPP（计算机辅助工艺规划）等工具的集成。该系统包括系统之间的信息集成，以及工程文件和数据的管理，并通过通用接口实现 PDM 系统与全局信息系统之间的集成。

5）核电厂安全监管系统。该系统完成与核电厂运行有关的核安全监督与管理工作，并为核动力装置运行管理和核安全管理提供决策支持手段。运行和管理决策支持系统是在状态监测、状态预测与故障诊断、数据分析和推理决策等基础上建立的[5]，其目的是为操作员和核安全管理人员运行与管理决策提供指导。

6）核安全分析系统。该系统主要完成核电厂的安全分析工作。通过各种安全分析手段和方法（如安全分析软件），对核电厂运行状况、维修、设备状态以及退役等工作进行核安全分析和评估，并提供国内外核安全管理的经验反馈。

7）设备监测与维修核安全管理系统。该系统监督核电厂各种关键设备的状态监测与在役检查工作，并给出设备监测与在役检查的数据、结论性的分析报告和建议；对设备维修工作进行核安全管理。

8）核燃料管理系统。该系统根据核燃料的特点和核电厂生产的特点，构建完善的核燃料管理体系，从燃料元件整个生命周期对燃料元件进行核安全管理。

9）辐射防护与放射性管理系统。该系统主要完成核电厂辐射防护、放射性物质及放射性废物、环境质量等工作实施管理。

10）设备老化管理系统。该系统的主要功能是对核电厂与安全相关的所有设备进行分级分组，对确定需要进行老化管理的设备，分别对其监测信息进行管理，分析设备的老化机理，对设备寿命进行预测和管理，对设备老化管理工作进行监督和管理。

11）设备退役管理系统。该系统的主要功能是对核电厂与安全相关的所有设备进行分级分组，确定对核安全有关的设备。根据设备在役检查的结果，确定需要延寿或退役的设备，并分别对其进行核安全管理。

12）核安全仿真系统。该系统提供比较完整的核安全仿真模型，为核安全管理人员对核电厂的安全管理提供分析和研究手段。

13）核电厂应急管理系统。该系统对核电厂可能出现的意外事故和突发事件进行管理，针对不同的事件协调电站人员采取相应的决策、措施和行动。

整个系统在应用集成平台环境中开发设计。该应用集成平台支持复杂信息环境下的应用开发和集成，在异构环境下为客户提供透明和一致的信息访问与交互手段。该平台采用客户/服务器结构，由系统服务层、应用服务层、应用管理层以及应用开发层组成，其体系结构如图 8.3 所示。

核电厂集成管理系统的功能结构如图 8.4 所示[9]。需要指出的是，该系统是一个开放的系统，可以根据核电厂管理的需要进行修改和扩充。

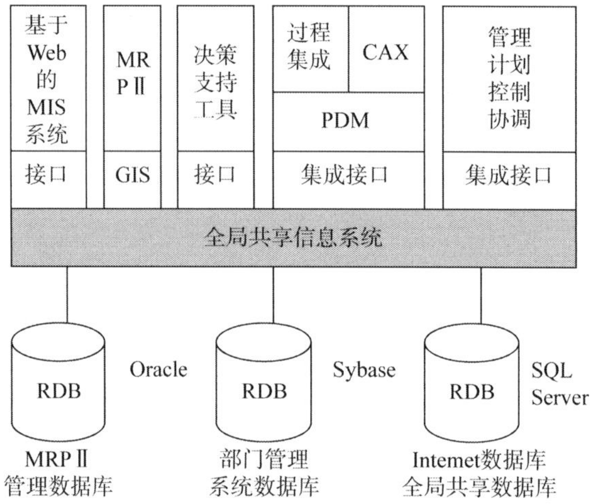

图 8.3　核安全集成管理系统体系结构

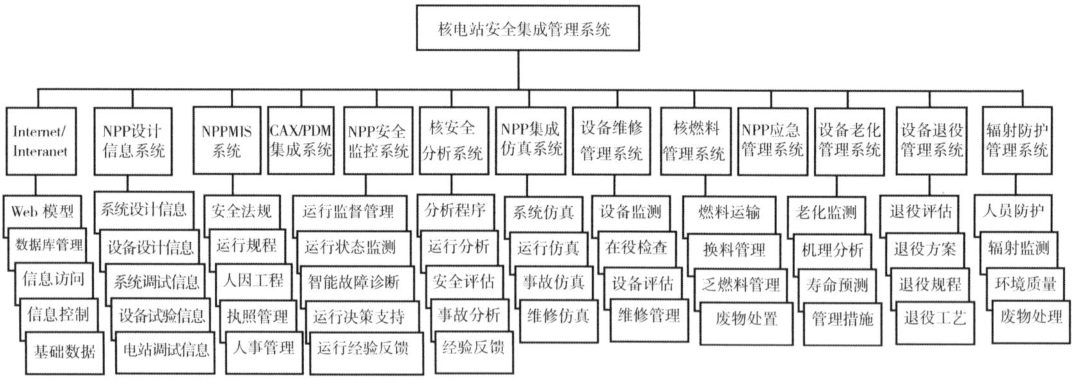

图 8.4　核安全集成管理系统基本功能结构简图[9]

本节以“集成”的思想和集成技术为基础，结合核安全管理特点，阐述了核动力装置全寿命核安全集成化管理的基本思路和方法。对核动力装置实施全寿命核安全集成化管理，不仅可充分优化核电厂的人力、物力和信息资源，提高核电厂的安全性、经济性与可靠性，而且是未来核安全管理技术发展的重要方向。

8.4　智能管理概念和主要技术

8.4.1　智能管理概念

在人工智能发展过程中，人工智能在管理领域不断有应用方面的研究，包括一些人工智能在管理中的实际应用研究。但是，关于智能管理问题系统性的研究并不多，对于智能管理含义的还缺乏广泛、深入的讨论和研究。目前对智能管理的一般看法是，智能管理是人工智能与与管理科学、信息科学、知识工程、系统工程、计算技术、通信技术以及软件技术等多学科理论和技术相互交叉、结合和渗透而产生的一门新学科、新技术[12]。

8.4.2　人工智能在管理中的作用

智能管理是人工智能技术与管理的结合。从总体上来说，人工智能在管理中的作用可以分为三个方面：

(1) 用人工智能技术全部或部分取代人类的管理职能，如利用人工智能技术实现管理决策、工作规划、任务调度等需要人工完成的管理工作；

(2) 将人工智能仅用于管理信息的处理，如将人工智能用于解决数据挖掘、数据分析、趋势预测、故障诊断、优化计算等问题；

(3) 管理中同时包含上述两个方面的人工智能应用。

在智能管理的研究中，比较常见的做法是将人工智能方法与技术引入管理系统。这些管理系统包括管理信息系统、办公自动化系统、决策支持系统或工程管理等系统。人工智能在管理系统中的作用包括数据挖掘、数据分析、任务调度、趋势预测、故障诊断、优化计算以及决策支持等方面。

从人工智能在管理中应用研究的状况来看，智能方法在管理中的作用主要体现为以下方面：

(1) 用人工智能方法取代传统的信息处理方法

传统的信息处理方法包括人工处理方法和计算机处理方法。

人工信息处理方法是最原始的信息处理方法，它是指人类信息应用者和信息管理者亲自对信息进行收集、分析和处理。例如，在核动力装置设备管理中，为了评价某设备的技术状态，技术人员搜集该设备的设计信息、试验信息、使用信息、运行信息以及维修信息等。在此基础上，技术人员通过对所收集到的信息进行统计、归纳和研判等活动，最终给出关于设备状态的评价。在整个活动中，对设备信息的处理，都是技术人员自身工作的过程。

计算机处理方法是利用计算机信息管理技术对信息进行处理。例如，针对某种管理事务，利用开发的管理信息系统对该事务信息进行存贮、统计分析和预测等。

用人工智能方法取代传统的信息处理方法，从人工信息处理方面来说，是利用人工智能技术部分或完全取代人类进行信息处理工作。例如，可以根据管理需求将各种算法嵌入管理系统，通过智能算法进行信息智能搜索、数据挖掘、趋势分析、系统和设备故障诊断、优化计算等。

（2）任务调度与活动规划

传统的任务调度与活动规划是由管理人员通过人工的规划、计划、协调、统筹以及安排等一系列活动来实施的。人类的这些管理活动可以利用人工智能技术来规划和统筹安排，并可通过智能优化方法实现任务和活动的优化，使人类从复杂的管理活动中解脱出来。

（3）决策支持

在人类管理活动中，对许多事情需要作出决策。而决策又往往是一种困难、复杂和具有风险性的活动。面对这些复杂和困难的决策问题，可以采用人工智能决策技术进行辅助决策。人工智能具有类似人类的决策能力，可以在许多方面代替人类进行决策，为人类的决策活动提供辅助决策支持。

（4）资源优化

在管理活动中，经常遇到资源优化问题。通过资源优化，使资源得到合理配置，以提高资源的使用效益和生产等活动的效率。资源优化在本质上是一个寻优问题。人工智能的许多方法是从问题优化开始的，优化是人工智能的一种基本的和重要的功能，是人工智能一种特殊的能力。将智能优化方法应用于管理活动，可以极大地提高管理活动的效率和资源利用的效益。

（5）智能管理取代人工管理

智能管理取代人工管理是人工智能在管理中应用的高级形式。在某些管理活动中，可以直接利用智能管理技术来取代人工管理的工作。

8.4.3 智能管理技术

从目前的发展状况来看，智能管理技术主要涉及到管理中所要用到的人工智能及相关技术。在人工智能方面，主要包括智能学习、优化、分析、预测、决策以及规划、协调等技术。在相关技术方面，主要包括数据、知识和信息的获取、存储、管理、传输和应用等技术。在智能管理实现方面，主要包括软件设计、软件集成、系统集成以及网络等技术。科学技术总是在不断向前发展的，新技术、新方法也不断地被应用于管理之中，以提高管理的效能。

(1) 数据仓库技术

简单地说，数据仓库（Data Warehouse，DW）是一个数据的集合，它用于支持管理和决策。数据仓库具有以下特点：面向主题；集成性；稳定性；随时间而变化；大容量；可扩展性；数据是综合的或经过提取的；支持决策分析等。

数据仓库由数据库、数据抽取工具、元数据、数据访问工具以及数据集市等部分构成。标准的数据仓库的架构可以分为源数据层（SD）、中间数据层（ODS）、多维数据层（DW）、数据集市层（DM）以及应用层（APP）等 5 个层次。数据仓库是数据挖掘和管理决策的基础。

(2) 数据挖掘技术

1) 数据挖掘

数据挖掘（Data mining，DM）是一种从大量的数据中寻找隐藏于其中的规律的技术。这些数据可能是模糊的、不完整的、随机的或包含噪声的数据。从信息技术的角度来说，数据挖掘可以认为是一种信息处理技术，是从大量的数据中自动发现隐藏于其中的具有特殊关系性的信息的过程[13]。在人工智能领域，数据挖掘又称为数据库中的知识发现（Knowledge Discovery in Database，KDD）。

数据挖掘是一类深层次的数据分析方法。

2) 数据挖掘的主要任务

分类（Classification）：根据对象的属性、特征等规则将其分为不同的类别。

回归分析（regression analysis）：分析两种或两种以上变量之间的关系，是确定变量之间定量关系的一种统计分析方法。根据分析涉及变量的多少，可以将回归分析分为一元回归和多元回归分析。根据分析中因变量的多少，可分为简单回归分析和多重回归分析方法。根据问题分析中自变量与因变量之间的关系，可将分析可分为线性回归分析和非线性回归分析。

预测（Prediction）：分析对象的发展规律，在此基础上预估其未来的发展趋势。

关联规则（Affinity grouping or association rules）：关联规则反映一个事物与其他事物之间的相互关系或关联性。在数据库中，是描述数据之间所存在关系的某种准则。

聚类（Clustering）：识别被研究对象的内在规则，并根据这些规则将研究对象分为若干类。

3) 数据挖掘技术

目前用于数据挖掘的技术主要有神经网络、决策树、遗传算法、粗糙集方法、模糊集方法、统计分析方法以及近邻算法等技术。

(3) 大数据分析技术

大数据具有海量的数据规模、高速的数据流转、多样化的数据类型密度低的价值。大数据数据体量大、数据类型具有多样性、数据价值密度低、数据增长速度快，即具有 4 个 V 的特征（Volume、Variety、Value、Velocity）[14-15]。大数据分析对于掌握事物发展变化规律、预测事物的发展趋势具有重要的意义。通过大数据分析，可以从宏观的角度把握事物的特征。在核动力装置全寿命过程中，所涉及到的各种数据量巨大。采用大数据分析技术对这些进行分析，可以更好地掌握核动力装置的规律，可以更加精确和精准的对核动力装置进行管理。

（4）软件设计与集成技术

智能化管理中的方案、方法和技术最终要通过构建智能化管理系统来实现。在智能管理系统中，各种功能、方案、方法的实现和智能技术的应用是通过软件设计来完成的，并通过软件集成和系统集成技术集成在某一应用平台之下。因此，软件设计与集成技术是智能管理的关键技术。

（5）网络技术

计算机网络是信息传输和信息获取的基础，是现代管理系统中不可或缺技术手段。正是计算机网络的强大功能，才使得远程信息传输、信息获取、资源优化配置以及远程协调和调度等管理活动能够得以实现。网络技术是智能管理的关键技术手段。

（6）人工智能技术

人工智能技术所包含的内容比较广，并且还在不断发展中。从管理的角度来说，应用于管理的人工智能技术可以分为几类，主要包括智能学习、优化、预测、分析、规划、决策、搜索以及智能协调等技术。这些技术有助于帮助或代替人类进行信息获取、信息分析、趋势预测、工作规划、任务分配、资源优化配置、问题决策、协调管理以及经验反馈、效果评估等工作。

8.5 核安全智能管理与决策系统

8.5.1 系统的作用

核能开发利用的前提是必须确保其全过程的安全性。没有核安全上的保证，不仅会造成重大的经济损失，而且还可能造成放射性危害，影响公众安全。在整个核能开发利用过程中，核安全始问题是首要的问题。核安全管理是核能开发利用的的基础性工作，是核动力装置安全运行的重要保障。核安全管理工作复杂，是一种涉及组织机构、法规标准、文化理念以及核电厂全寿命、全方位和多层面的规划、监督、管理、决策和信息处理活动。提高核安全管理技术水平是提高核安全管理的能力、效率和效果的关键。

核安全管理工作是在探索、研究和改进过程中不断发展的。早期的核安全管理主要是以法规约束辅以行政管理而实施的，可资利用的技术手段少。从 20 世纪 90 年代以来，随着计算机信息管理技术的迅速发展，管理信息系统在核安全管理领域的应用获得了广泛重视。各核安全管理机构根据自己的需要，先后研发了不同用途的核安全管理信息系统。早期核安全管理信息系统的特点主要是实现核安全相关数据的计算机管理，而且各管理信息系统基本上都是孤立的，没有实现不同地域、不同单位核安全管理信息的共享。21 世纪以来，随着网络与信息技术的发展，不同地域、不同单位核安全管理信息和管理工具的共享是核安全管理技术发展的主要特点。

从目前核安全管理的技术状况来看，主要是利用计算机信息管理技术和网络技术对核安全的相关信息进行管理和传输，为核安全管理人员提供相关信息获取方面的支持，还没有形成信息化和决策化的核安全管理体系。近年来，随着科学技术的加速发展，对核安全管理的能力和效率也提出了新需求。在核安全管理中不但需要了解和掌握核安全方面的基本信息，更需要迅速和准确地提供核安全相关的动态分析信息和决策信息。仅仅依赖传统的行政管理方式和计算机信息管理方式，难以满足核安全管理工作的现实需求。随着人工智能技术的迅猛发展，将智能分析、管理和决策技术与传统的信息管理技术相结合，自动地获取和管理核安全的相关信息，分析核电厂的核安全态势，对核安全问题进行分析和决策，为核安全管理提供服务保障和技术支撑，是未来核安全管理的必然要求和主要发展趋势，是提高核安全管理能力、效率和技术水平的重要途径[16]。

本节将人工智能方法与传统的计算机信息管理技术结合起来，分析和介绍核安全智能管理与决策系统的框架结构和设计要素。

8.5.2 核安全管理的层次与主要内容

核安全管理工作复杂，是一种涉及到组织机构、法规标准、文化理念以及核电厂全寿命、全方位和多层面的规划、监督、管理、决策和信息处理活动。从宏观管理层面来说，主要是关于核能利用和发展规划宏观性管理规划，主要包括核能应用与发展战略、政策、规划、法规标准和核能源工业体系、国际合作与交流以及核安全公共事务等方面的管理。宏观层面上的管理更倾向于战略规划、决策和基础性建设方面的管理。从核安全管理中观层面上来说，可以认为是核电厂层面上的管理，主要包括核电厂设计、建造、试验/调试、运行、换料、维修、老化管理、寿命管理、退役、核燃料、核废物、技术研发、操作员培训、人因管理、审评许可、监督执法、辐射监测、定期安全检查、经验反馈、事故应急管理以及文化建设等多方面的管理与决策活动。从微观层面上来说，主要是核电厂系统与设备的具体设计、核安全分析与计算、核燃料、核废物等一些具体活动的管理。

常规的核安全管理信息系统主要作用是对核安全相关信息进行管理或交换，在信息分析和决策方面存在明显的不足。现代科学技术的飞速发展，加速了核安全管理对新技术的需求，研究和开发核安全智能管理与决策系统，有利于提高核安全管理能力和效率。

8.5.3 核安全智能管理与决策系统框架

（1）核安全智能管理与决策系统基本构成

根据核安全管理工作所涉及的活动以及不同层次管理者的需求分析，在核安全智能管理与决策系统框架设计时，将其分为三个层次，分别为基础层、应用层和管理决策层。基础层为系统的底层，主要由各种数据库构成，实现系统基础数据管理，为用户和各种分析模块提供所需的基础数据。应用层为系统的中间层，由各种模型库、分析程序库和决策推理程序库组成，完成相关计算、分析和推理等任务，为相关管理和决策提供输入信息。管理决策层为系统的顶层，主要由各种管理、决策、规划、计划以及调度等软件构成，为管理者开展各种管理活动提供支持。核安全智能管理与决策系统框架如图 8.5 所示。系统设计为一个开放式的结构，系统基础数据库、模型库和决策分析软件可以根据需要进行升级、扩展或增加。

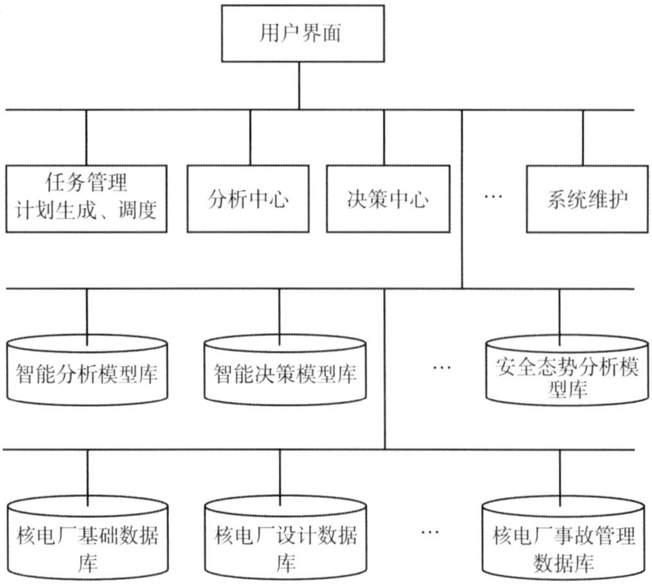

图 8.5 核安全智能管理与决策系统基本框架

（2）基础层体系构成

核安全智能管理与决策系统的基础层由核安全管理相关的各种基础数据库体系组成，完成核安全管理相关的各种基础数据的存贮与管理。基础数据库体系主要包括核电厂及其系统和设备基本数据库、设计数据库、建造数据库、试验数据库、运行数据库、维修数据库、事故管理数据库、应急管理数据库、辐射监测管理数据库、老化与寿命管理数据库、经验反馈管理数据库、在役检查管理数据库、退役管理数据库、技术研发管理数据库等，如图 8.6 所示。

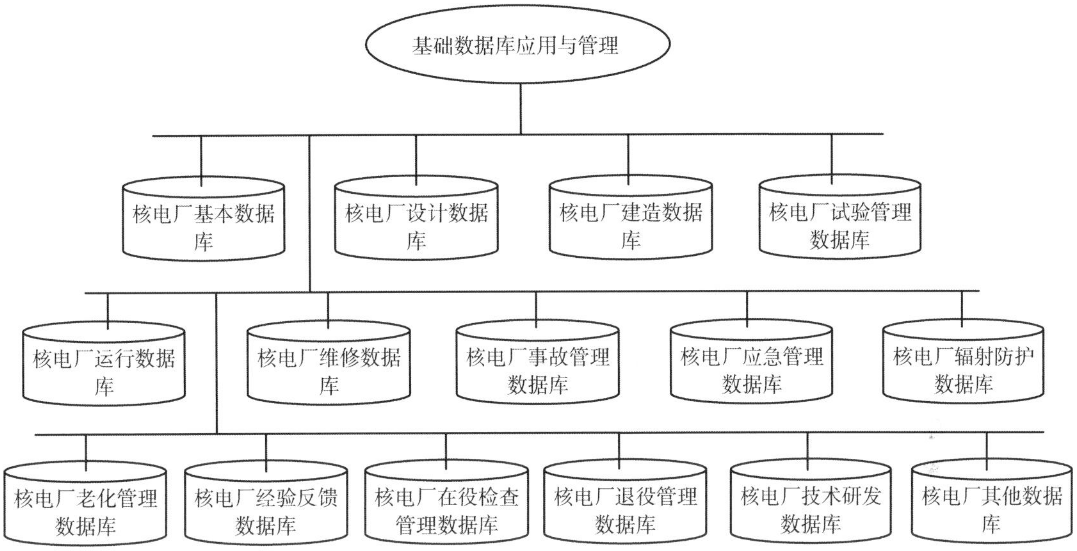

图 8.6　核安全智能管理与决策系统基础层数据库体系

1）基本数据库

核电厂基本数据库实现核电厂基本数据的管理。这些基本数据包括核电厂各系统、分系统及设备的名称、规格型号、设计及生产厂家、生产日期、功能、技术参数等数据。

2）设计数据库

设计数据库实现核电厂设计数据的管理。设计数据主要包括核电厂各系统、分系统及设备的名称、规格型号、设计单位、设计人员、设计日期、功能、技术参数以及核电厂各系统、分系统及设备的各种设计图表等数据。

3）建造数据库

建造数据库实现核电厂安装建造数据的管理。建造数据包括核电厂各系统、分系统及设备的安装建造单位、安装建造人员、安装建造工艺、安装建造日期、安装建造验收文件等数据和信息。

4）试验数据库

试验数据库实现核电厂试验数据的管理。试验数据包括核电厂及其各系统、分系统和设备试验单位、试验人员、试验工艺、试验日期、试验结果、验收文件以及问题处置等数据和信息。

5）运行数据库

运行数据库实现核电运行相关数据的管理。运行数据包括核电厂及其各系统、分系统和设备运行工况、运行参数、运行人员以及运行异常处置等数据。

6）维修数据库

维修数据库实现核电厂运行相关数据的管理。维修数据包括核电厂及其各系统、分系统和设备的维修任务、维修日期、维修人员、维修记录以及问题处置等数据。

7）事故管理数据库

事故管理数据库实现核电运行事故相关数据的管理。事故管理数据包括两个方面：

①故障及其处置数据。核电厂及其各系统、分系统和设备发生的故障及的故障日期、原因、处置方法、处理结果以及经验教训等数据。

②处置预案。处置预案是指与核安全分析所确定的预计运行事件和事故处置预案。数据库实现对处置预案、处置训练以及处置记录等信息。

8）应急管理数据库

应急管理数据库实现核电厂核应急相关数据的管理。应急管理数据包括应急力量、应急预案、应急训练、应急活动记录以及经验教训等数据。

9）辐射防护管理数据库

辐射防护管理数据库实现核电厂辐射监测相关数据的管理。辐射监测数据包括监测单位、监测人员、监测设备、监测对象以及监测记录等数据。

10）老化与寿命管理数据库

老化与寿命管理数据库实现核电厂设备老化与寿命数据的管理。老化与寿命管理数据包括核电厂各系统、分系统和设备老化与寿命管理单位、老化与寿命管理人员、老化与寿命管理工艺、老化与寿命管理活动以及老化问题处置等数据和信息。

11）经验反馈管理数据库

经验反馈管理数据库实现国内外核电厂经验反馈数据的管理。经验反馈数据包括国内和国外核电厂设计、建造、试验、运行、维修、老化管理、寿命管理、退役、操作员培训以及核安全监督管理等方面经验反馈数据和信息。

12）在役检查管理数据库

在役检查管理数据库实现核电厂在役检查数据的管理。在役检查数据包括核电厂及其各系统、分系统和设备在役检查单位、在役检查人员、在役检查工艺、在役检查项目、在役检查活动、在役检查记录以及问题处置等数据和信息。

13）退役管理数据库

退役管理数据库实现核电厂退役数据的管理。退役数据包括核电厂及其各系统、分系统和设备退役实施单位、退役工艺、退役项目、退役活动记录等数据和信息。

14）技术研发管理数据库

技术研发管理数据库实现技术研发相关数据的管理。

（3）应用层体系构成

核安全智能管理与决策系统的应用层为核安全管理和决策所需相关计算、分析、推理和管理提供支撑。应用层由计算模型库、分析程序库和推理决策程序库以及核安全活动管理数据库组成。在核安全管理中，为掌握被管理对象的核安全状态和发展趋势，需要进行相关计算、分析或推理运算。这些计算、分析和推理是根据相关计算模型、分析模型和推理程序来完成的。核安全管理系统中所有的计算模型、分析模型和推理程序都是根据管理和决策的实际需要而研发的，分别存放在指定的数据库中，并相关管理或决策软件相关联以便随时调用。此外，应用层还为核安全管理与决策活动数据管理提供支撑。核安全智能管理与决策系统应用层模型库体系如图 8.7 所示。

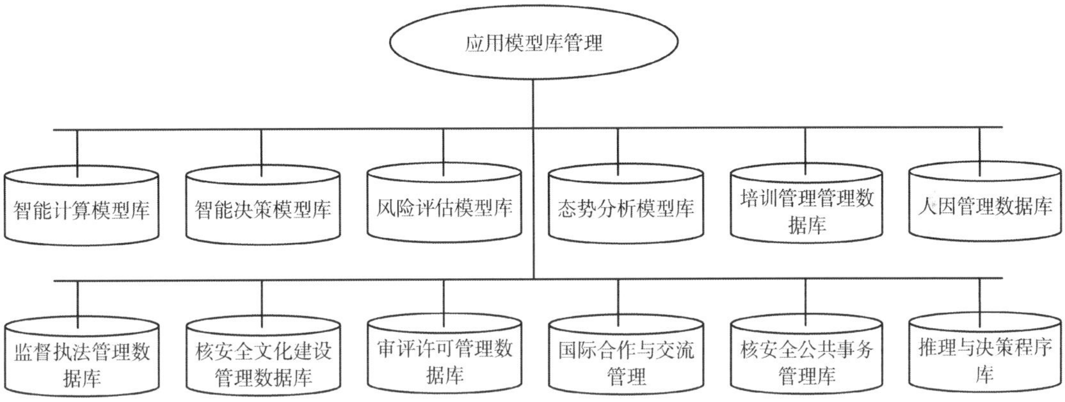

图 8.7　核安全智能管理与决策系统应用层模型库体系

核安全智能管理与决策系统应用层中的计算模型、分析模型和决策模型一般分为三大类。第一类是目前核安全分析计算中已有的成熟有效的分析模型和计算模型，如风险评估模型、故障树分析模型、概率安全评价模型等。第二类是针对目前采用常规方法难以的问题所建立的模型，主要是预测和决策类的模型或程序，如特征分析模型、趋势预测模型、决策模型等，这类模型主要采用人工智能技术进行设计和研发。第三类是有关管理、决策、规划、计划以及调度等模型。

下面介绍主要的计算模型库、分析程序库和推理决策程序库等。

1）智能计算模型库

该模型库对核安全管理与决策中相关智能计算模型进行管理。智能计算模型包括对象状态分析、趋势预测、特征分析、故障分析、故障诊断等。

2）智能决策模型库

该模型库对核安全管理与决策中相关智能决策模型进行管理。智能决策模型包括风险决策、运行决策、维修决策、退役相关决策等。

3）风险评估模型库

该模型库对核安全管理与决策中相关风险评估模型进行管理。风险评估模型包括运行风险评估、老化风险评估、维修风险评估、退役风险评估等相关模型。

4）态势分析模型库

该模型库对核安全管理与决策中相关态势分析模型进行管理。态势分析模型包括核电厂运行态势分析、核电厂老化态势分析、维修态势分析、退役态势分析、核安全管理态势分析等相关态势分析模型。

5）培训管理数据库

该模型库对核安全相关人员培训数据进行管理。核安全人员培训管理包括操作员培训管理和其他人员培训管理。

6）人因管理数据库

人因管理数据库对核电厂人因数据进行管理。人因管理包括三个方面：

①内部人因失误管理

对本国核电厂所发生的人因失误数据进行管理，包括事故名称、时间、原因、相关人员、事故描述、处置方法以及经验教训等信息。

②外部人因失误管理

对国外核电厂所发生的人因失误数据进行管理，包括国家名称、核电厂名称、事故名称、时间、原因、相关人员、事故描述、处置方法以及经验教训等信息。

③人因分析模型

对各种人因分析模型进行管理，为人因分析提供支持。

7）审评许可管理数据库

该数据库对核安全审评和许可相关数据进行管理，包括审评许可法规制度与规定、审评项目相关信息、许可证发放与管理等数据。

8）监督执法管理数据库

该数据库对核安全监督执法相关数据进行管理。

9）文化建设管理数据库

该数据库对核安全文化建设相关数据进行管理。

10）国际合作与交流管理数据库

该数据库对国际合作与交流活动相关数据进行管理。

11）核安全公共事务管理数据库

该数据库对核安全公共事务相关数据进行管理。主要内容包括核安全管理组织机构体系、行政管理事物、人事力量等方面的数据进行管理。

12）推理决策程序库

该数据库对核安全智能管理与决策程序和模型进行管理。

（4）管理决策层体系构成

核安全智能管理与决策系统的管理决策层是系统的顶层，是直接与各级核安全管理用户进行信息交互的层级。管理决策层主要由核安全各种业务管理、分析支持中心、决策支持中心、公共事务管理、法规标准等模块构成。核安全智能管理与决策系统管理决策层框架体系如图 8.8 所示。

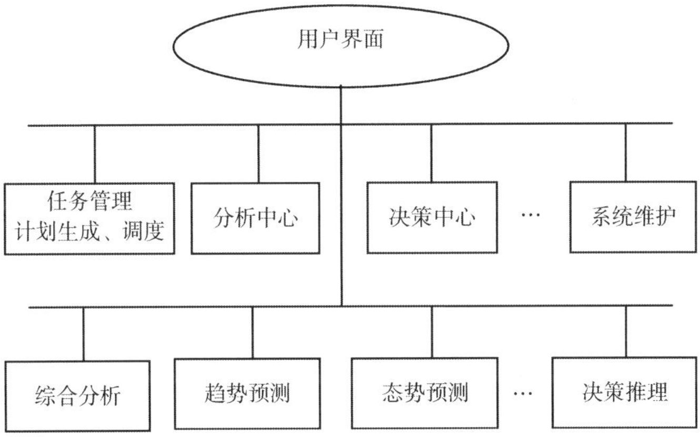

图 8.8　核安全智能管理与决策系统管理决策层框架体系

各种管理、决策、规划、计划以及调度等软件构成，为核安全管理者开展各种管理活动提供支持。

1）业务管理体系

业务管理体系包括核电厂设计、建造、试验/调试、运行、换料、维修、老化管理、寿命管理、退役、技术研发、操作员培训、人因管理、审评许可、监督执法、辐射监测、定期安全检查、经验反馈、事故应急管理、文化建设以及国际合作与交流等各项业务管理模块构成。通过这些模块完成相应业务的管理、规划、计划以及调度等任务。

2）分析支持中心

用户利用该模块，根据管理需要，可以利用相关分析模型进行某种分析，为核安全管理工作提供支持。

3）决策支持中心

用户利用该模块，根据核安全管理决策需要，可以利用应用层的相关推理决策模型进行推理决策，为核安全管理工作提供决策支持。

4）公共事务管理

用户利用该模块，开展核安全公共事务管理。

5）法规标准管理

用户利用该模块，开展核安全法规标准管理，为核安全工作者和公众提供核安全法规标准方面的咨询和服务。

8.6　本章小结

本章从核动力装置全寿命核安全管理出发，阐述了核动力装置全寿命核安全集成化管理和智能管理的几个相关问题。首先阐述了全寿命核安全管理的基础和关键环节以及核安全集成化管理的相关问题。然后，在介绍智能管理的概念和主要技术的基础上，将人工智能、信息管理和决策技术以及核动力装置全寿命核安全管理的要素结合起来，探讨了核动力装置全寿命核安全智能管理与决策系统的体系框架和核安全智能管理与决策系统的几个关键问题。通过全寿命核安全管理集成化，可以从全局的高度对核安全管理问题进行统筹兼顾，照顾到核动力装置全寿命中各阶段核安全管理的特点、关系和关键环节。通过应用智能管理技术，可以提高核安全管理的技术水平，提高核安全管理的能力和效率，节约资源。

参考文献

[1] 王铁宁，贺云卓，彭艳丽．装备管理信息系统原理与运用［M］．北京：国防工业出版社，2013.

[2] 周刚，殷虎，葛盛奇．核动力装置全生命核安全管理若干问题研究［A］．中国核学会主编．中国核科学技术进展报告（第 2 卷）—中国核学会 2011 年学术年会论文集（第 2 分册）．铀矿冶分卷、核能动力（上）分卷［M］．北京：原子能出版社，2012，2（2）：323-329.

[3] 陈金元，李洪训．浅谈我国核安全立法问题［J］．核安全，2007（3）：1-9.

[4] Kinnersley S，Roelen A. The contribution of design to accidents［J］．Safety Science，2007，45：31-60.

[5] 胡遵素．切尔诺贝利事故及其影响与教训［J］．辐射防护，1994，14（5）：321-335.

[6] Roos E，Herter K H，Schuler X. Lifetime management for mechanical systems，structures and components in nuclear power plants［J］．International Journal of Pressure Vessels and Piping，2006 ，83 ：756-766.

[7] Minematsu A. Plant life management activities of LWR plants in Japan［J］．Nucl Eng Design，2001，207：241-248.

[8] 张弛，周丽敏，李娟，等．新建核电厂首批高级操纵员的审查［J］．核安全，2009，(3)：16-20.

[9] 周刚．基于 CIMS 的核安全集成管理系统研究［J］．原子能科学技术，2006，40（1）：40-43.

[10] 吴澄．现代集成制造系统导论［M］．北京：清华大学出版社，施普林格出版社，2002：1～325.

[11] 白英彩，唐冶文，余巍．计算机集成制造系统—CIMS 概论［M］．北京：清华大学出版社，1997：1～50.

[12] 倪志伟，李锋刚，毛雪岷．智能管理技术与方法［M］．北京：科学出版社，2007.
[13] 李春葆，蒋林，陈良臣，等．数据仓库与数据挖掘应用教程［M］．北京：清华大学出版社，2016.
[14] 王星．大数据分析：方法与应用［M］. 北京：清华大学出版社，2013.
[15] 李军．大数据分析：从海量到精准［M］．北京：清华大学出版社，2014.
[16] Zhou Gang，Wang Xiaolong. Research on nuclear safety intelligent management and decision system based on Artificial Intelligence［C］//The 8th International Symposium on Test Automation & Instrumentation（ISTAI2020），2021：265-270.